西安交通大学 本科"十二五"规划教材
"985"工程三期重点建设实验系列教材

U0743048

综合与近代物理实验

王红理 张俊武 黄丽清 主编

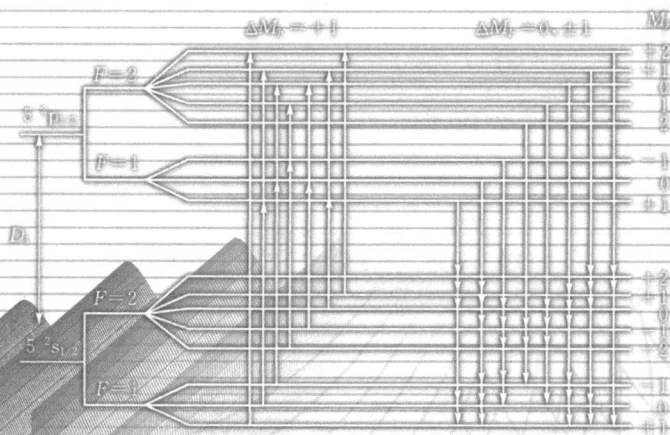

西安交通大学出版社
XI'AN JIAOTONG UNIVERSITY PRESS

内容提要

本书是高等理工科院校近代物理实验课程的通用教材,它是在吸取西安交通大学几十年实验教学改革经验的基础上编写的。全书分为九章,涵盖了超声波技术、微波技术、原子物理技术、磁共振技术、核物理技术、X 射线技术、光谱技术、光纤技术、真空技术、材料制备技术、半导体技术、计算机技术、磁技术等共 46 个实验项目,附录还收编我国法定计量单位以及物理常数等以供参考。

本书可作为高等理工科院校和师范院校物理类专业学生、非物理类高年级本科生和研究生的实验教学用书,也可供从事科学实验的科技人员参考。

图书在版编目(CIP)数据

综合与近代物理实验/王红理,张俊武,黄丽清主编
. —西安:西安交通大学出版社,2015.7(2023.1 重印)
ISBN 978 - 7 - 5605 - 7285 - 7

Ⅰ.①综… Ⅱ.①王… ②张… ③黄… Ⅲ.①物理
学-实验-高等学校-教材 Ⅳ.①O4 - 33

中国版本图书馆 CIP 数据核字(2015)第 091144 号

策 划	程光旭 成永红 徐忠锋
书 名	综合与近代物理实验
主 编	王红理 张俊武 黄丽清
责任编辑	王 欣

出版发行	西安交通大学出版社
	(西安市兴庆南路 1 号 邮政编码 710048)
网 址	http://www.xjtupress.com
电 话	(029)82668357 82667874(市场营销中心)
	(029)82668315(总编办)
传 真	(029)82668280
印 刷	西安日报社印务中心

开 本	727mm×960mm 1/16 印张 18.25 字数 334 千字
版次印次	2015 年 8 月第 1 版 2023 年 1 月第 6 次印刷
书 号	ISBN 978 - 7 - 5605 - 7285 - 7
定 价	36.50 元

如发现印装质量问题,请与本社市场营销中心联系。
订购热线:(029)82665248 (029)82667874
投稿热线:(029)82664954
读者信箱:1410465857@qq.com

编审委员会

Preface 序

　　教育部《关于全面提高高等教育质量的若干意见》（教高〔2012〕4 号）第八条
"强化实践育人环节"指出，要制定加强高校实践育人工作的办法。《意见》要求高
校分类制订实践教学标准；增加实践教学比重，确保各类专业实践教学必要的学分
（学时）；组织编写一批优秀实验教材；重点建设一批国家级实验教学示范中心、国
家大学生校外实践教育基地……。这一被我们习惯称之为"质量 30 条"的文件，"实
践育人"被专门列了一条，意义深远。

　　目前，我国正处在努力建设人才资源强国的关键时期，高等学校更需具备战略
性眼光，从造就强国之才的长远观点出发，重新审视实验教学的定位。事实上，经
精心设计的实验教学更适合承担起培养多学科综合素质人才的重任，为培养复合
型创新人才服务。

　　早在 1995 年，西安交通大学就率先提出创建基础教学实验中心的构想，通过
实验中心的建立和完善，将基本知识、基本技能、实验能力训练融为一炉，实现教师
资源、设备资源和管理人员一体化管理，突破以课程或专业设置实验室的传统管理
模式，向根据学科群组建基础实验和跨学科专业基础实验大平台的模式转变。以
此为起点，学校以高素质创新人才培养为核心，相继建成 8 个国家级、6 个省级实
验教学示范中心和 16 个校级实验教学中心，形成了重点学科有布局的国家、省、校
三级实验教学中心体系。2012 年 7 月，学校从"985 工程"三期重点建设经费中专
门划拨经费资助立项系列实验教材，并纳入到"西安交通大学本科'十二五'规划
教材"系列，反映了学校对实验教学的重视。从教材的立项到建设，教师们热情相
当高，经过近一年的努力，这批教材已见端倪。

　　我很高兴地看到这次立项教材有几个优点：一是覆盖面较宽，能确实解决实验
教学中的一些问题，系列实验教材涉及全校 12 个学院和一批重要的课程；二是质

1

量有保证,90％的教材都是在多年使用的讲义的基础上编写而成的,教材的作者大多是具有丰富教学经验的一线教师,新教材贴近教学实际;三是按西安交大《2010版本科培养方案》编写,紧密结合学校当前教学方案,符合西安交大人才培养规格和学科特色。

  最后,我要向这些作者表示感谢,对他们的奉献表示敬意,并期望这些书能受到学生欢迎,同时希望作者不断改版,形成精品,为中国的高等教育做出贡献。

西安交通大学教授

国家级教学名师

2013 年 6 月 1 日

Foreword 前 言

近代物理实验与综合物理实验课程,是为高年级本科生开设的重要的实验课程,具有多种理论、多种技术和多种学科交叉的特点,在培养学生综合思维能力、实验创新能力、科学研究能力等方面有着非常好的作用,在国内外高校都得到了高度重视。

自1984年成立物理系以来,我校陆续给应用物理系学生开设过中级物理实验、专门物理实验、科技综合训练、综合物理实验、近代物理实验、高等物理实验等课程,编写过《中级物理实验讲义》、《科技综合训练讲义》和《专门物理实验讲义》。这些实验课程所开设的实验项目有在近代物理学发展史上堪称里程碑的著名实验,有获得诺贝尔物理学奖的实验,也有与现代科学技术中常用实验方法或技术有关的实验。与普通物理实验相比,这些实验所涉及的知识面很广,具有很强的综合性和技术性,因此都收到了良好的教学效果,一方面使同学们进一步认识物理实验对近代物理规律发现和近代物理理论建立所起的重大作用,加深对近代物理概念和规律的理解;另一方面,使同学们能掌握近代物理及现代技术中的一些常用实验方法和实验技能,进一步培养良好的实验习惯和严谨的科学作风,使同学们获得一定程度的用实验方法和技术研究物理以及相关学科科学问题的工作能力。

近年来科学技术飞速发展,物理实验课程也必须随之发展,要将现代科技进步的成果应用到实验教学当中,将教师的科研成果转化为教学实验。因此,除了传统的超声波技术、微波技术、原子物理技术,我们也将磁共振技术、核物理技术、X射线技术、光谱技术、光纤技术、真空技术、材料制备技术、半导体技术、计算机技术等现代技术融入到近代物理实验、综合物理实验课程中,并在这本《综合与近代物理实验》教材中得到体现。

全书分为九章,涵盖了原子物理与核物理类、光学类、微波类、磁共振类、超声波类、X光类、半导体技术类、材料制备类以及综合类共46个实验项目,附录收编我国法定计量单位及物理常数等。

实验教学是一项集体的事业,这本书也凝聚了我校几十年来从事物理实验教学的教师和技术人员的智慧和劳动成果。实验室的前辈陆兆祥、鲁从勋、赵正平、李锦泉、胡柱国等都为近代物理实验室的建设、实验课的开设付出了辛勤的劳动，他(她)们的无私奉献永远不会被忘记。在新教材出版之际，谨向他(她)们表示衷心的谢意！

本书由王红理、张俊武、黄丽清主编。王红理参加了第 2、3、4、5、7、8、9 章的编写，黄丽清参加了第 1、2、9 章的编写；程向明参加了第 2 章的编写；张俊武参加了第 6、7 章的编写；武霞参加了第 3、9 章的编写；王雪冬参加了第 1、8、9 章的编写；方湘怡参加了第 4、5、9 章的编写；高博参加了第 9 章的编写。全书由王红理、张俊武、黄丽清统稿。

在编写本书过程中，编者参阅了兄弟院校的有关教材，借鉴了不少宝贵的教学经验，在此对关心、支持本书编写的所有同仁表示衷心的感谢！在此还要感谢西安交通大学教务处领导的大力支持！由于业务水平有限，疏漏之处难免，望不吝指正！

编者

2015 年 2 月

Contents 目 录

第1章 原子物理与核物理类实验

实验 1.1　α 粒子散射

电子被发现以后,人们普遍认识到电子是一切元素的原子的基本组成部分。但通常情况下原子是呈电中性的,这表明原子中还有与电子的电荷等量的正电荷,所以,研究原子的结构首先要解决原子中正负电荷怎样分布的问题。从 1901 年起,各国科学家陆续提出了各种不同的原子模型。

第一个比较有影响的原子模型,是 J. J. 汤姆逊于 1904 年提出的"电子浸浮于均匀正电球"中的模型。他设想,原子中电子在与正电荷间作用力以及电子间的斥力的作用下浮游在球内,这种模型俗称为"葡萄干布丁模型"。汤姆逊还认为,不超过某一数目的电子将对称地组成一个稳定的环或球壳;当电子的数目超过一定值时,多余电子组成新的壳层,随着电子的增多将造成结构上的周期性。因此他设想,元素性质的周期变化或许可用这种电子分布的壳层结构作出解释。汤姆逊的原子模型很快地被进一步的实验所否定,它不能解释 α 射线的大角度散射现象。

卢瑟福从 1904 年到 1906 年 6 月,做了许多 α 射线通过不同厚度的空气、云母片和金属箔(如铝箔)的实验。英国物理学家 W. H. 布拉格(W. H. Bragg, 1862—1942)在 1904—1905 年也做了这样的实验。他们发现,在此实验中 α 射线速度减慢,而且径迹偏斜了(即发生散射现象)。例如,通过云母的某些 α 射线,与它们原来的途径约偏斜 2°,发生了小角度散射。1906 年冬,卢瑟福还发现 α 粒子在某一临界速度以上时能打入原子内部,由它的散射和所引起的原子内电场的反应可以探索原子内部结构,而且他还预见到可能会出现较大角度的散射。

1911 年,卢瑟福对大角度散射过程的受力关系进行计算,得出一个新的原子结构设想,认为原子中有一个体积很小、质量很大的带正电荷的原子核,它对带正电荷的 α 粒子的很强的排斥力使粒子发生大角度偏转;原子核的体积很小,其直径约为原子直径的万分之一至十万分之一,核外是很大的空的空间,带负电的、质量比原子核轻得多的电子在这个空间里绕核运动。盖革和马斯顿 1912 年所做的实验证实了原子核的存在。1913 年莫斯莱定律的发现以及 1919 年阿斯顿(F. W.

Aston,1877—1945)用质谱仪测定各种元素的同位素的实验进一步证实了卢瑟福的原子模型。

但是,卢瑟福原子模型由于同经典电磁理论存在着尖锐矛盾而遇到困难,所以发表后没有很快引起国内外的重视。1913 年玻尔把量子理论用于原子,与卢瑟福有核原子模型结合起来,使它发展成为卢瑟福-玻尔原子模型,迅速受到各国科学界的高度重视,大大提高了卢瑟福和玻尔的声誉。

从 1898 年发现镭到 1911 年发现原子核和原子有核结构,出现了根本变革以往原子论的划时代科学硕果。原子有核结构的发现意味着原子物理学和核物理学的出现,也是现代结构化学即将诞生的前奏。

一、实验目的

1.初步了解近代物理中有关粒子探测技术和相关电子学系统的结构,熟悉半导体探测器的使用方法;

2.实验验证卢瑟福散射的微分散射截面公式;

3.测量 α 粒子在空气中的射程。

二、实验仪器

粒子源,真空室,探测器与计数系统,真空泵。

三、实验原理

1.瞄准距离与散射角的关系

卢瑟福把 α 粒子和原子都当作点电荷,并且假设两者之间的静电斥力是唯一的相互作用力。如图 1 所示,设一个 α 粒子以速度 V_0 沿 AT 方向入射,由于受到核电荷的库仑作用,α 粒子将沿轨道 ABC 出射。通常,散射原子的质量比 α 粒子的质量大得多,可近似认为核静止不动。按库仑定律,相距为 r 的 α 粒子和原子核之间库仑斥力的大小为

$$F = \frac{2Ze^2}{4\pi\varepsilon_0 r^2} \tag{1}$$

式中:Z 为原子序数。α 粒子的轨迹为双曲线的一支。原子核与 α 粒子入射方向之间的垂直距离 b 称为瞄准距离(或碰撞参数),θ 是入射方向与散射方向之间的夹角。

由牛顿第二定律,可导出散射角与瞄准距离之间的关系为

$$\cot\frac{\theta}{2} = \frac{2b}{D} \tag{2}$$

其中

$$D = \frac{1}{4\pi\varepsilon_0} \frac{2Ze^2}{mV_0^2/2}$$

式中：m 为 α 粒子的质量。

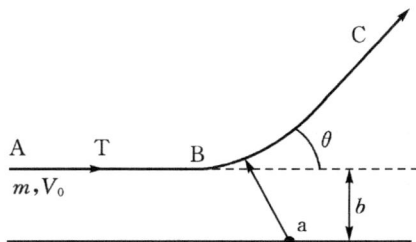

图 1 散射角与瞄准距离的关系

2. 卢瑟福微分散射截面公式

由散射角与瞄准距离的关系式(2)可见，瞄准距离 b 越大，散射角 θ 就越小；反之，b 越小，θ 就越大。

只要瞄准距离 b 足够小，θ 就可以足够大，这就解释了大角度散射的可能性。但是从实验上来验证式(2)，显然是不可能的，因为我们无法测量瞄准距离 b。然而我们可以求出 α 粒子按瞄准距离 b 的分布，根据这种分布和式(1)，就可以推出散射 α 粒子的角分布，而这个角分布是可以直接测量的。

如图 2 所示，设有截面为 S 的 α 粒子束射到厚度为 t 的靶上。其中某一 α 粒子在通过靶时相对于靶中某一原子核 a 的瞄准距离在 $b \sim b+\mathrm{d}b$ 之间的概率，应等于圆心在 a 而圆周半径为 b、$b+\mathrm{d}b$ 的圆环面积与入射截面 S 之比。若靶的原子数密度为 n，则 α 粒子束所经过的这块体积内共有 nSt 个原子核，因此，该 α 粒子相对于靶中任一原子核的瞄准距离在 b 和 $b+\mathrm{d}b$ 之间的概率为

$$\mathrm{d}w = \frac{2\pi b\mathrm{d}b}{S} nSt = 2\pi ntb\,\mathrm{d}b \tag{3}$$

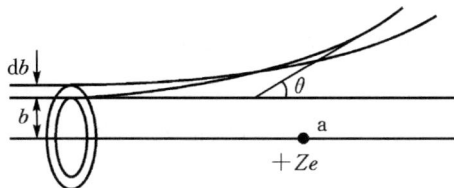

图 2 入射 α 粒子散射到 $\mathrm{d}\theta$ 角度范围内的概率

这也就是该 α 粒子被散射到 $\theta \sim \theta+\mathrm{d}\theta$ 之间的概率，即落到角度为 θ 和 $\theta + \mathrm{d}\theta$ 的两个圆锥面之间的概率。

由式(2)求微分可得

$$b\,|\,\mathrm{d}b\,| = \frac{1}{2}(\frac{D}{2})^2\,\frac{\cos(\theta/2)}{\sin^3(\theta/2)}\mathrm{d}\theta \tag{4}$$

代入式(3)中,得

$$\mathrm{d}w = \pi(\frac{D}{2})^2\,nt\,\frac{\cos(\theta/2)}{\sin^3(\theta/3)}\mathrm{d}\theta \tag{5}$$

另外,由角度为 θ 和 $\theta + \mathrm{d}\theta$ 的两个圆锥面所围成的立体角为

$$\mathrm{d}\Omega = \frac{\mathrm{d}A}{r^2} = \frac{2\pi r\sin\theta r\,\mathrm{d}\theta}{r^2} = 2\pi\sin\theta\mathrm{d}\theta \tag{6}$$

因此,α 粒子被散射到该范围内单位立体角内的概率为

$$\frac{\mathrm{d}w}{\mathrm{d}\Omega} = (\frac{D}{4})^2\,nt\,\frac{1}{\sin^4(\theta/2)} \tag{7}$$

上式两边除以单位面积的靶原子数 nt,可得微分散射截面

$$\frac{\mathrm{d}\sigma}{\mathrm{d}\Omega} = (\frac{D}{4})^2\,\frac{1}{\sin^4(\theta/2)} = (\frac{1}{4\pi\varepsilon_0})^2(\frac{Ze^2}{mV_0^2})^2\,\frac{1}{\sin^4(\theta/2)} \tag{8}$$

这就是著名的卢瑟福 α 粒子散射公式。代入各常数,以 E 代表入射 α 粒子的能量,得到

$$\frac{\mathrm{d}\sigma}{\mathrm{d}\Omega} = 1.296(\frac{2Z}{E})^2\,\frac{1}{\sin^4(\theta/2)} \tag{9}$$

式中:$\mathrm{d}\sigma/\mathrm{d}\Omega$ 的单位为 mb/sr,E 的单位为 MeV。

实验过程中,设探测器的灵敏面积对靶所张的立体角为 $\Delta\Omega$,由卢瑟福散射公式可知在某段时间间隔内所观察到的 α 粒子数 N 应是

$$N = (\frac{1}{4\pi\varepsilon_0})^2(\frac{Ze^2}{mV_0^2})^2\,\frac{nt\Delta\Omega}{\sin^4(\theta/2)}T \tag{10}$$

式中:T 为该时间内射到靶上的 α 粒子总数。由于式中 N、$\Delta\Omega$、θ 等都可测,所以公式(10)可和实验进行比较。由该式可见,在 θ 方向上 $\Delta\Omega$ 内所观察到的 α 粒子数 N 与散射靶的核电荷数 Z、α 粒子动能 $\frac{1}{2}mV_0^2$,以及散射角 θ 等因素都有关。

对卢瑟福散射公式可以从以下几个方面加以验证:

①固定散射角,改变金靶的厚度,验证散射计数率与靶厚度的线性关系 $N \propto t$。

②更换 α 粒子源以改变 α 粒子能量,验证散射计数率与 α 粒子能量的平方反比关系 $N \propto 1/E^2$。

③改变散射角,验证散射计数率与散射角的关系 $N \propto 1/\sin^4(\theta/2)$。这是卢瑟福散射公式中最突出和最重要的特征。

④固定散射角,使用厚度相等而材料不同的散射靶,验证散射计数率与靶材料核电荷数的平方关系 $N \propto Z^2$。由于很难找到厚度相同的散射靶,而且需要对原

子数密度 n 进行修正,这一实验内容的难度较大。

在本书中,只涉及到第③方面的实验内容,这是卢瑟福理论最有力的验证。

四、实验装置及步骤

α 粒子散射实验装置主要包括散射真空室部分、电子学系统部分和步进电机的控制系统部分,下面主要介绍散射真空室和相关部分。

散射真空室中,主要有 α 散射源(^{241}Am 或 ^{238}Pu 源,其能量分别为 5.486 MeV 和 5.499 MeV)、散射样品台、α 粒子探测器、步进电机及传动机构等,如图 3 所示。

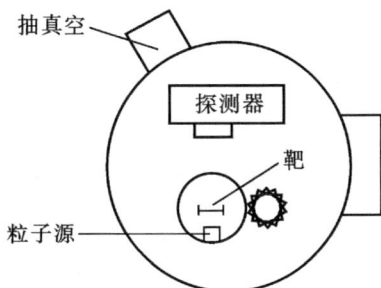

图 3　散射真空室装置内部图

步进电机控制系统,可以按照实验操作者的指令来改变粒子探测器与样品台之间的相对位置,这样就可以测量出在样品台旋转平面内任意位置,探测器所接收到的散射粒子数。

五、实验步骤

1.若打开真空室上盖,可以直接观察并调节散射源准直孔大致与探测器准直孔对正,盖紧真空室盖子。

2.打开机械泵,对真空室抽真空,以减少空气对 α 粒子的阻碍作用。

3.通过步进电机细调散射源准直孔与探测器准直孔的相对位置,同时观察计数器窗口显示,所接收到的粒子数最多时,两准直孔处于对正状态,称为物理零点。

4.若不打开真空室上盖,可直接利用步骤 3 来寻找物理零点。

5.数据测量时,先倒转 10°(350°),并开始测量范围从 $-10°$ 至 50°,共转过 60° 区间,其中在 $\theta = -10° \sim 20°$ 间,每转 1° 记录 5 组数据,$\theta = 20° \sim 50°$ 时,每转过 5° 记录 5 组数据。

6.测量值按同一测量时间归一。以散射角为横坐标,散射计数为纵坐标作图。以函数形式 $N = \dfrac{P_1}{\sin^4(\theta/2)}$ 进行曲线拟合,并在同一坐标上画出拟合曲线。其中,

N 为散射计数,P_1 为拟合参数。

　　7.认真总结,得出结论。

　　8.选作实验(测量 α 粒子在空气中的射程)。改变 α 粒子源与探测器间的距离,每次改变的距离为 $0.5\sim1$ mm。记录每次测量的数据,以距离为横坐标,所接收到的粒子数为纵坐标作图。

　　注意:α 散射源表面与散射源屏蔽体表面的距离为 20 mm,半导体探测器表面与探测器准直孔表面距离为 2.5 mm。

　　能量为 E(MeV)的 α 粒子在空气中的射程 R(cm)可以按照以下经验公式计算

$$R=1.78\times10^{-4}\frac{1}{\rho}A^{\frac{1}{3}}E^{\frac{3}{2}}$$

式中:A 为介质的相对原子质量;ρ 为介质的密度,g/cm³。

　　根据所用放射源中 α 粒子的主要能量计算 α 粒子在空气中的射程,并与实验测量结果比较。

六、思考题

　　1.^{241}Am 或 ^{238}Pu 放射源发出的 α 粒子在空气中的射程是多少?

　　2.卢瑟福散射实验中的实验数据误差应如何计算?

　　3.在 α 粒子的射程末端附近,为什么射程曲线是逐渐下降的?

附:关键词解释

　　α 粒子:由原子核放出的带正电的粒子(质子),其质量为 $M_e=6.64\times10^{-24}$ g,是电子质量 $m_e=9.11\times10^{-28}$ g 的 7289 倍,所带电量等于两个电子的电荷量,相当于氦的原子核。

　　β 粒子:从围绕原子核的轨道上跳出的电子,带负电。

　　中粒子(中子):存在于原子核中,不带电,但其有相当大的质量,且运动速度高,具有很大的动能。它与其他元素的原子和分子相互作用,常常会释放出 α 粒子、β 粒子、γ 射线。

　　散射角 θ:α 粒子趋近原子核时的渐进方向与它离开时的渐进方向间的夹角。当 α 粒子以瞄准距离 $0\sim b$ 射向靶核时,由于两粒子间的相互作用,设靶核静止不动,α 粒子将以角度 θ 或者更大的角度散射。散射角 θ 可以利用关系式

$$\cot\frac{\theta}{2}=\frac{4\pi\varepsilon_0 T}{Ze^2}b$$

得出,其中:T 为 α 粒子的能量;Z 为靶核电子数。

瞄准距离:原子核与 α 粒子入射方向之间的垂直距离 b 称为瞄准距离(或碰撞参数)。

散射截面:通常把面积 πb^2 称为相互作用截面,也叫作散射截面。常用符号用 σ 表示。

实验 1.2　弗兰克–赫兹实验

根据光谱分析等建立起来的玻尔原子结构模型指出:原子的核外电子只能量子化地长存于各稳定能态 $E_n(n=1,2,\cdots,)$,它只能选择性地吸收外界给予的量子化的能量差值(E_n-E_k),从而处于被激发的状态;或电子从激发态选择性地释放量子化的能量 $E_n-E_k=h\nu_{nk}$,回到能量较低的状态,同时放出频率为 ν_{nk} 的光子。其中 h 为普朗克常数。

1914 年,德国科学家弗兰克(J. Franck)和赫兹(G. Hertz)用慢电子与稀薄气体原子碰撞的方法,使原子从低能级激发到高能级。并通过对电子与原子碰撞时能量交换的研究,直接证明了原子内部能量的量子化。弗兰克和赫兹的这项工作获得了 1925 年度的诺贝尔物理学奖。

弗兰克–赫兹实验仪重复了上述电子轰击原子的过程,通过具有一定能量的电子与原子相碰撞进行能量交换,使原子从低能级跃迁到高能级,直接观测到原子内部能量发生跃变时,吸收或发射的能量为某一定值,从而证明了原子能级的存在及玻尔理论的正确性。

一、实验目的

1.通过测氩原子第一激发电位,了解弗兰克和赫兹在研究原子内部能量量子化方面所采用的实验方法;

2.了解电子和原子碰撞和能量交换过程的微观图像。

二、实验仪器

FH—1A　弗兰克–赫兹实验仪、示波器等。

三、实验原理

图 1 是充氩四极弗兰克–赫兹实验原理图。电子与原子的碰撞过程可以用以下方程描述:

$$\frac{1}{2}m_{e}v^{2}+\frac{1}{2}MV^{2}=\frac{1}{2}m_{e}v'^{2}+\frac{1}{2}MV'^{2}+\Delta E \tag{1}$$

式中:m_{e} 为原子质量;M 为电子质量;v 为电子碰撞前的速度;v' 为电子碰撞后的速度;V 为原子碰撞前的速度;V' 为原子碰撞后的速度;ΔE 为原子碰撞后内能的变化量。

按照玻尔原子能级理论:

$$\begin{aligned} &\Delta E = 0 && \text{弹性碰撞} \\ &\Delta E = E_{1}-E_{0} && \text{非弹性碰撞} \end{aligned} \tag{2}$$

式中:E_{0} 为原子基态能量;E_{1} 为原子第一激发态能量。

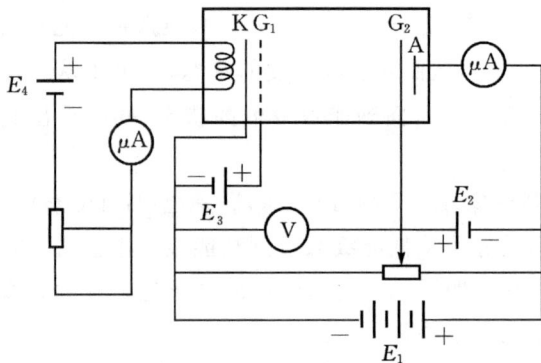

图 1   弗兰克-赫兹实验原理图

电子碰撞前的动能 $\frac{1}{2}m_{e}v^{2} < E_{1}-E_{0}$ 时,电子与原子的碰撞为完全弹性碰撞,$\Delta E=0$,原子仍然停留在基态。电子只有在加速电场的作用下碰撞前获得的动能 $\frac{1}{2}m_{e}v^{2} \geqslant E_{1}-E_{0}$,才能使电子产生非弹性碰撞,获得某一值 $(E_{1}-E_{0})$ 的内能,从基态跃迁到第一激发态,调整加速电场的强度,电子与原子由弹性碰撞到非弹性碰撞的变化过程将在电流上显现出来。Franck-Hertz 管(F-H 管)即是为此目的而专门设计的。

在充入氩气的 F-H 管中(如图 1 所示),阴极 K 被灯丝加热发射电子,第一栅极(G_{1})与阴极 K 之间的电压 $V_{G_{1}K}$ 约为 1.5 V,其作用是消除空间电荷对阴极 K 的影响。当灯丝加热时,热阴极 K 发射的电子在阴极 K 与第二栅极(G_{2})之间正电压形成的加速电场作用下被加速而取得越来越大的动能,并与 G_{2}K 空间分布的气体氩原子发生如(1)式所描述的碰撞而进行能量交换。第二栅极($G2$)和 A 极之间的电压称为拒斥电压,其作用是使能量损失较大的电子无法到达 A 极。

阴极 K 发射的电子经第一栅极(G_1)选择后部分电子进入 G_1G_2 空间,这些电子在加速下与氩原子发生碰撞。初始阶段,V_{G_2K} 较低,电子动能较小,在运动过程中与氩原子发生弹性碰撞,不损失能量。碰撞后到达第二栅极(G_2)的电子具有动能 $1/2m_ev'^2$,穿过 G_2 后将受到 V_{G_2K} 形成的减速电场的作用。只有动能 $1/2m_ev'^2$ 大于 eV_{G_2A} 的电子才能到达阳极 A,形成阳极电流 I_A,这样,I_A 将随着 V_{G_2K} 的增加而增大,如图 2 所示 I_A-V_{G_2K} 曲线 Oa 段。

当 V_{G_2K} 达到氩原子的第一激发电位 13.1 V 时,电子与氩原子在第二栅极附近产生非弹性碰撞,电子把从加速电场中获得的全部能量传给氩原子,使氩原子从较低能级的基态跃迁到较高能级的第一激发态。而电子本身由于把全部能量给了氩原子,即使能穿过第二栅极也不能克服 V_{G_2A} 形成的减速电场的拒斥作用而被折回到第二栅极,所以阳极电流将显著减少,随着 V_{G_2A} 的继续增加,产生非弹性碰撞的电子越来越多,I_A 将越来越小,如图 2 曲线 ab 段所示,直到在 b 点形成 I_A 的谷值。

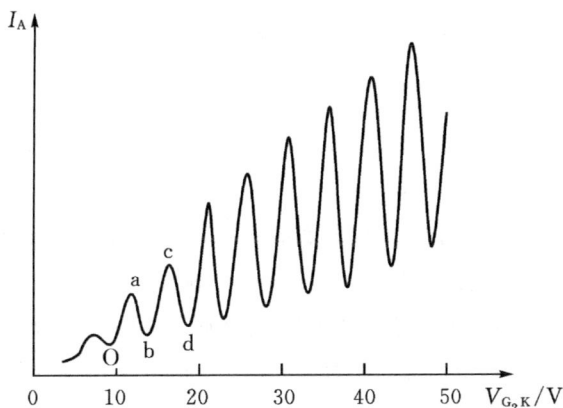

图 2　I_A-V_{G_2K} 曲线

b 点以后继续增加 V_{G_2K},电子在 G_2K 空间与氩原子碰撞后到达 G_2 时的动能足以克服 V_{G_2A} 加速电场的拒斥作用而到达阳极 A,形成阳极电流 I_A,与 Oa 段类似,形成图 2 曲线 bc 段。

直到 V_{G_2K} 为 2 倍氩原子的第一激发电位时,电子在 G_2K 空间会因第二次非弹性碰撞而失去能量,因此又引起第二次阳极电流 I_A 的下降,如图 2 曲线 cd 段,依此类推,I_A 随着 V_{G_2K} 的增加而呈周期性地变化。相邻两峰(或谷),对应的 V_{G_2K} 的值之差即为氩原子的第一激发电位值。

四、实验仪面板说明

FH—1A 弗兰克-赫兹实验仪面板布置如图 3 所示。

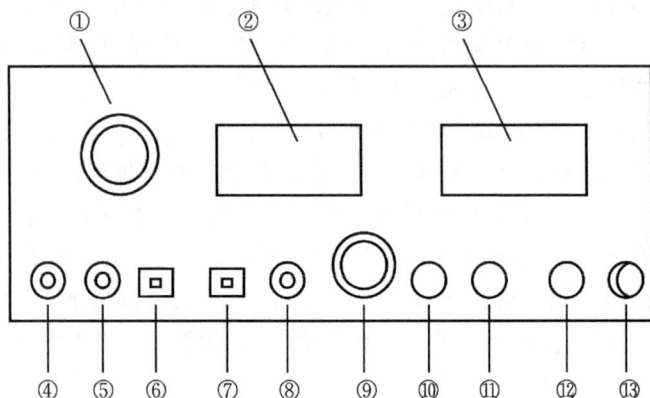

图 3　FH—1A　弗兰克-赫兹实验仪面板布置图

其中：

①是 I_A 的量程切换开关，分 4 挡：1 μA/100 nA/10 nA/1 nA。

②是电流表，指示 I_A 的电流

$$I_A = I_A \text{ 的量程切换开关①指示值} \times \text{电流表②读数}/100$$

例如：①指示 100 nA，本电流表的读数 10，则 $I_A = 100$ nA $\times 10/100 = 10$ nA。

③是电压表，与电压指示切换开关⑨配合使用，可分别指示 V_H，V_{G_1K}，V_{G_2A}，V_{G_2K}。指示 V_H，V_{G_1K}，V_{G_2A}，满量程为 19.99 V，指示 V_{G_2K} 满量程为 199.9 V。

④是带灯自锁按键电源开关，仪器接入 AC220V 电压后，按下此开关，红灯亮，表示接通电源；红灯灭，表示电源断开，关机。

⑤是 V_{G_2K} 输出端口，接至示波器或其他记录设备 X 轴输入端口，此端口输入电平为 V_{G_2K} 的 1/10。

⑥是自动/手动切换开关。按下为"自动"，与快速/慢速切换开关⑦及 V_{G_2K} 调节按钮⑬配合使用，可选择电压扫描速度及范围；弹出则为"手动"位置，与⑬配合使用，手动选择电压扫描范围。

⑦是快速/慢速切换开关，用于选择电压扫描速度，按下为"快速"位置，弹出为"慢速"位置。只有⑥选择在"自动"位置，此开关才有作用。

⑧是 I_A 输出端口，接至示波器或其他记录设备 Y 轴输入端口。

⑨是电压指示切换开关，与电压表③配合使用，可分别指示 V_H，V_{G_1K}，

$V_{\mathrm{G_2A}}$，$V_{\mathrm{G_2K}}$。

⑩是灯丝电压 V_{H} 调节按钮,调节范围 3～6.3 V,不可过高或过低,调节过程要缓慢,边调节边观察图 2 所示的 I_{A}-$V_{\mathrm{G_2K}}$ 曲线变化,不可出现波形上端切顶的现象,否则应降低灯丝的电压 V_{H}。

⑪是 $V_{\mathrm{G_1K}}$ 调节按钮,调节范围 1.3～5 V,开始调到 1.7 V 左右,待图 2 所示 I_{A}-$V_{\mathrm{G_2K}}$ 曲线出现 6 个以上的峰值时,分别进行 $V_{\mathrm{G_2K}}$ 和 $V_{\mathrm{G_1K}}$ 调节,使从左至右,曲线的 I_{A} 谷值逐个抬高。

⑫是 $V_{\mathrm{G_2A}}$ 调节旋钮,调节范围 1.3～15 V,开始调至 8 V 左右,待图 2 I_{A}-$V_{\mathrm{G_2K}}$ 曲线出现 6 个以上的峰值时,分别进行 $V_{\mathrm{G_1K}}$ 和 $V_{\mathrm{G_2A}}$ 调节,使从左至右,曲线的 I_{A} 谷值逐个抬高。

⑬是 $V_{\mathrm{G_2K}}$ 调节旋钮,自动/手动切换开关⑥置于"手动"时调节范围 1～100 V,置于"自动"时,调解范围 0～80 V。

五、实验内容及仪器调试步骤

1.熟悉弗兰克-赫兹实验仪各开关按钮的作用及示波器的使用方法。

2.不要急于按下电源开关④ ,应先将⑩—⑬四个电压调节旋钮逆时针旋到底,并把 I_{A} 量程切换开关①置于"×10^{-7}(100 nA)",$V_{\mathrm{G_2K}}$ 输出端口⑤和 I_{A} 输出端口⑧分别用带 Q9 连接头的电缆连接至示波器或其他设备 X 轴输入端口和 Y 轴输入端口。

3.如果输出端口⑤和⑧连接的是示波器,自动/手动切换开关⑥置于"自动",快速/慢速切换开关⑦置于"快速",否则切换开关⑦置于"慢速"。

4.按下电源开关④,接通仪器电源,配合使用电压指示切换开关⑨调节电压调节旋钮⑩,使 V_{H} 约为 5 V(数值不可太小,以免逸出电子数量少、能量低),并重复操作依次调节电压调节旋钮⑪和⑫,分别使 $V_{\mathrm{G_1K}}$ 约为 1.7 V,$V_{\mathrm{G_2A}}$ 约为 8 V(数值过高易使拒斥电压过高,能量损失较大的电子无法到达 A 极)。

5.逐渐调节⑬,改变电压 $V_{\mathrm{G_2K}}$,调节示波器 X 和 Y 轴各相关旋钮,使波形正向、清晰稳定,无重叠,并要求 X 轴满屏显示,Y 轴幅度适中。

6.再次调节电压调节旋钮 ⑩—⑬ ,使波形如图 2 所示的 I_{A}-$V_{\mathrm{G_2K}}$ 曲线,并保证可观察到 6 个以上的 I_{A} 峰值(或谷值),且峰谷幅度适中,无上端切顶现象,从左至右,I_{A} 各谷值逐个抬高。

7.测量示波器上所示波形图中相邻 I_{A} 谷值(或峰值)所对应的 $V_{\mathrm{G_2K}}$ 之差(即显示屏上相邻谷值或峰值的水平距离)求出氩原子的第一激发电位。

8.选择手动、慢速测量(此内容可以不使用示波器),使 $V_{\mathrm{G_2K}}$ 从最小开始,每间隔 2 V 逐渐增大至约 95 V 在随着 $V_{\mathrm{G_2K}}$ 值的改变 I_{A} 剧烈变化时,应该减少采样点之间的电压值间距,使所采样的点值能够尽量反映出电流与电压的波形曲线轮廓,在极值点附近进行密集采样。记录 I_A 与 V_{G_2K} 值,测量至少包括 6 个峰值(5 个谷值),按记录数据画出图形。

9. 改变 V_{G_2A} 或 V_{G_1K} 一个变量的参数,重复该实验,并将两曲线画在同一坐示系下。

10. 根据图形计算出相邻 I_A 谷值(或峰值)所对应的 V_{G_2K} 之差(求出 6 个峰值之间的 5 个 V_{G_2K} 之差,再求取平均值,以使测量结果更精确),求出氩原子的第一激发电位。

六、注意事项

1. 调节 V_{G_2K} 和 V_H 时应注意,V_{G_2K} 和 V_H 过大会导致氩原子电离而形成正离子,而正离子到达阳极会使阳极电流 I_A 突然骤增,直至将 F - H 管烧毁。所以一旦发现 I_A 为负值或正值超过 10 μA,应迅速关机,5 分钟以后再重新开机使用。

注意,由于原子电离后的自持放电是自发的,此时将 V_{G_2K} 和 V_H 调至零都将无济于事。

2. 每个 F - H 管的参数各不相同,尤其是灯丝电压,使用每一台仪器都要按调试步骤认真地进行操作。

3. 图 2 I_A - V_{G_2K} 曲线的变化对调节 V_H 的反应较慢,所以,调节 V_H 一定要缓慢进行,不可操之过急。峰谷幅度过低,增加 V_H,一旦出现波形上端切顶则适当降低 V_H,或者增大反向电压 V_{G_2A},以使峰顶值有所下降,从而可以观测到完整的波形。还有一个方法就是选择尽量大的量程,也可以得到完整的波形图。需要说明的一点是,降低峰值不会改变峰值之间的间距,也就是说不会影响实验结果的测量。

4. 在 V_{G_2K} 保持不变的情况下,对应的各挡位电流不是线性变换的,这是由于本底电流的存在而引起的,在两个 V_{G_2K} 采样电压之间,电流的变化量在各挡位之间是相同的。

七、思考题

1. 为什么常用电子来研究原子的特性?

2. F - H 管内所充的原子有何要求?除用氩原子外还能用其他原子吗?试举例说明。

3. 在不对实验装置做大的改动的情况下,如何测量原子高能级的激发电位或电离电位?

实验 1.3　塞曼效应

　　1896 年,荷兰物理学家塞曼(P. Zeeman)在实验中发现,当光源放在足够强的磁场中时,原来的一条光谱线会分裂成几条光谱线,分裂的条数随能级类别的不同而不同,且分裂的谱线是偏振光。这种效应被称为塞曼效应。

　　需要首先指出的是,由于实验先后以及实验条件的缘故,我们把分裂成三条谱线、裂距按波数计算正好等于一个洛伦兹单位的现象叫做正常塞曼效应(洛伦兹单位 $L = eB/(4\pi mc) = \mu_B B/hc$)。而实际上大多数谱线的塞曼分裂谱线多于三条,谱线的裂距可以大于也可以小于一个洛伦兹单位,人们称这类现象为反常塞曼效应。反常塞曼效应是电子自旋假设的有力证据之一。通过进一步研究塞曼效应,我们可以从中得到有关能级分裂的数据,如通过能级分裂的条数可以知道能级的 J 值;通过能级的裂距可以知道 g 因子。

　　塞曼效应至今仍然是研究原子能级结构的重要方法之一,通过它可以精确测定电子的荷质比。

一、实验目的

　　1. 学习观察塞曼效应的方法,观察汞灯发出谱线的塞曼分裂;
　　2. 观察分裂谱线的偏振情况以及裂距与磁场强度的关系;
　　3. 利用塞曼分裂的裂距,计算电子的荷质比 e/m 数值。

二、实验仪器

　　电磁铁,透镜,滤光片,法布里-珀罗标准具,CCD,计算机,光具座,导轨等。

三、实验原理

1. 谱线在磁场中的能级分裂

　　设原子在无外磁场时的某个能级的能量为 E_0,相应的总角动量量子数、轨道量子数、自旋量子数分别为 J、L、S。当原子处于磁感应强度为 B 的外磁场中时,这一原子能级将分裂为 $2J+1$ 层。各层能量为

$$E = E_0 + Mg\mu_B B \tag{1}$$

式中:M 为磁量子数,它的取值为 J , $J-1$,$\cdots$,$-J$,共 $2J+1$ 个;g 为朗德因子;μ_B 为玻尔磁子($\mu_B = \dfrac{hc}{4\pi m}$);B 为磁感应强度。

对于 $L\text{-}S$ 耦合

$$g = 1 + \frac{J(J+1) - L(L+1) + S(S+1)}{2J(J+1)} \tag{2}$$

假设在无外磁场时,光源某条光谱线的波数为

$$\tilde{\gamma}_0 = \frac{1}{hc}(E_{02} - E_{01}) \tag{3}$$

式中:h 为普朗克常数;c 为光速;E_{01}、E_{02} 为原子的两个能级。

而当光源处于外磁场中时,这条光谱线就会分裂成为若干条分线,每条分线波数分别为

$$\tilde{\gamma} = \tilde{\gamma}_0 + \Delta\tilde{\gamma} = \tilde{\gamma}_0 + \frac{1}{hc}(\Delta E_2 - \Delta E_1) = \tilde{\gamma}_0 + (M_2 g_2 - M_1 g_1)\mu_B B/(hc)$$

$$= \tilde{\gamma}_0 + (M_2 g_2 - M_1 g_1)L$$

所以,分裂后谱线与原谱线的频率差(波数形式)为

$$\Delta\tilde{\gamma} = \tilde{\gamma} - \tilde{\gamma}_0 = (M_2 g_2 - M_1 g_1)L = (M_2 g_2 - M_1 g_1)\frac{Be}{4\pi mc} \tag{4}$$

式中:下角标 1、2 分别表示原子跃迁后和跃迁前所处的能级;L 为洛伦兹单位 ($L = 46.7B$),外磁场的单位为 T(特斯拉),L 的单位为 $\text{m}^{-1} \cdot \text{T}^{-1}$;$M_2$、$M_1$ 的选择定则是:$\Delta M = 0$ 时为 π 成分,是振动方向平行于磁场的线偏振光,只能在垂直于磁场的方向上才能观察到,在平行于磁场方向上观察不到,但当 $\Delta J = 0$ 时,$M_2 = 0$,到 $M_1 = 0$ 的跃迁被禁止;$\Delta M = \pm 1$ 时为 σ 成分,垂直于磁场观察时为振动垂直于磁场的线偏振光,沿磁场正方向观察时,$\Delta M = +1$ 为右旋偏振光,$\Delta M = -1$ 为左旋偏振光。

若跃迁前后能级的自旋量子数 S 都等于零,塞曼分裂发生在单重态间,此时,无磁场时的一条谱线在磁场作用下分裂成三条谱线,其中 $\Delta M = +1$ 对应的仍然是 σ 态,$\Delta M = 0$ 对应的是 π 态,分裂后的谱线与原谱线的波数差 $\Delta\tilde{\gamma} = L = \frac{eB}{4\pi mc}$。这种效应叫做正常塞曼效应。

下面以汞的 546.1 nm 谱线为例来说明谱线的分裂情况。汞的 546.1 nm 波长的谱线是汞原子从 $\{6s7s\}^3 S_1$ 到 $\{6s6p\}^3 P_2$ 能级跃迁时产生的,其上下能级的有关量子数值和能级分裂图形如表 1 和图 1 所示。

表 1

原子态符号	L	S	J	g	M	Mg
$^3 S_1$	0	1	1	2	1、0、−1	2、0、−2
$^3 P_2$	1	2	2	3/2	2、1、0、−1、−2	3、3/2、0、−3/2、−3

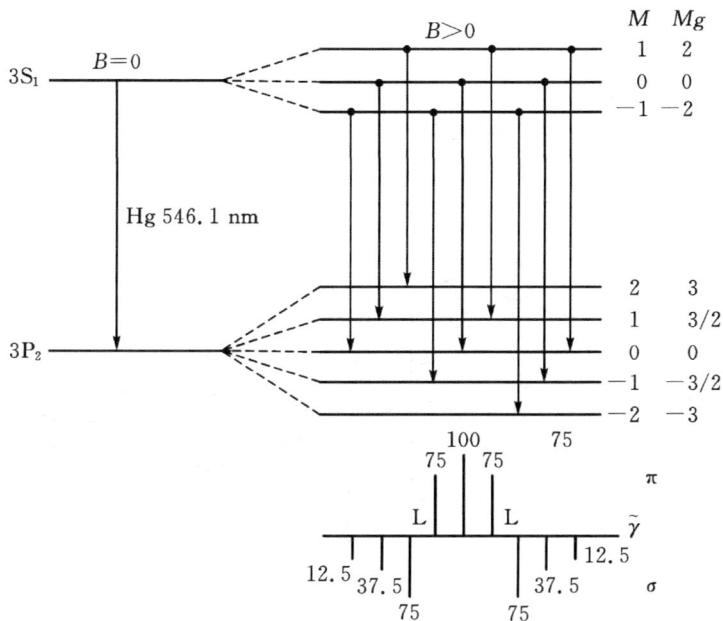

图 1　Hg(546.1 nm)谱线在磁场中的分裂

可见，546.1 nm 的一条谱线在磁场中分裂成了九条谱线，当垂直于磁场方向观察时，中央三条谱线为 π 成分，两边各三条谱线为 σ 成分；沿磁场方向观察时，π 成分不出现，对应的六条线分别为右旋和左旋偏振光。

2. 法布里-珀罗标准具

塞曼分裂的波长差很小，波长和波数的关系为 $\Delta\lambda = \lambda^2 \Delta\gamma$，若波长 $\lambda = 5 \times 10^{-7}$ m 的谱线在 $B = 1$ T 的磁场中，分裂谱线的波长差只有约 10^{-11} m，因此必须使用高分辨率的仪器来观察。本实验采用法布里-珀罗（F-P）标准具。

F-P 标准具通常有两类，固体式和空气隙式。固体式由单片石英玻璃或 K9 玻璃制成，有两个平行度非常高的光滑平面；空气隙式是由平行放置的两块平面玻璃或石英玻璃板组成，在两板相对的平面上镀有高反射率的薄银膜，为了消除两平板背面反射光的干涉，每块板都作成楔形。由于两镀膜面平行，若使用扩展光源，则产生等倾干涉条纹。具有相同入射角的光线在垂直于观察方向的平面上的轨迹是一组同心圆。若在光路上放置透镜，则在透镜焦平面上得到一组同心圆环图样。如图 2 所示，在透射光束中，相邻光束的光程差为

$$\Delta = 2nd\cos\theta \tag{5}$$

取 $n = 1$

$$\Delta = 2d\cos\theta \tag{6}$$

产生亮条纹的条件为

$$2d\cos\theta = K\lambda \tag{7}$$

式中：K 为干涉级次；λ 为入射光波长。

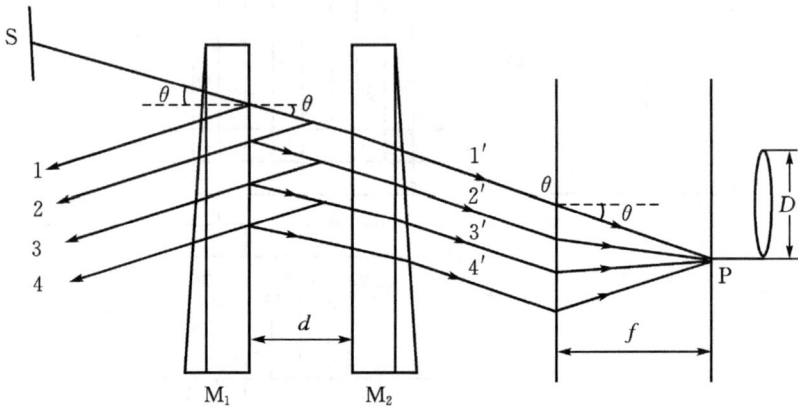

图 2 法布里-珀罗标准具的光路图

我们需要了解标准具的两个特征参量。

(1)自由光谱范围(标准具参数)$\tilde{\Delta\lambda}_{FSR}$ 或 $\tilde{\Delta\gamma}_{FSR}$

同一光源发出的具有微小波长差的单色光 λ_1 和 λ_2（$\lambda_1 < \lambda_2$），入射后将形成各自的圆环系列。对同一干涉级，波长大的干涉环直径小，如图 3 所示。如果 λ_1 和 λ_2 的波长差逐渐加大，使得 λ_1 的第 m 级亮环与 λ_2 的第（$m-1$）级亮环重合，则有

$$2d\cos\theta = m\lambda_1 = (m-1)\lambda_2 \tag{8}$$

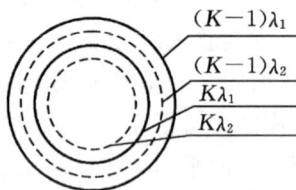

图 3 F-P标准具等倾干涉图（$\lambda_2 > \lambda_1$）

得出

$$\Delta\lambda = \lambda_2 - \lambda_1 = \frac{\lambda_2}{m} \tag{9}$$

由于大多数情况下，$\cos\theta \approx 1$，式(8)变为 $m \approx \dfrac{2d}{\lambda_1}$ 并带入式(9)，得到

$$\Delta\lambda = \frac{\lambda_1\lambda_2}{2d} \approx \frac{\lambda^2}{2d} \tag{10}$$

它表明在 F-P 中，当给定两平面间隔 d 后，入射光波长在 $\lambda \sim \Delta\lambda$ 间所产生的干涉圆环不发生重叠。

（2）分辨本领

定义 $\dfrac{\lambda}{\Delta\lambda}$ 为光谱仪的分辨本领，对于 F-P 标准具，它的分辨本领为

$$\frac{\lambda}{\Delta\lambda} = KN \tag{11}$$

式中：K 为干涉级次；N 为精细度，它的物理意义是在相邻两个干涉级之间能分辨的最大条纹数。N 依赖于平板内表面反射膜的反射率 R

$$N = \frac{\pi\sqrt{R}}{1-R} \tag{12}$$

反射率越高，精细度就越高，仪器能分辨开的条纹数就越多。

利用 F-P 标准具，通过测量干涉环的直径就可以测量各分裂谱线的波长或波长差。参见图 2，出射角为 θ 的圆环直径 D 与透镜焦距 f 间的关系为 $\tan\theta = \dfrac{D}{2f}$，对于近中心的圆环 θ 很小，可以认为 $\theta \approx \sin\theta \approx \tan\theta$，于是有

$$\cos\theta = 1 - 2\sin^2\frac{\theta}{2} \approx 1 - \frac{\theta^2}{2} = 1 - \frac{D^2}{8f^2} \tag{13}$$

代入到式(7)中，得

$$2d\cos\theta = 2d(1 - \frac{D^2}{8f^2}) = K\lambda \tag{14}$$

由上式可推出同一波长 λ 相邻两级 K 和 $(K-1)$ 级圆环直径的平方差为

$$\Delta D^2 = D_{K-1}^2 - D_K^2 = \frac{4f^2\lambda}{d} \tag{15}$$

可以看出，ΔD^2 是与干涉级次无关的常数。

设波长为 λ_a 和 λ_b 的两条谱线第 K 级干涉圆环直径分别为 D_a 和 D_b，由式(14)和式(15)得

$$\lambda_a - \lambda_b = \frac{d}{4f^2K}(D_b^2 - D_a^2) = (\frac{D_b^2 - D_a^2}{D_{K-1}^2 - D_K^2})\frac{\lambda}{K}$$

得出

波长差
$$\Delta\lambda = \frac{\lambda^2}{2d}(\frac{D_b^2 - D_a^2}{D_{K-1}^2 - D_K^2}) \tag{16}$$

波数差
$$\Delta\gamma = \frac{1}{2d}\left(\frac{D_b^2 - D_a^2}{D_{K-1}^2 - D_K^2}\right) \tag{17}$$

3. 用塞曼效应计算电子荷质比 $\dfrac{e}{m}$

对于正常塞曼效应,分裂的波数差为

$$\Delta\gamma = L = \frac{eB}{4\pi mc}$$

代入测量波数差公式(17),得

$$\frac{e}{m} = \frac{2\pi c}{dB}\left(\frac{D_b^2 - D_a^2}{D_{K-1}^2 - D_K^2}\right) \tag{18}$$

若已知 d 和 B ,从塞曼分裂中测量出各环直径,就可以计算出电子荷质比。

四、实验内容

通过观察 Hg(546.1 nm) 绿线在外磁场中的分裂情况测量电子荷质比。

实验装置如图 4 所示,在显示器上调整并观察光路。

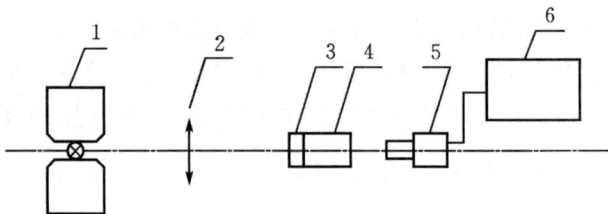

图 4　实验装置图

1—电磁铁;2—透镜;3—滤光片;4—F－P 标准具;5—CCD;

6—计算机

1. 在垂直于磁场方向观察和记录谱线的分裂情况,用偏振片区分 π 成分和 σ 成分,改变励磁电流大小观察谱线分裂的变化,同时观察干涉圆环中 σ 成分的重叠。

2. 在平行于磁场方向观察和记录谱线的分裂情况及变化。

3. 利用计算机测量和计算电子的荷质比,打印结果。

五、思考题

1. 标准具的间隔厚度为 d,该标准具的自由光谱范围是多少? 观察谱线分裂情况时,磁场强度的合理取值是多少? 磁场强度为多少时,分裂谱线中哪几条将会发生重叠?

2. 试举两例说明塞曼效应在科学技术中的应用。

实验 1.4　电子衍射

　　19 世纪,人类对光的认识仅局限于它的波动性。到了 20 世纪初,爱因斯坦通过光电效应等现象揭示了光的粒子性,从而在物理学发展史上对光的波粒二象性有了全面认识。1924 年,法国物理学家德布罗意在研究总结光的波粒二象性的基础上提出了一切实物粒子都具有波粒二象性的假设。1927 年,戴维逊和革末通过镍晶体反射电子衍射试验测得了电子的波长,首先证实了德布罗意假设的正确性;1928 年,汤姆逊采用快速电子穿过铝、金和铂的薄片,观察到由这些多晶靶产生的圆环形衍射图样,进一步证实了德布罗意波的存在。为此,他们分别获得了 1927 年和 1937 年的诺贝尔物理学奖。此后,电子衍射实验一直作为微观粒子具有波动性的重要实验依据而受到物理学及其他科学工作者的关注。

一、实验目的

　　1. 了解电子衍射原理,观察电子衍射现象;
　　2. 测定运动电子波的波长,验证德布罗意假设;
　　3. 测定普朗克常数。

二、实验仪器

　　电子衍射仪。

三、实验原理

1. 运动电子的波长

　　在阴极射线示波管的电子枪与荧光屏之间放置一块半径为 2 cm 的圆形金属薄膜靶,电子枪经过改进可使阴极发射的电子束聚焦在靶上。电子束经过不大于 15 kV 的电压加速,形成定向电子束射向靶面。

　　设电子射线以速度 v 穿过晶体薄膜,其动量为 p,根据德布罗意波粒二象性假设,电子波长 λ_0 与 p 之间有如下关系

$$\lambda_0 = h/p = h/(mv) \tag{1}$$

式中:h 为普朗克常数;$p = mv$。设电子在电压为 V 的电场中做加速运动,其运动速度可由克服电场力所做的功决定

$$eV = (1/2)mv^2 = p^2/(2m) \tag{2}$$

将式(2)代入式(1),求得运动电子的波长为

$$\lambda_0 = h / \sqrt{2meV} \tag{3}$$

式中：e 为电子的电荷；m 为电子的质量。在加速电压不太大时，$v \ll c$。

将各数值代入式(3)中可得

$$\lambda_0 = \sqrt{1.50/V} \tag{4}$$

式中：λ_0 的单位为 nm，加速电压的单位为 V。

当加速电压很高时，电子的速度接近光速，此时应考虑相对论效应，将各数值代入，可得

$$\lambda_0 = \sqrt{1.50/\left[V(1 + 0.9783 \times 10^{-6})\right]} \quad \text{(nm)} \tag{5}$$

从而求出电子的波长。

2. 相长干涉

我们已经知道，单色 X 射线在多晶体薄膜上产生衍射时，由晶体的结构参数和衍射环直径的大小可以计算出 X 射线的波长，同理，依此法也能测出运动电子的波长 λ_1，若 λ_0 与 λ_1 在一定误差范围内一致，则说明德布罗意假设完全正确。

晶体是由原子(或离子)有规则地排列而组成的，如图 1 所示，处于同一平面层的原子构成一个晶面，相邻两晶面间的距离为 d，相互平行的一系列晶面构成一个晶格平面族，组成一个很精致的三维光栅。对于给定的一族晶面，让一束电子以某一角度穿过它，电子就会受到原子(离子)的散射。当电子的入射角与反射角相等，且相邻两晶面的波程差为波长的整数倍时，出现相长干涉，如图 1 所示，根据布拉格定律，入射角与晶格平面间的夹角 θ 满足如下关系

$$2d\sin\theta = n\lambda_1 \qquad n = 1, 2, 3, \cdots, n \tag{6}$$

式中：λ_1 为入射电子的波长；n 为反射光的级次，为整数。此式说明，在相邻两晶面上的反射电子束的波程差为波长的整数倍的区域，干涉相互加强，出现最强反射，而在其他区域，衍射电子波很微弱，根本观察不到。实际上，一块单晶体如果含有很多方向不同的晶面族，各晶面族的间距也不一定相等，只有符合式(6)条件的晶面，才能够产生相长干涉。即使同一种材料，由于其成分中含有大量各种取向的微小单晶体，也能形成多晶结构，当电子束射入这种多晶薄膜上时，在多晶薄膜内部的各个方向上均有与电子入射线夹角为 θ 且满足布拉格公式的反射晶面，因此电子波的"反射线"形成以入射线为轴线，张角为 4θ 的衍射圆锥，如图 2 所示，在荧光屏上就可观察到一个衍射圆环。在多晶薄膜内部，有许多平行晶面族(间距为 d)都满足布拉格公式(它们的反射角为 $\theta_1, \theta_2, \theta_3, \cdots$)，因此在荧光屏上可观察到一组同心衍射圆环，如图 2 所示，R 为衍射环的半径，D 为衍射距离。

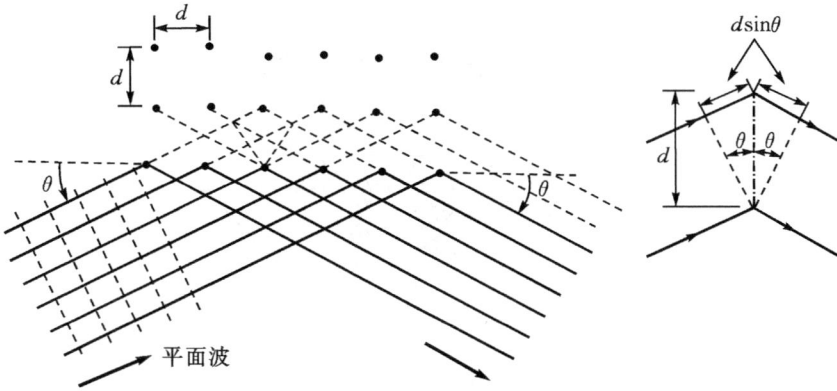

图 1　光在晶格平面族中的反射

由于 θ 值很小,有 $\tan(2\theta) = 2\sin\theta = R/D$,因此有

$$\sin\theta = R/(2D) \tag{7}$$

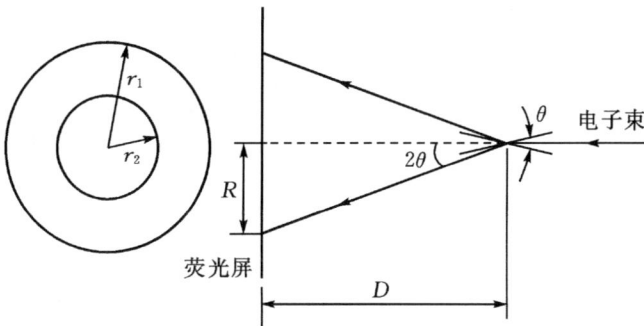

图 2　电子的衍射

本实验所采用的金晶体属于面心立方晶体结构(如图 3 所示),相邻两晶面的间距为

$$d = a/\sqrt{h^2 + k^2 + l^2}$$

式中:a 为晶体的晶格常数;h, k, l 为密勒指数。代入布拉格公式(6),可得

$$\lambda = \frac{aR}{D\sqrt{h^2 + k^2 + l^2}} \tag{8}$$

式(8)中取 $n = 1$,即利用其第一级布拉格衍射图形。

面心立方体的几何结构决定了只有当密勒指数(h, k, l)全部为奇数或全部为偶数时的晶格平面才能发生衍射现象,表 1 给出部分面心立方晶体反射平面的密勒指数。

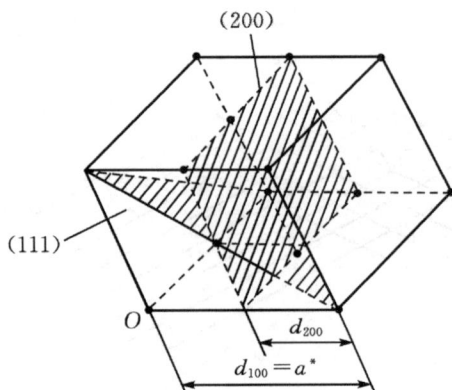

图 3   面心立方体结构

表 1

h,k,l	$h^2 + k^2 + l^2$	$(h^2 + k^2 + l^2)^{1/2}$
111	3	1.732
200	4	2.000
220	8	2.828
311	11	3.316
222	12	3.464
400	16	4.000
331	19	4.358
420	20	4.472
422	24	4.898
511,333	27	5.196
440	32	5.656

四、实验装置

电子衍射仪由电子衍射管和电源两部分构成。

1. 电子衍射管

如图 4 所示,电子衍射管中含有电子枪、标准晶体靶材料和荧光屏等。电子枪由阴极、灯丝、调制板、加速极、聚焦极、辅助聚焦极和 x,y 偏转板构成。电子射线管的外壳用玻璃制成,其内部被抽成真空,靶周围的玻壳部分涂有石墨层,它与荧光屏连在一起,同时与可调高压直流电源输出端相连。

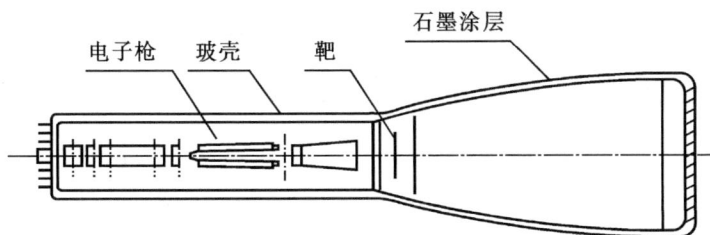

图 4　电子衍射管示意图

2. 电源

电源由放大电路、稳压电路、升压电路和调压电路等构成,可以为衍射管提供 $2 \sim 15$ kV 连续可调的直流加速电压及 6.3 V 的灯丝电压等。

五、实验内容及要求

1. 验证德布罗意假设,测量运动电子的波长

测量时,接通电源,等几分钟后,将高压调至所需值。若要提高电子束强度,可在电子束散焦时调节灰度旋钮。读数时需将电子束聚焦成一个小点,在衍射图样最清晰的位置,用塑料标尺测出衍射环的直径。

从 10 kV 开始,将加速电压每次增加 1 kV,调至 13 kV,在每个电压下,由内向外分别测量出前四个衍射圆环的直径 $2r$,将测得的数据填入表 2;已知金的晶格常数 $a = 4.0786 \times 10^{-1}$ nm,靶到屏间的距离 $D = (23.7 \pm 0.1)$ cm,把加速电压值代入式(5),求出对应的电子波长 λ_0;将 r,D,a 值及相应的密勒指数 h,k,l 代入式(8),求出波长 λ_1。将两种方法得到的电子波长进行比较,计算测量误差,验证德布罗意公式是否成立。

2. 普朗克常数 h 的测定

对应每个加速电压,通过观测圆环直径,确定密勒指数,根据式(8),计算出 λ_1,确定每一电压下的德布罗意波长 λ_0,将 m_0,e,λ_0 的数值代入公式(3)中,算出 h 的测量值并与公认值比较,计算测量误差。

六、注意事项

1. 衍射仪周围不应有较强的磁场存在;
2. 开机前高压旋钮须调至最小;

表 2

加速电压 （AV）/V	反射平面的 密勒指数 h， k,l	$\sqrt{h^2+k^2+l^2}$	$2r$ /cm	$\overline{2r}$ /cm	λ_1 /nm	λ_0 /nm
10.0	111 200 220 311					
11.0	111 200 220 311					
12.0	111 200 220 311					
13.0	111 200 220 311					

3. 使用过程中，应以较小工作电流给出最清晰图样为原则；测完一组数据，最好移动光点位置，以免光点长时间照射一点而毁坏荧光屏；

4. 每次改变高压或偏转图样后，应重新调节亮度旋钮和聚焦旋钮，以保持图样清晰。

七、思考题

1. 为什么衍射管靠近荧光屏的玻壳部分要用石墨涂层覆盖？

2. 靶、屏和衍射管荧光屏周围石墨涂层为什么要连在一起？

3. 推导出考虑相对论效应后的电子运动波长计算公式。

实验 1.5　用快速电子验证相对论效应

相对论是近代物理学的两大理论支柱之一。它的建立是 20 世纪自然科学最伟大的发现之一，对物理学乃至哲学思想都有深远影响。相对论提出后，为了检验这个理论的基本假设和各种相对论效应，人们反复不断采用各种实验方法和测量技术进行观测,从而为这个理论提供了丰富的实验证据。本实验以原子核衰变过程中放射出的高速运动的电子作为实验对象,利用半圆聚焦 β 磁谱仪,通过同时测定快速电子的动量值和动能值,来验证动量和动能之间的相对论关系。

一、实验目的

1. 学习相对论的一些基本原理,验证动能和动量的相对论关系;
2. 学习 β 磁谱仪、闪烁计数器的测量原理及使用方法。

二、实验仪器

RES 相对论实验谱仪,计算机。

三、实验原理

1. 相对论效应

经典力学认为,时间和空间是彼此无关的,与物质的存在和运动无关。这就是所谓经典力学中的"绝对时间"和"绝对空间"的观点,也称作牛顿绝对时空观。在这一时空观下,同一物体在不同惯性参照系中的运动学量(如坐标、速度)可通过伽利略变换而互相联系;不同惯性系中力学规律满足伽利略力学相对性原理——在所有惯性系中,物体运动所遵循的力学规律是相同,具有相同的数学表达形式。但是,随着物理学的发展,20 世纪初叶就已发现一些现象与经典力学的一些概念和定律相抵触。牛顿的绝对时空观和建立在这一基础上的经典力学开始陷入了无法解决的困境。

19 世纪末至 20 世纪初,人们试图将伽利略变换和伽利略力学相对性原理推广到电磁学和光学时遇到了困难。实验证明,对于高速运动的物体,伽利略变换是不正确的;在所有惯性参照系中,光在真空中的传播速度是不变的。在此基础上,1905 年爱因斯坦提出了狭义相对论。这一理论描述了一种新的时空观,认为时间和空间是相互联系的,而且时间的流逝和空间的延拓也与物质和运动有不可分割的联系,并据此导出了从一个惯性系到另一个惯性系的变换方程——洛伦兹变换。在洛伦兹变换下,一切物理学定律都具有相同的数学表达形式——遵循相对性原理。

按照爱因斯坦的狭义相对论,在洛伦兹变换下,静止质量为 m_0、速度为 v 的质点,其相对论动量应为

$$p = mv = \frac{m_0}{\sqrt{1-\beta^2}}v \tag{1}$$

式中:$m = \dfrac{m_0}{\sqrt{1-\beta^2}}$,$\beta = \dfrac{v}{c}$。相对论能量为

$$E = mc^2 \tag{2}$$

这就是著名的质能关系。mc^2 是运动物体的总能量,物体静止时的能量为 $E_0 = m_0 c^2$,称为静止能量,两者之差为物体的动能 E_k ,即

$$E_k = mc^2 - m_0 c^2 = m_0 c^2 \left(\frac{1}{\sqrt{1-\beta^2}} - 1 \right) \tag{3}$$

当 $\beta \leqslant 1$ 时,式(3)可展开为

$$E_k = m_0 c^2 \left(1 + \frac{1}{2} \frac{v^2}{c^2} + \cdots \right) - m_0 c^2 \approx \frac{1}{2} m_0 v^2 = \frac{1}{2} \frac{p^2}{m} \tag{4}$$

即得经典力学中的动能-动量关系。

由式(1)和式(2)可得

$$E^2 - c^2 p^2 = E_0^2 \tag{5}$$

这就是狭义相对论的能量与动量关系,而动能与动量的关系为

$$E_k = E - E_0 = \sqrt{c^2 p^2 + m_0^2 c^4} - m_0 c^2 \tag{6}$$

式(6)就是我们要验证的狭义相对论的动能与动量的关系。

对于高速运动的电子,其静止能量为 $E_0 = m_0 c^2 = 0.511 \text{ MeV}$,经典力学的动能-动量关系式(4)可化为

$$E_k = \frac{1}{2} \frac{p^2}{m_0} = \frac{1}{2} \frac{p^2 c^2}{m_0 c^2} = \frac{p^2 c^2}{2 \times 0.511} \tag{7}$$

相对论的动能与动量的关系为

$$\begin{aligned} E_k &= \sqrt{c^2 p^2 + m_0^2 c^4} - m_0 c^2 \\ &= \sqrt{(pc)^2 + 0.511^2} - 0.511 \end{aligned} \tag{8}$$

快速运动电子的动量与动能的关系曲线如图 1 所示。

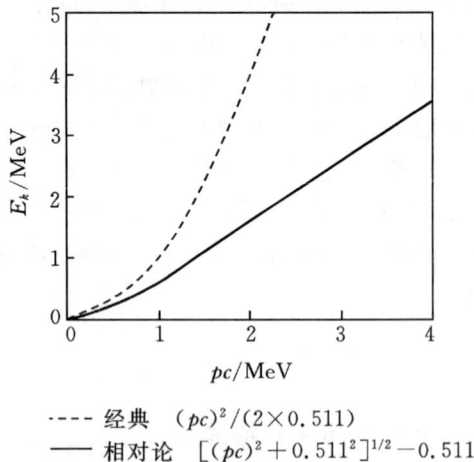

---- 经典　$(pc)^2/(2 \times 0.511)$
—— 相对论　$[(pc)^2 + 0.511^2]^{1/2} - 0.511$

图 1　快速电子的动量与动能关系

因此,通过同时测量快速电子的动能及动量即可检验式(8)是否成立,进而说明式(6)是否成立,狭义相对论效应是否存在。

2. 动能和动量的测量

本实验采用半圆聚集真空 β 磁谱仪测量电子的动量和动能。如图 2 所示,β 放射源所放出的动量为 p 的快速电子垂直入射到一磁感应强度为 B 的均匀磁场中时,受洛伦兹力的作用而做圆周运动,其动力学方程为

$$f = evB = m \frac{v^2}{R} \tag{9}$$

式中:e,m 分别为电子电荷和质量;R 为电子运动轨道的半径;v 为电子运动的速率,所以

$$p = mv = eBR \tag{10}$$

若在距 β 源 ΔX 处放置一能量探测器,则从该位置出射的电子的能量(动能)可由探测器直接测出,而其动量值则为

$$p = eB\Delta X/2 \tag{11}$$

β 源射出的 β⁻ 粒子具有连续的能量分布(0～2.27 MeV),因此移动探测器在不同位置(不同 ΔX),就可测得一系列不同的能量与对应的动量值,这样就可以用实验方法确定测量范围内动能与动量的对应关系,进而验证相对论动能与动量的对应关系式(8),并与经典关系式(7)进行比较。

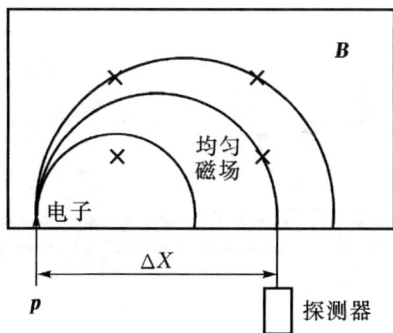

图 2　电子动量、动能测量原理图

四、实验装置

本实验采 RES 相对论实验谱仪来同时测定快速电子的动能和动量,其结构示意图及实际装置如图 3 和图 4 所示。

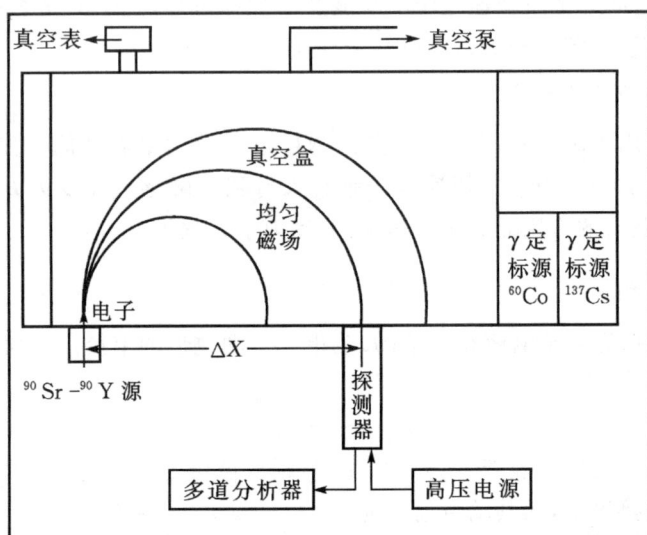

图 3　RES 相对论实验谱仪简图

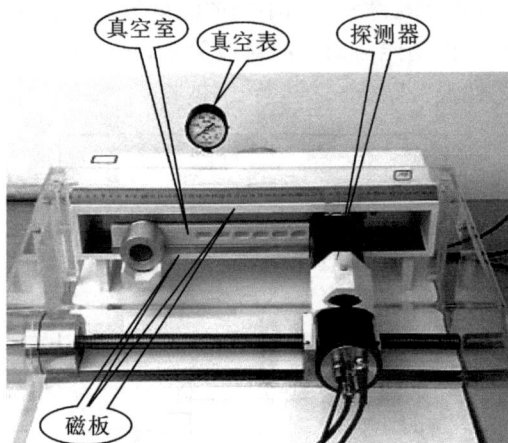

图 4　RES 相对论效应实验谱仪

相对论实验谱仪由半圆聚焦真空 β 磁谱仪、能量谱仪和放射源 3 部分组成。

1. 半圆聚焦真空 β 磁谱仪

半圆聚焦真空 β 磁谱仪由永久磁板、真空盒、真空表及真空泵构成,用于分离不同能量的电子并测量它们的动量,其动量测量原理见实验原理 2 中的叙述。其磁场强度值为 $B=620\text{ Gs}=0.062\text{ T}$。

2. 能量谱仪

能量谱仪由能量探测器(由 200 μm 铝窗 NaI 闪烁晶体、光电倍增管和相应电子线路板组成)、高压电源和多道分析器(由数据采集系统、软件及计算机 3 部分组成)3 部分组成,与 β 磁谱仪一起用于测量电子的动能。其测量原理简图如图 5 所示。

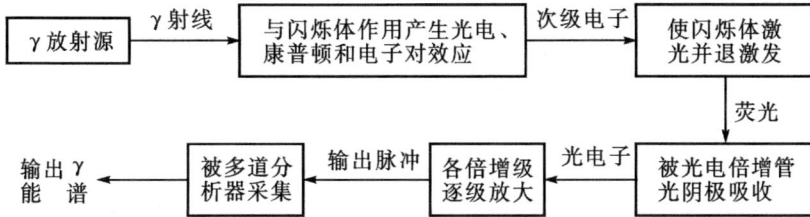

图 5　能量谱仪测量原理简图

由于 NaI(Tl) 晶体易潮解,因此用铝膜密封并遮挡杂散光。为了降低本底的影响,NaI(Tl) 晶体外壳采用了铅铝组合屏蔽措施。β⁻ 粒子通过铝膜时,有少量能量损失,需进行修正。

3. 放射源

^{90}Sr –^{90}Y β 放射源:产生快速电子,其 β 能谱是连续的。其中 $E_{\beta max}$(Sr)= 0.546 MeV, $E_{\beta max}$(Y)= 2.27 MeV,其放射性活度约为 1 mCi(3.7×10^7 Bq),外壳由铅铝组合做成圆柱形防护壳。

^{137}Cs 和 ^{60}Co γ 放射源:用于标定能量谱仪的能量。^{137}Cs 和 ^{60}Co γ 放射源的能谱如图 6 所示。它们由 X 射线峰、康普顿连续谱、反散射峰和全能峰(或光电峰)4 部分构成。^{137}Cs 的反散射峰(能量为 0.181 MeV)、光电峰(能量为 0.662 MeV)及 ^{60}Co 的两个光电峰(能量分别为 1.17 MeV 和 1.33 MeV)可用来标定探测器的能量。

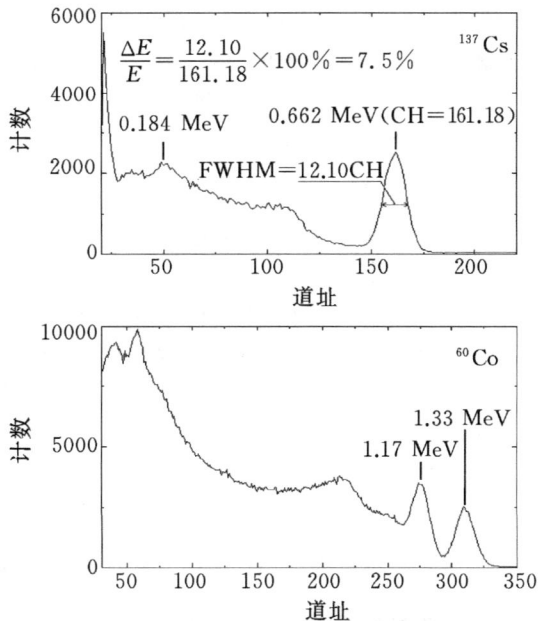

图 6　^{137}Cs 和 ^{60}Co γ 放射源能谱图

γ 源的强度约为 1.5 μCi(3.7×10^4 Bq),也采用铝和铅进行屏蔽。

五、实验内容

1. 准备工作

检查仪器线路连接是否正确,然后开启高压电源及计算机。

2. 标定能量谱仪的能量

①打开 ^{60}Coγ 定标源的盖子,移动能谱仪探测器使其狭缝对准 ^{60}Co 源的出射孔,然后启动测试软件开始计数测量。

②调整加到探测器上的高压和放大数值,使测得的 ^{60}Co 的 1.33 MeV 峰值道数在一个比较合理的位置(建议:在多道脉冲分析器总道数的 50%～70% 之间,这样既保证了在测量高能 β$^-$ 粒子时不超出多道分析器的量程范围,又能充分利用多道分析器的有效测量范围)。

③选择好高压和放大数值并稳定 10 分钟以上后,可正式开始对能量谱仪进行能量定标。

④测量 ^{60}Co 的 γ 能谱,待 1.33 MeV 光电峰的峰顶计数达到 1000 以上后(尽量减少统计涨落带来的误差),对能谱进行数据分析,记录下 1.17 MeV 和 1.33 MeV两个光电峰所对应的道数 CH。

⑤移开探测器,盖上 ^{60}Coγ 源的盖子。打开 ^{137}Csγ 源的盖子并移动探测器使其狭缝对准 ^{137}Csγ 源的出射孔,然后开始计数测量,待 0.661 MeV 光电峰的峰顶计数达到 1000 后,对能谱进行数据分析,记录下 0.184 MeV 反散射峰和 0.661 MeV光电峰所对应的道数 CH。

3. 测量 β$^-$ 粒子的动能及动量

①移开探测器,盖上 ^{137}Csγ 源。打开机械泵抽真空(机械泵正常运转 2～3 分钟即可停止工作)。

②打开 β 源的盖子,并使其出射孔对准真空室的入射孔。移动探测器至真空室出射面的某一位置,开始测量快速电子的动量和动能,探测器与 β 源的距离在 10 cm 至 25 cm 之间。

③选定探测器位置后开始逐个测量单能电子能峰,记下峰位道数 CH 和相应的位置坐标 ΔX。

4. 整理工作

全部数据测量完毕后,盖上 β 源的盖子,关闭源及仪器电源。

六、数据处理

1. 真空状态下 p 与 ΔX 关系的合理表述

由于工艺水平的限制,磁场的非均匀性无法避免,直接用 $p = eB\Delta X/2$ 来求动量将产生一定的系统误差,因此需要采取更为合理的方式来表述 p 与 ΔX 的关系。

　　如图 7 所示,设粒子的真实径迹为 aob,位移 $\mathrm{d}S$ 与 Y 轴的夹角为 θ,则 $\mathrm{d}S$ 在 X 轴上的投影为 $\sin\theta\mathrm{d}S$,显然有

$$\Delta X = \int_0^{\theta_1} \sin\theta\mathrm{d}S = \int_0^{\pi} \sin\theta\mathrm{d}S \ (\theta_1 = \pi)$$

（12）

又因为 $\mathrm{d}S = R \cdot \mathrm{d}\theta$ 以及 $R = p/(eB)$,其中 R 和 B 分别是 $\mathrm{d}S$ 处的曲率半径和磁感应强度,则有

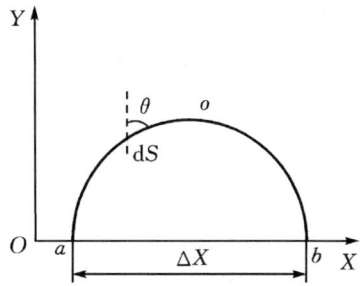

图 7　电子在磁场中的运动径迹

$$\Delta X = \int_0^{\pi} \sin\theta \frac{p}{eB} \mathrm{d}\theta = \frac{p}{e} \int_0^{\pi} \frac{\sin\theta}{B} \mathrm{d}\theta（真空中 p 为定值）\tag{13}$$

所以有

$$p = e\Delta X / \int_0^{\pi} \frac{\sin\theta}{B} \mathrm{d}\theta = \frac{1}{2} \overline{B} e \Delta X \qquad \left(\frac{1}{\overline{B}} = \frac{1}{2} \int_0^{\pi} \frac{\sin\theta}{B} \mathrm{d}\theta \right) \tag{14}$$

若把 $\dfrac{1}{\overline{B}}$ 改写成

$$\frac{1}{\overline{B}} = \frac{1}{2} \int_0^{\pi} \frac{1}{B} \sin\theta\mathrm{d}\theta$$

则物理意义更为明显,即 $\dfrac{1}{\overline{B}}$ 为粒子在整个路径上的磁感应强度的倒数乘以所处位置处的位移与 Y 轴夹角的正弦为权重的加权平均值。显然,$\overline{B}$ 相当于均匀磁场下公式 $p = eB\Delta X/2$ 中的磁场强度 B,即只要求出 $\overline{B}$,就能更为确切地表述 p 与 ΔX 的关系,进而准确地确定粒子的动量值。

　　实验计算中还需要把求积分进一步简化为求级数和,即可把画在磁场分布图上直径为 ΔX 的半圆弧作 N 等分(间距取 10 mm 为宜),依次读出第 i 段位移所在处的磁感应强度 B_i,再注意到 $\theta = \dfrac{\pi}{N}(i-1)$ 以及 $\Delta\theta_i = \dfrac{\pi}{N}$,则可得到

$$\frac{1}{\overline{B}} \approx \frac{1}{2} \int_0^{\pi} \frac{\sin\theta'}{B'} \mathrm{d}\theta' \approx \frac{\pi}{2N} \sum_{i=1}^{N} \sin\left[\frac{\pi}{N}(i-1)\right]/B_i \tag{15}$$

所以

$$p = \frac{Ne\Delta X}{\pi \sum\limits_{i=1}^{N} \sin\left[\dfrac{\pi}{N}(i-1)\right]/B_i} \tag{16}$$

2. β⁻ 粒子动能的修正

由于 β⁻ 粒子与物质的相互作用将会使其产生能量损失,因此对其损失的能量进行必要的修正是十分重要的。

(1)β⁻ 粒子在铝膜中的能量损失修正

在计算 β⁻ 粒子的动能时,需要对粒子穿过铝膜(220 μm:200 μm 为 NaI(Tl)晶体的铝膜密封层厚度,20 μm 为反射层的铝膜厚度)时的动能予以修正。设 β⁻粒子在铝膜中穿越 Δx 的动能损失为 ΔE ,则

$$\Delta E = \frac{\mathrm{d}E}{\mathrm{d}x\rho}\Delta x \tag{17}$$

其中 $\frac{\mathrm{d}E}{\mathrm{d}x\rho}(\frac{\mathrm{d}E}{\mathrm{d}x\rho} < 0)$ 是铝对 β⁻ 粒子的能量吸收系数;ρ 是铝的密度,$\frac{\mathrm{d}E}{\mathrm{d}x\rho}$ 是关于 E 的函数,不同 E 的情况下 $\frac{\mathrm{d}E}{\mathrm{d}x\rho}$ 的取值可以通过计算得到。设 $\frac{\mathrm{d}E}{\mathrm{d}x\rho} = K(E)$,则 $\Delta E = K(E)\Delta x$, $\Delta x \to 0$,则 β⁻ 粒子穿过整个铝膜的能量损失为

$$E_2 - E_1 = \int_{x}^{x+d} K(E)\mathrm{d}x \qquad 即 \qquad E_1 = E_2 - \int_{x}^{x+d} K(E)\mathrm{d}x \tag{18}$$

式中:d 为薄膜的厚度;E_2 为出射后的动能;E_1 为入射前的动能。由于实验探测到的是经铝膜衰减后的动能,所以由公式(18)可计算出修正后的动能(即入射前的动能)。表 1 列出了根据本计算程序求出的入射动能 E_1 和出射动能 E_2 之间的对应关系。

表 1　入射动能 E_1 和出射动能 E_2 的关系

E_1/MeV	E_2/MeV	E_1/MeV	E_2/MeV	E_1/MeV	E_2/MeV
0.317	0.200	0.545	0.450	0.790	0.700
0.360	0.250	0.595	0.500	0.840	0.750
0.404	0.300	0.640	0.550	0.887	0.800
0.451	0.350	0.690	0.600	0.937	0.850
0.497	0.400	0.740	0.650	0.988	0.900
0.545	0.450	1.137	1.050	1.740	1.650
0.595	0.500	1.184	1.100	1.787	1.700
0.604	0.550	1.239	1.150	1.834	1.750
0.690	0.600	1.286	1.200	1.889	1.800
0.740	0.650	1.333	1.250	1.936	1.850
0.790	0.700	1.388	1.300	1.991	1.900
0.840	0.750	1.435	1.350	2.038	1.950

（2）β^- 粒子在有机塑料薄膜中的能量损失修正

实验表明封装真空室的有机塑料薄膜对 β^- 存在一定的能量吸收，尤其对小于 0.4 MeV 的 β^- 粒子吸收约 0.02 MeV。由于塑料薄膜的厚度及物质组分难以测量，可采用实验的方法进行修正。实验测量了不同能量下入射动能 E_k 和出射动能 E_0 的关系（见表 2），采用分段插值的方法即可计算修正值。

表 2　入射动能 E_k 和出射动能 E_0 的关系

E_k/MeV	0.382	0.581	0.777	0.973	1.173	1.367	1.567	1.752
E_0/MeV	0.365	0.571	0.770	0.966	1.166	1.360	1.557	1.747

实验中可以根据表 1 和表 2，利用线性插值对 β^- 粒子作能量损失修正。

3.实验数据处理

（1）根据能量定标数据求定标曲线

已知一组能量定标数据 (E_i, CH_i)，根据最小二乘法原理，用线性拟合的方法求能量 E_i 和道数 CH_i 之间的关系

$$E = a + b \cdot CH \tag{19}$$

（2）求 β^- 的动能

①将实验所测得的 β^- 粒子的道数代入定标曲线方程（19），求得动能 E_2。

②在前面所给出的穿过铝膜前后的入射动能 E_1 和出射动能 E_2 之间的对应关系数据表中，取 E_2 前后两点作线性插值，求出对应于出射动能 E_2 的入射动能 E_1。

③上一步求得的 E_1 为 β^- 粒子穿过封装真空室的有机塑料薄膜后的出射动能 E_0，需要再次进行能量修正，求出射之前的入射动能 E_k。同步骤②，取 E_0 前后两点作线性插值，求出对应于出射动能 E_0 的入射动能 E_k。

（3）求动量的理论值

根据 β^- 粒子动能 E_k，由动能和动量的相对论关系求出动量 pc（为与动能量纲统一，故把动量 p 乘以光速，这样两者单位均为 MeV）的理论值 pc_t。

$$pc_t = \sqrt{(E_k + m_0 c^2)^2 - m_0{}^2 c^4} \tag{20}$$

（4）求动量的实验值

由 $p = eB\Delta X/2$ 求 pc 的实验值 pc_e。

（5）求实验值相对于理论值的相对误差 D_{pc}

$$D_{pc} = \frac{|pc_e - pc_t|}{pc_t} \tag{21}$$

七、注意事项

1.闪烁探测器上的高压电源、前置电源、信号线绝对不可以接错。

2.严禁探测器在工作状态下见光,以免光电倍增管过载烧坏。

3.应防止 β 源强烈震动,以免损坏它的密封薄膜。

4.仪器使用前应开机预热 10 分钟,以免工作点漂移。

5.实验完后,注意盖上各放射源的盖子。

八、思考题

1.用 γ 放射源进行能量定标时,为什么不需要对 γ 射线穿过 $220~\mu m$ 厚的铝膜时进行能量损失修正?

2.为什么用 γ 放射源进行能量定标的闪烁探测器可以直接用来测量 β^- 粒子的能量?

3.试比较 pc - E_k 坐标系中的实验曲线和理论曲线,并进行讨论。

第 2 章　光学类实验

实验 2.1　空间频率滤波(附 θ 调制)

空间频率滤波是在光学系统的空间频谱面上放置适当的滤波器,去掉(或有选择地通过)某些空间频率或改变它们的振幅和位相,使物体的图像按照人们的希望得到改善。它是信息光学中最基本、最典型的基础实验,是相干光学信息处理中的一种最简单的情况。

早在 1873 年,德国人阿贝(E. Abbe,1840—1905)在蔡司光学公司任职期间研究如何提高显微镜的分辨本领时,首次提出了二次衍射成像的理论。阿贝和波特(A. B. Porter)分别于 1893 年和 1906 年以一系列实验证实了这一理论。1935 年泽尼可(Zernike)提出了相衬显微镜的原理。这些早期的理论和实验其本质上都是一种空间滤波技术,是傅里叶光学的萌芽,为近代光学信息处理提供了深刻的启示。但由于它属于相干光学的范畴,在激光出现以前很难将它在实际中推广使用。1960 年激光问世后,它才重新振兴起来,其相应的基础理论——"傅里叶光学"形成了一个新的光学分支。目前光信息处理技术已广泛应用到实际生产和生活各个领域中。

一、实验目的

1. 了解傅里叶光学基本理论的物理意义,加深对光学空间频率、空间频谱和空间频率滤波等概念的理解;

2. 验证阿贝成像原理,理解成像过程的物理实质——"分频"与"合成"过程,了解透镜孔径对显微镜分辨率的影响。

二、实验仪器

光源、透镜、滤波器、屏、导轨等。

三、实验原理

1. 傅里叶光学变换

设有一个空间二维函数 $g(x,y)$，其二维傅里叶变换为

$$G(\xi,\eta) = \iint_{-\infty}^{\infty} g(x,y)\exp[-\mathrm{i}2\pi(\xi x + \eta y)]\,\mathrm{d}x\mathrm{d}y \qquad (1)$$

式中：ξ，η 分别为 x，y 方向的空间频率；$g(x,y)$ 为 $G(\xi,\eta)$ 的傅里叶逆变换，即

$$g(x,y) = \iint_{-\infty}^{\infty} G(\xi,\eta)\exp[\mathrm{i}2\pi(\xi x + \eta y)]\mathrm{d}\xi\mathrm{d}\eta \qquad (2)$$

式(2)表示，任意一个空间函数 $g(x,y)$ 可表示为无穷多个基元函数 $\exp[\mathrm{i}2\pi(\xi x + \eta y)]$ 的线性叠加，$G(\xi,\eta)$ 是相应于空间频率为 ξ,η 的基元函数的权重，$G(\xi,\eta)$ 称为 $g(x,y)$ 的空间频谱。

用光学的方法可以很方便地实现二维图像的傅里叶变换，获得它的空间频谱。由透镜的傅里叶变换性质知，只要在傅里叶变换透镜的前焦面上放置一透过率为 $g(x,y)$ 的图像，并以相干平行光束垂直照明之，则在透镜后焦面上的光场分布就是 $g(x,y)$ 的傅里叶变换 $G(\xi,\eta)$，即空间频谱 $G(x'/\lambda f, y'/\lambda f)$。其中 λ 为光波波长，f 为透镜的焦距，(x',y') 为后焦面（即频谱面）上任意一点的位置坐标。显然，后焦面上任意一点 (x',y') 对应的空间频率为：$\xi = x'/\lambda f$，$\eta = y'/\lambda f$。

2. 阿贝成像原理

傅里叶光学在光学成像中的重要性，首先在显微镜的研究中显示出来。阿贝在 1873 年提出了相干光照明下显微镜的成像原理。他认为在相干平行光照明下，显微镜的成像过程可以分成两步：第一步是通过物的衍射光在透镜的后焦面（即频谱面）上形成空间频谱，这是衍射所引起的"分频"作用；第二步是代表不同空间频率的各光束在像平面上相干叠加而形成物体的像，这是干涉所引起的"合成"作用。图 1 表示这一成像光路和过程。

成像的这两个过程，本质上就是两次傅里叶变换。第一个过程把物平面光场的空间分布 $g(x,y)$ 变为频谱面上的空间频率分布 $G(\xi,\eta)$，第二个过程则是将频谱面上的空间频谱分布 $G(\xi,\eta)$ 作傅里叶逆变换，还原为空间分布（即将各频谱分量又复合为像）。因此，成像过程经历了从空间域到频率域，又从频率域到空间域的两次变换过程。如果两次变换完全是理想的，即信息没有任何损失，则像和物应完全相似（除了有放大或缩小外）。但一般像和物不可能完全相似，这是由于透镜的孔径是有限的，总有一部分衍射角度大的高次成分（高频信息）没有进入到物镜而被丢弃了，所以像的信息总是比物的信息要少一些，像和物不可能完全一样。因为高频信息主要反应物的细节，所以，当高频信息受到孔径的阻挡而不能到达像平

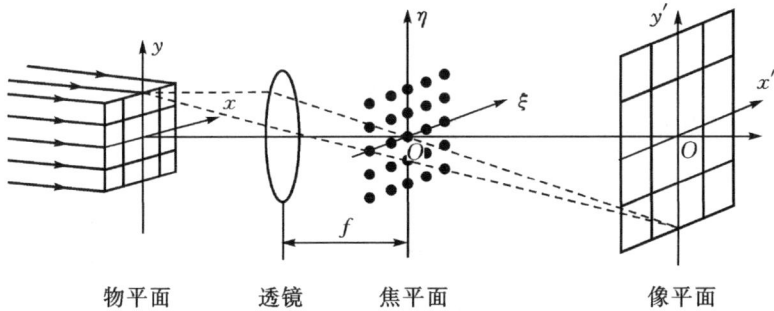

图 1　阿贝成像原理

面时，无论显微镜有多大放大倍数，也不可能在像平面上分辨这些细节，这是显微镜分辨率受到限制的根本原因。尤其当物的结构非常精细（如很密的光栅）或物镜孔径非常小时，有可能只有 0 级衍射（空间频率为 0）能通过，则在像平面上虽有光照，却完全不能形成图像。

3. 空间滤波

由以上讨论知，成像过程本质上是两次傅里叶变换，即从空间复振幅分布函数 $g(x, y)$ 变为频谱函数 $G(\xi, \eta)$，然后再由频谱函数 $G(\xi, \eta)$ 变回到空间函数 $g(x, y)$（忽略放大率）。显然，如果我们在频谱面（即透镜后焦面）上人为地放一些模板（吸收板或相移板）以减弱某些空间频率成分或改变某些频率成分的相位，便可使像平面上的图像发生相应的变化，这样的图像处理称为空间滤波。频谱面上这种模板称为滤波器，最简单的滤波器是一些特殊形状的光阑，如图 2 所示。

　　（a）　　　　　　　　（b）　　　　　　　　（c）　　　　　　　　（d）

图 2　简单的空间滤波器

图 2(a) 为高通滤波器，它是一个中心部分不透光的光屏，它能滤去低频成分而允许高频成分通过，可用于突出像的边沿部分或者实现像的衬度反转；图 2(b) 为低通滤波器，其作用是滤掉高频成分，仅让靠近零频的低频成分通过，它可用来滤掉高频噪声，例如滤去网板照片中的网状结构；图 2(c) 为带通滤波器，它可让某些需要的频谱分量通过，其余被滤掉，可用于消除噪声；图 2(d) 为方向滤波器，可用于去除某些方向的频谱或仅让某些方向的频谱通过，用于突出图像的某些特征。

四、实验内容

实验光路如图 3 所示。其中 L_1，L_2 组成的倒装望远系统将激光扩展成具有较大截面的平行光束，透镜 L 为成像透镜。

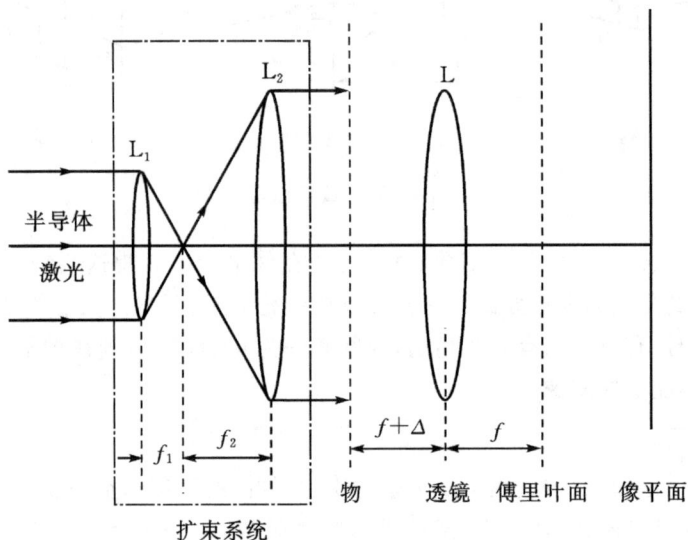

图 3　实验光路图

1.光路调节

按图 3 布置光路，并按以下步骤调节光路：

①调节激光束与导轨平行（调节时，可在导轨上放置一与导轨同轴的小孔光阑，当光阑在导轨上前后移动时，激光束始终能通过小孔即可）。

②将 L_1，L_2 放入光路并使它们与激光束共轴。调节 L_1 与 L_2 之间的距离使之等于它们的焦距之和以获得截面较大的平行光。

③将物和成像透镜 L 放入光路，调节 L 与物之间的距离使像平面上得到一放大的实像。

2.空间滤波

①在傅里叶频谱面上不放置任何滤光片，观察后焦面上的频谱分布及像平面上的像。

②在傅里叶频谱面上放置不同的滤波器，观察像变化情况并将观察到的图像记录在表 1 中，对图像的变化作出适当的解释。

表 1　空间滤波实验结果

输入图像							
通过的频谱	全 通 过	坚直方向通过	水平方向通过	斜右方向分量通过	斜左方向分量通过	挡去零级和稍高频率的分量	只让零级通过
输出图像							

3.选作

将透明图案板作为物,观察后焦面上的频谱分布和像平面上的像,然后在后焦面上放一高通滤波器挡住频谱面中心,观察像平面上的图像并解释之。

五、思考题

当光源换成白光光源时,仍用本实验所用的滤波器进行空间滤波,其结果如何?

六、参考文献

1.苏显渝,李继陶.信息光学[M].北京:科学出版社,1999

2.陈家壁,苏显渝,等.光学信息技术原理及应用[M].北京:高等教育出版社,2002

3.王仕璠.信息光学理论与应用[M].北京:北京邮电大学出版社,2004

附:θ调制空间假彩色编码演示实验

1.实验原理

θ调制技术是阿贝二次成像原理的一种巧妙应用。它首先将一幅图像的不同区域分别用取向不同的光栅进行编码,如图 4(a)所示,花、叶、茎这三部分光栅刻线的取向不同,互相之间相差120°。然后将经编码的图像放入图 5 所示的光路中,并用平行白光照明,则在透镜 L₂ 的焦面上即可得到输入图像的频谱。其频谱是取向不同的带状光谱(均与光栅栅线垂直),输入图像的 3 个不同区域的信息分布在 3 个不同的方向上,互不干扰,如图 4(b)所示(图中只画出了±1 级谱)。每一方向相位的频谱均呈彩虹色,由中心向外按波长从短到长的顺序排列。

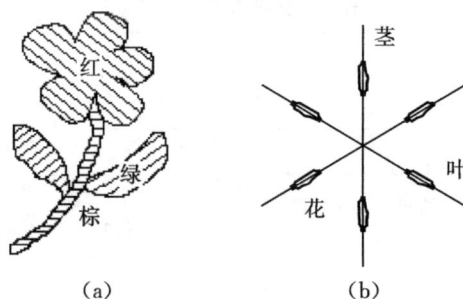

(a)   (b)

图 4 经光栅编码的图像及其对应的频谱

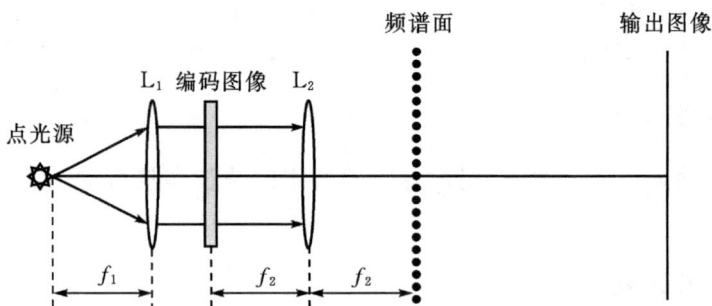

图 5 观察 θ 调制输出图像的光路

若在频谱面处放置适当的带通滤波器,分别只让与花、叶、茎对应的频谱中的红、绿及棕色频谱通过,则在系统的输出面上即可得到红花、绿叶和棕色茎的彩色图像。

2. 实验内容及步骤

θ 调制片已作好,是其花、叶、茎经不同方向光栅调制的透明图片。本实验主要是观察经 θ 调制的图像经空间滤波后的输出图像。实验装置如图 6 所示。

①将白光点光源及透镜置于导轨上,调节它们的位置使其共轴且使点光源处于透镜的焦面上,以获得一束平行光(经透镜出射的光斑大小远近一样)。

②将傅里叶透镜置于导轨上适当位置,并使其与光路共轴。(如何判断?)测出傅里叶透镜的焦距。(如何测量?)

③将 θ 调制片置于傅里叶透镜前适当位置,使其经傅里叶透镜后所成的像放大一倍,可将毛玻璃置于导轨上像平面的位置处观察输出像。

④将稍硬一点的白纸置于导轨上放置带通滤波器的位置处,调节其与傅里叶透镜之间的距离,找到系统的频谱面。(如何判断?)

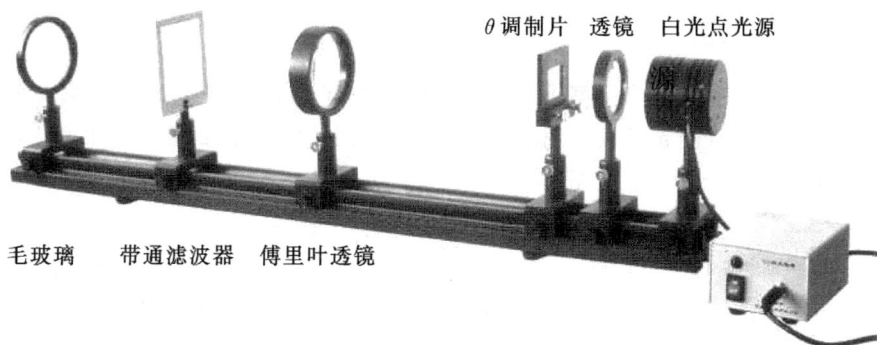

图 6　观察经调制的图像空间滤波后输出图像的实验装置

⑤根据预想的各部分图案的颜色，在白纸上用大头针扎孔或用卫生香烧孔形成所需要的带通滤波器，然后在输出面上观察经编码和空间滤波后所得到的假彩色像。

实验 2.2　光学传递函数的测量和像质评价

光学传递函数表征光学系统对不同空间频率的目标函数的传递性能，是评价光学系统的指标之一。它将傅里叶变换这种数学工具引入应用光学领域，从而使像质评价有了数学依据。由此人们可以把物体成像看作光能量在像平面上的再分配，也可以把光学系统看成对空间频率的低通滤波器，并通过频谱分析对光学系统的成像质量进行评价。到现在为止，光学传递函数成为了像质评价的一种主要方法。

一、实验目的

了解光学传递函数的基本测量原理，掌握传递函数测量和成像品质评价的近似方法，学习抽样、平均和统计算法，熟悉光学软件的应用。

二、实验仪器

光学平台、光源、可变光阑、透镜、滤光片、波形发生器、待测光学系统、CCD、计算机终端（包括图像采集处理软件）。

三、实验原理

　　光学系统在一定条件下可以近似看作线性空间中的不变系统,因此我们可以在空间频率域来讨论光学系统的响应特性。其基本的数学原理就是傅里叶变换和逆变换,即:

$$\psi(\xi,\eta) = \iint \psi(x,y)\exp[-\mathrm{i}2\pi(\xi x + \eta y)]\mathrm{d}x\mathrm{d}y \tag{1}$$

$$\psi(x,y) = \iint \psi(\xi,\eta)\exp[\mathrm{i}2\pi(\xi x + \eta y)]\mathrm{d}\xi\mathrm{d}\eta \tag{2}$$

式中:$\psi(\xi,\eta)$ 是 $\psi(x,y)$ 的傅里叶频谱,是物体所包含的空间频率 (ξ,η) 的成分含量,低频成分表示缓慢变化的背景和大的轮廓,高频成分表示物体细节,积分范围是全空间或者是有光通过空间范围。

　　当物体经过光学系统后,各个不同频率的正弦信号发生两个变化:首先是调制度(或反差度)下降,其次是相位发生变化,这一综合过程可表为

$$\varphi(\xi,\eta) = \psi(\xi,\eta) \times H(\xi,\eta) \tag{3}$$

式中:$\varphi(\xi,\eta)$ 表示像的傅里叶频谱;$H(\xi,\eta)$ 称为光学传递函数,是一个复函数,它的模为调制传递函数(Modulation Transfer Function,MTF),相位部分则为相位传递函数(Phase Transfer Function,PTF)。显然,当 $H=1$ 时,表示像和物完全一致,即成像过程完全保真,像包含了物的全部信息,没有失真,光学系统成完全像。由于光波在光学系统孔径光栏上的衍射以及像差(包括设计中的余留像差及加工、装调中的误差),信息在传递过程中不可避免要出现失真,总的来讲,空间频率越高,传递性能越差。要得到像的复振幅分布,只需要将像的傅里叶频谱作一次逆傅里叶变换即可。

　　在光学中,调制度定义为

$$m = \frac{I_{\max} - I_{\min}}{I_{\max} + I_{\min}} \tag{4}$$

式中:$I_{\max}$,$I_{\min}$ 表示光强的极大值和极小值。光学系统的调制传递函数可表示为给定空间频率下像和物的调制度之比

$$\mathrm{MTF}(\xi,\eta) = \frac{m_{\mathrm{i}}(\xi,\eta)}{m_{\mathrm{o}}(\xi,\eta)}$$

一般说来,MTF 越高,系统像越清晰,我们说光学传递函数往往就是指调制传递函数。调制传递函数随视场变化而变化,我们可以通过调制传递函数的各个不同值来评价光学系统的成像质量。

　　通过 CCD 采集的图像,经过计算机软件进行处理,就可以得出 MTF 值;采集不同的图像,得出的值不同。实际上,由于光学系统的像不是完善像,给定空间频

率下满幅调制的矩形光栅抽样得到的像不是矩形的,而是得到不同大小频率的统计直方图。直方图中的极大值与极小值之差就代表该给定频率下的 MTF 值。(按照操做步骤作完后就可以看到直方图)测出高、中、低不同频率的 MTF,从而大体绘出被测光学系统的 MTF 曲线。

四、实验内容及操作步骤

1.光路图

实验光路图如图 1 所示。

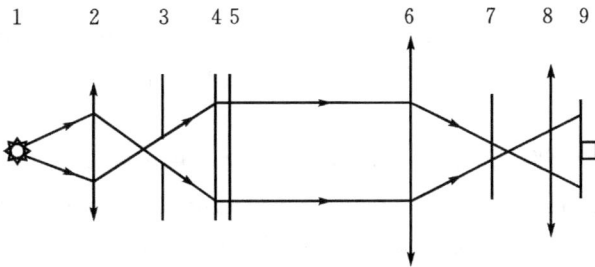

图 1　光路图

1—光源;2—透镜;3—可变光阑;4—红色滤光片;5—减光片;

6—透镜;7—波形发生器;8—待测光学系统;9—CCD 系统

2.图像采集和处理的两种方法

方法一:

①调节波形发生器,点击 Hrjzd 进行实时调节得到所需的采集图样,然后关闭 Hrjzd,打开 MTF,点击功能表中的标定,点击工具栏上的黑框,并在黑色区域内选择恰当面积(注意:鼠标选择的起始点应在面积选择框的左上角),点击 Black,选择透过率为 0 时,在灰度中键入标定值,点击 ADD;同样,点击白色方框,在白色区域内选择适当的面积,点击 White,选择透过率为 1 时,键入标定值,点击 ADD,标定结束。

②在功能表中点击 MTF,点横方框,在横向条纹区域选择适当面积,选择好后,点击"横向条纹"(此时可以可以得到关于灰度或者透过率的直方图)并观察黑白色彩对比,确定区域适当后,点击 OK;点击竖方框,操作同上。

③输入视场(通常在正入射时角度设置为 0,否则应测出相应视场角),并在选定通道中选择相应滤光片的颜色(选红)。选择 method1,点击计算,可得此条件下的 2 个 MTF 值,计算出平均值。(选择 method2,点击计算,同样得到此条件下的

2 个 MTF 值。如 MTF1(r),1 表示是用方法 1 所测的值,r 表示为红色滤光片。)

④调节波形发生器,改变线数,按前述方法,得出至少 3 个不同空间频率下的 MTF 值。

⑤作图,纵坐标为 MTF 值,横坐标为线数(空间频谱)。并作出分析。

说明:method1 为两边缘透过率之差,为灰度的最大值－最小值;method2 为两个累计数最大值对应的透过率之差,即灰度统计数最大值－最小值。

方法二:

①点击 Hrjzd,调节波形发生器至恰当位置(黑白横竖都出现),选定位置后,按空格键选定图形。

②在图像运算中点击线灰度测量,拉动红线,使其跨越欲测的区域,双击红线,通过灰度的分布是否合理来确定所选位置是否合适(这一步可与光路的调节配合使用)。

③点击局部存储,调节红色方框(取景框)至白色区域合适位置,双击红线方框内,保存文件(起名如 bai. Prn),用同样方法可获得横竖条纹区域和黑色区域的相应文件。(注意:取景框的大小在取景时要保证一致,否则得不到计算结果。)

④点击 MTF-new(要确保实验所得的 4 个文件与 MTF-new 文件在同一目录下,MTF-new 文件在 D:/Mcad/MTF-new),在 MTF data processing 下的1. data acquisition 中相应位置输入相应文件名(column 为子午线,即为横线,即横条纹对应的文件),或查找 MTF 的路径,在获得的文件名如 bai. Prn 前面加上路径名亦可,或在 MTF-new1 下(此文件已添好路径名,寻找文件的方式:开始—程序—Mathsoft APPs—Mathcad 2001 professional—MTF-new)即可得到相关 MTF 数据(分别是弧矢方向和子午方向)。

⑤更换线数,重复上述步骤,得到至少 3 个不同空间频率下的 6 个 MTF 值,记录数据,同时观察直方图,并进行分析。

⑥实验完毕后,将自己的 4 个文件确认后删除。

说明:MTF Data Processing 各个部分意义见程序右侧文字解说。例如 Data acquisition 中,M、N 表示数块长与宽(CCD 像素数),data_column 表示子午光栅像的抽样数据,data_row 表示弧矢光栅像的抽样数据,等等。

五、数据记录和处理

记录各个 MTF 值,得出 MTF 曲线。

六、思考题

1.按照要求用两种操作方法得出每组 MTF 值,做出 MTF 曲线。

2.方法一与方法二实验结果有无不同？为什么？试分析原因。

3.调制传递函数值 MTF 与哪些因素有关？

实验 2.3　测定光源的辐射能谱

　　光源作为科学研究中的认识工具和工程技术中的照明器件有着广泛的应用，在物质成分分析、结构研究、检验和光学测量等方面都是必不可少的，而且在很多情况下，往往起着关键的作用。激光作为目前最好的光源，为现代技术领域带来的一系列巨大的变化正说明了这一点。因此，我们在解决实际问题时，必须对光源的性能有所了解，为正确选择光源提供技术依据，以保证成功地达到所预期的目的。本实验利用 WGD—5 型组合式多功能光栅光谱仪及二级标准光源研究光源的光谱特性——辐射能谱。

　　本实验所使用的主要仪器——WGD—5 型组合式多功能光栅光谱仪是集光学、精密机械、电子学、计算技术等多学科知识于一体的智能化测量仪器。通过本实验可使学生对计算机在物理实验中的应用有较深刻的了解，为进一步了解各种现代光谱仪器的工作原理奠定良好的基础。

一、实验目的

1.了解辐射度学的一些基本概念；

2.了解光源的光谱特性及标准光源、二级标准光源的概念；

3.了解单色仪、光电倍增管的结构、工作原理和方法；

4.学习测定光源的光谱特性——辐射能谱曲线的原理和方法；

5.对计算机在物理实验中的应用有较好的了解。

二、实验仪器

　　二级标准光源（钨带灯），待测光源（溴钨灯，日光灯，半导体激光器），汞灯，WGD—5 型组合式多功能光栅光谱仪，计算机，打印机。

三、实验原理

1.基本概念

（1）光源辐射通量、辐射度及辐射能谱

辐射通量（功率）：光源在单位时间辐射出的辐射能量，其单位为 W。

辐射度：光源上单位面积在单位时间辐射出的辐射能量，其单位为 W/m^2。

辐射能谱：给定光源只能辐射出一定波长范围内的光，且所辐射出的不同波长的光的辐射通量亦不同。光源辐射通量随波长的分布称为光源的辐射能谱（亦称光谱能量分布），记为 $E(\lambda)$。

（2）标准光源及其辐射能谱

标准光源：已知辐射能谱分布的光源称为标准光源，理想的标准光源是绝对黑体。其相对辐射能谱如图 1 所示。

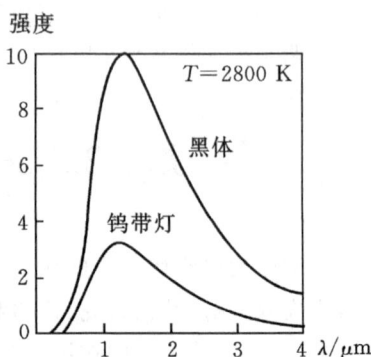

图 1　黑体及钨带灯的相对辐射能谱

（3）光源的发射率、二级标准光源及其辐射能谱

发射率：其他光源和物体都是非黑体，它们的辐射本领都小于黑体。通常把非黑体光源在一定温度下的辐射度与黑体的辐射度之比称为该光源的发射率，记为 $\varepsilon(\lambda)$。

二级标准光源及其辐射能谱：作为标准光源的黑体其制作和使用都比较复杂。钨丝是非黑体，它在某一温度下的辐射能谱与同一温度下黑体的辐射能谱形式相同，只是辐射度比黑体小，其相对辐射能谱如图 1 所示。因此，在要求不高的情况下，通常用温度等于 2800 K 的钨带灯作为二级标准光源。

二级标准光源——钨带灯的辐射能谱：$E_{钨}(\lambda)$ 之值可由黑体的辐射能谱 $E_{黑体}(\lambda)$ 及钨带灯的光谱发射率 $\varepsilon_{钨}(\lambda)$ 求得，即

$$E_{钨}(\lambda) = E_{黑体}(\lambda) \cdot \varepsilon_{钨}(\lambda) \tag{1}$$

或给标定过的钨带灯通以额定电流，由钨带灯出厂时附带的数表直接查得。

2. 测定给定光源的辐射能谱

（1）测量装置

实验装置框图如图 2 所示。光栅单色仪作为分光仪；光电倍增管作为光探测器；电控系统在计算机软件的控制下，为单色仪的扫描系统及光电倍增管提供驱动电压及负高压，并将光电倍增管所探测的光电压信号进行处理后送入 A/D 转换系统；计算机的软件系统与 A/D 转换系统一起完成数据采集、处理及控制整个系统的工作。

光栅单色仪

光栅单色仪是能将复色光分解成一系列独立单色光的分光仪器，其原理光路图如图 3 所示。入射到光栅单色仪的复色光经入射狭缝 S_1 后投射到球面反射镜

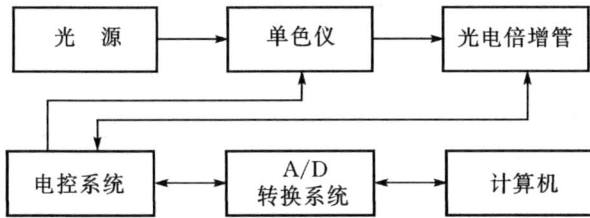

图 2　实验装置框图

M_1 上,S_1 处于 M_1 的焦平面上,因此,经球镜 M_1 反射后的光束为平行光束,这平行光束经平面光栅 G 分光后,分成不同波长的平行光束以不同的衍射角投向球面反射镜 M_2。球镜 M_2 起照相物镜的作用,将这些平行光束经平面镜 M_3 反射后成像于它的焦平面上,从而得到一系列的光谱。出射狭缝位于球镜 M_2 的焦平面上,根据它开启的宽度大小,允许波长间隔非常狭窄的一部分光束射出狭缝 S_2。当光栅按顺时针方向旋转时(在本实验中光栅的旋转是由计算机来控制的),可以在狭缝 S_2 处得到光谱纯度高的不同波长的单色光。这样单色仪就起到了将入射的复色光分解成一系列独立单色光的作用。

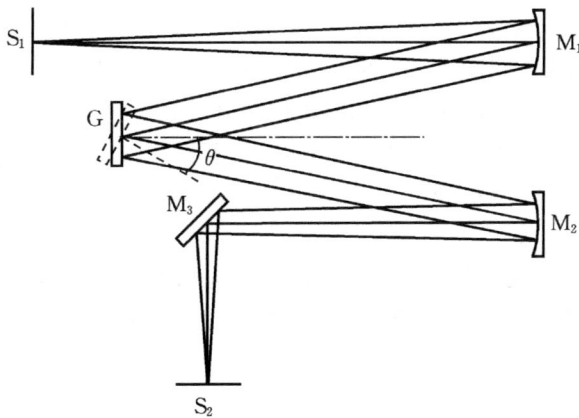

图 3　光栅单色仪原理光路图

光电倍增管

　　光电倍增管是利用外光电效应制成的能将光信号转变为电信号的光电器件。其结构及工作电路如图 4 所示。光电倍增管内有一个阴极 K,若干个二次发射极 D_1,D_2,D_3,$\cdots$,D_n 和一个阳极 A。使用时,利用如图所示的电路给各电极间加上合适的直流电压(本实验中是由计算机控制电控系统来提供的),形成极间电场。当阴极受到合适频率光照射时就会发射电子,这一初级电子被极间电场加速而轰击二次发射极 D_1,使 D_1 发射出更多的次级电子,这些电子再被极间电场加速而轰击 D_2,D_2 再发射出更多的次级电子,电子数就这样逐级递增,最后到达阳极的电子数可达原来的数百万倍,在电路中形成较大的与照射辐射通量成正比的电流(或电压),这样就起到了将光信号转变为电信号的作用。通过测量光电倍增管输出电流(或电压)信号的大小即可测量光信号的大小。

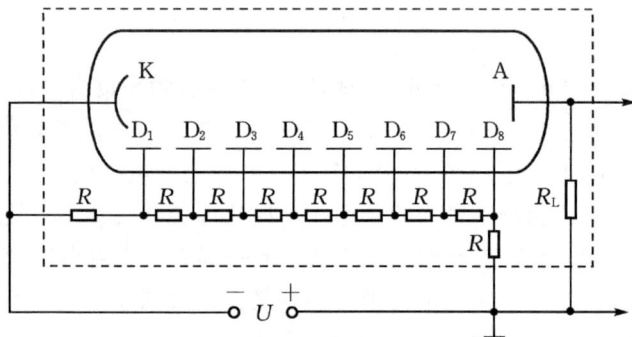

图 4　光电倍增管及直流工作电路

　　光电倍增管比一般光电器件(如光电管、光电池、光电二极管等)的灵敏度高得多,微弱的光照就能产生较大的阴极电流。因此,使用光电倍增管时,要严格避免强光照射,测量时要特别防止杂散光的影响。当光电倍增管加上高压电源后,即使处在完全暗的环境,阳极电流仍不为零,这一电流称为暗电流。暗电流与周围杂散光的影响应在测量中予以扣除。

电控系统

　　电控系统由三部分电路组成,分别是:为光电倍增管产生负高压的电路;对光电倍增管输出的电压信号进行预放大的前置放大电路;为单色仪提供驱动电压的驱动电路。这三部分电路都是在 A/D 转换系统所输出的数字控制信号的控制下工作的。

A/D 转换系统

　　A/D 转换系统的作用是将光电倍增管输出的经电控系统处理的模拟电压信号转换成数字电压信号送入计算机,同时将软件产生的数字控制信号送入电控系统以控制单色仪的扫描系统及光电倍增管的负高压。

软件功能

　　软件的基本功能是:设置光谱仪的工作方式及测量条件。测量条件包括测量能量范围、波长范围及波长间隔、前置放大电路的增益值;根据设置的测量条件产生对电控系统三部分电路的数字控制信号以控制单色仪的扫描范围和前置放大电路的增益;采集、处理数据、绘制曲线并显示、存储、打印原始数据及数据处理结果。

(2) 测定给定光源的辐射能谱

光入射到任何物体上时,在该物体上将会产生反射、吸收和透射。为描述光与物体相互作用的这种特性,通常引入反射率、吸收率及透射率的概念。其中物体对光的外透射率 $T(\lambda)$ 定义为

$$T(\lambda) = E_T(\lambda)/E_0(\lambda)$$

式中:$E_T(\lambda)$ 和 $E_0(\lambda)$ 分别为透射辐射通量和入射辐射通量。

若用 $E_钨(\lambda)$、$E(\lambda)$ 分别表示钨带灯及待测光源的辐射能谱,用 $T_单(\lambda)$、$T_管(\lambda)$ 分别表示单色仪及光电倍增管的透射率,则根据外透射率的定义,当以钨带灯为光源时,计算机所测得的电压值 $U_钨(\lambda)$ 与 $E_钨(\lambda)$、$T_单(\lambda)$、$T_管(\lambda)$ 以及单色仪狭缝宽度所对应的光谱宽度 $d\lambda$ 成正比,即

$$U_钨(\lambda) \propto E_钨(\lambda) \cdot T_单(\lambda) \cdot T_管(\lambda) \cdot d\lambda \tag{2}$$

当以待测光源作为光源时,计算机上所测得的电压值 $U(\lambda)$ 则与 $E(\lambda)$、$T_单(\lambda)$、$T_管(\lambda)$、$d\lambda$ 成正比,即

$$U(\lambda) \propto E(\lambda) \cdot T_单(\lambda) \cdot T_管(\lambda) \cdot d\lambda \tag{3}$$

如果上述两次测量时测量条件完全相同,即使用相同的单色仪、光电倍增管及狭缝宽度,则在两次测量中 $T_单(\lambda)$、$T_管(\lambda)$ 与 $d\lambda$ 都是相同的。将式(3)除以式(2)得

$$E(\lambda) = E_钨(\lambda) \cdot U(\lambda)/U_钨(\lambda) \tag{4}$$

因此,只要利用上述装置分别测出不同光源时光电倍增管的输出电压值,由式(4)即可得待测光源的辐射能谱 $E(\lambda)$。

四、实验内容

1. 单色仪初始化

①先接通电控系统的电源,然后再启动计算机。

②执行应用程序"WGD—5 型组合式多功能光栅光谱仪",根据屏幕提示对单色仪进行初始化。

2. 用汞灯的已知波长的光谱校准光谱仪的波长计数

①设置参数:根据汞灯的光谱及能量范围,设置光谱仪的工作参数。

光谱仪的工作参数主要包括:单色仪入射、出射狭缝宽度,倍增管负高压,工作方式(模式,波长间隔),工作范围(起始和终止波长,能量的测量范围),工作状态(增益,采集次数)。

②接通汞灯电源,使其发出的光直接照射在单色仪的入射狭缝上。

③测定汞灯的 $U_汞(\lambda)$ 值:选择主工具栏中的"单程"开始测汞灯的能量谱(其测量结果显示在工作区中)。

④波长修正:选择主菜单中"读取数据"中的"寻峰"功能(自动),将寻峰结果的峰值波长值与标准波长值相比较,若有差别,则选择主菜单中"读取数据"的"波长修正"功能,并根据屏幕提示输入修正波长值。

3.测定光源的辐射能谱

①设置参数:根据待测光源的光谱及能量范围,设置光谱仪的工作参数。

②测定次级标准光源(钨灯)的 $U_钨(\lambda)$ 值并保存之。

③测定待测光源的 $U(\lambda)$ 值并保存之。

测定三种待测光源(溴钨灯,日光灯,半导体激光器)的辐射能谱。

4.数据处理

①利用应用程序"WGD—5 型组合式多功能光栅光谱仪"主菜单中的"数据图形处理(D)"功能,根据公式(4)计算 $E(\lambda)$ 的值($E_钨(\lambda)$ 的数据文件已存于计算机中)。

②打印出 $E(\lambda)$ 的曲线,并进行简单的说明(如能谱的波长范围、峰值波长、能谱的类型)。

5.结束实验

①退出应用程序"WGD—5 型组合式多功能光栅光谱仪"。

②关机:首先关闭计算机,然后再关闭电控系统的电源。

③整理实验仪器,将实验仪器摆放整齐。

五、注意事项

1.严格避免强光照射光电倍增管。

2.调节光谱仪入射、出射狭缝宽度时,不要使狭缝的两个刀口碰在一起,以免损坏狭缝。

六、思考题

为什么要校准单色仪的波长读数?

实验 2.4　电子俘获材料荧光光谱特性的研究

在现代技术中,固体发光在光源、显示、光电子学器件和辐射探测器等方面都有广泛的应用。在物理研究中,发光光谱是研究固体中电子状态、电子跃迁过程以及电子-晶格相互作用等物理问题的一种常用方法。本实验主要研究固体的荧光光谱。通过对固体粉末材料——电子俘获材料荧光光谱的测定,了解固体荧光产生的机理和一些相关的概念,学习荧光光谱仪的结构和工作原理,掌握荧光光谱的测量方法,并对荧光光谱在物质特性分析和生产实际中的应用有初步的了解。

一、实验目的

1. 了解固体荧光产生的机理和一些相关的概念;
2. 学习荧光光谱仪的结构和工作原理;
3. 掌握荧光光谱的测量方法;
4. 对荧光光谱在物质特性分析和实际中的应用有初步的了解。

二、实验仪器

970CRT 荧光分光光度计,WGZ—10 型荧光光度计,计算机,打印机,电子俘获材料试样。

三、实验原理

1. 有关光谱的基本概念

光谱:光的强度随波长(或频率)变化的关系称为光谱。

光谱的分类:按照产生光谱的物质类型的不同,可以分为原子光谱、分子光谱、固体光谱;按照产生光谱的方式不同,可以分为发射光谱、吸收光谱和散射光谱;按照光谱的性质和形状,又可分为线光谱、带光谱和连续光谱;而按照产生光谱的光源类型,可分为常规光谱和激光光谱。

光谱分析法:光与物质相互作用引起光的吸收、发射或散射(反射、透射为均匀物质中的散射)等,这些现象的规律是和物质的组成、含量、原子、分子和电子结构及其运动状态有关的。以测光的吸收、散射和发射等强度与波长的变化关系(光谱)为基础而了解物质特性的方法,称为光谱分析法。

发射光(发光):发光是物体内部将以某种方式吸收的能量转化为光辐射的过程,它区别于热辐射,是一种非平衡辐射;又与反射、散射和轫致辐射等不同,其特点是辐射时间较长,即外界激发停止后,发光可以延续较长时间(10^{-11} s 以上),而反射、散射和轫致辐射的辐射时间在 10^{-14} s 下。

荧光:某些物质受到光照射时,除吸收某种波长的光之外还会发射出比原来所吸收光的波长更长的光,这种现象称为光致发光(Photo Luminescence,PL),所发的光称为荧光。

　　荧光光谱分析法:利用物质吸收光所产生的荧光光谱对物质特性进行分析测定的方法,称为荧光分析法。

　　荧光分析法历史悠久,1867 年人们就建立了用铝-桑色素体系测定微量铝的荧光分析法。到 19 世纪末,已经发现包括荧光素、曙红、多环芳烃等 600 多种荧光化合物。20 世纪 80 年代以来,由于激光、计算机、光导纤维传感技术和电子学新成就等科学新技术的引入,大大推动了荧光分析理论的进步,加速了各式各样新型荧光分析仪器的问世,使之不断朝着高效、痕量、微观和自动化的方向发展,建立了诸如同步、导数、时间分辨和三维荧光光谱等新的荧光分析技术。

　　历史上曾根据发光持续时间的长短把发光区分为荧光和磷光两种。荧光在照射停止后几乎立即停止(发光持续时间小于 10^{-8} s 的称为荧光,而发光持续时间大于 10^{-8} s 的称为磷光)。任何发光都有一个复杂的衰减过程,把发光区分为荧光和磷光并无多大实际意义,故除习惯上有时仍给予不同名称外,现已不把它们当作是两种不同的物理过程。

　　2.固体的荧光

　　(1)荧光产生的机理

　　固体的能级具有带状结构,其结构示意图如图 1 所示。其中被电子填充的最高能带称为价带,未被电子填充的带称为空带(导带),不能被电子填充的带称为禁带。当固体中掺有杂质时,还会在禁带中形成与杂质相关的杂质能级。

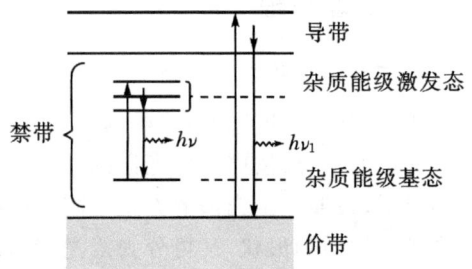

图 1　固体的能带结构图

　　当固体受到光照而被激发时,固体中的粒子(原子、离子、电子等)便会从价带(基态)跃进到导带(激发态)的较高能级,然后通过无辐射跃迁回到导带(激发态)的最低能级,最后通过辐射或无辐射跃迁回到价带(基态或能量较低的激发态)。粒子通过辐射跃迁返回到价带(基态或能量较低的激发态)时所发射的光即为荧光,其相应的能量为 $h\nu$ ($h\nu_1$)。

　　以上荧光产生过程只是众多可能产生荧光途径中的两个特例,实际上固体中还有许多可以产生荧光的途径,过程也远比上述过程复杂得多,有兴趣的同学可参看固体光谱学的有关资料。

　　荧光光强 I_f 正比于价带(基态)粒子对某一频率激发光的吸收强度 I_a,即有

$$I_f = \Phi I_a \tag{1}$$

式中:Φ 是荧光量子效率,表示发射荧光光子数与吸收激发光子数之比。若激发

光源是稳定的,入射光是平行而均匀的光束,自吸收可忽略不计,则吸收强度 I_a 与激发光强度 I_0 成正比,且根据吸收定律可表示为

$$I_a = I_0 A(1 - e^{-adN}) \tag{2}$$

式中:A 为有效受光照面积;d 为吸收光程长;α 为材料的吸收系数;N 为材料中吸收光的离子浓度。

(2)荧光辐射光谱和荧光激发光谱

荧光物质都具有两个特征光谱,即辐射光谱或称荧光光谱(fluorescence spectrum)和荧光激发光谱(excitation spectrum)。前者反映了与辐射跃迁有关的固体材料的特性,而后者则反映了与光吸收有关的固体材料的特性。

荧光激发光谱:材料受光激发时所发射出的某一波长处的荧光的能量随激发光波长变化的关系。

荧光辐射光谱:在一定波长光激发下,材料所发射的荧光的能量随其波长变化的关系。

荧光辐射谱的峰值波长总是小于荧光激发谱的峰值波长,即产生所谓斯托克斯频移。产生这种频移的原因可从图 2 的位形坐标图中找到。(为什么?)

通过测量和分析荧光材料的两个特征光谱可以获得以下几方面的信息:引起发光的复合机制;材料中是否含有未知杂质;材料及杂质或缺陷的能级结构。

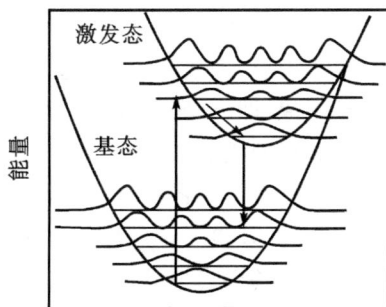

基态与激发态粒子的位置坐标

图 2 位形坐标模型与吸收、发射光过程示意图

(3)荧光分光光度计

用于测定荧光谱的仪器称为荧光分光光度计。荧光分光光度计的主要部件有:激发光源、激发单色器(置于样品室后)、发射单色器(置于样品室后)、样品室及检测系统组成,其结构如图 3 所示。荧光分光光度计一般采用氙灯作光源,氙灯所发射的谱线强度大,而且是连续光谱,连续分布在 250～700 nm 波长范围内,并且在 300～400 nm 波长之间的谱线强度几乎相等。

激发光经激发单色器分光后照射到样品室中的被测物质上,物质发射的荧光再经发射单色器分光后经光电倍增管检测,光电倍增管检测的信号经放大处理后送入计算机的数据采集处理系统从而得到所测的光谱。计算机除具有数据采集和处理的功能外,还具有控制光源、单色器及检测器协调工作的功能。

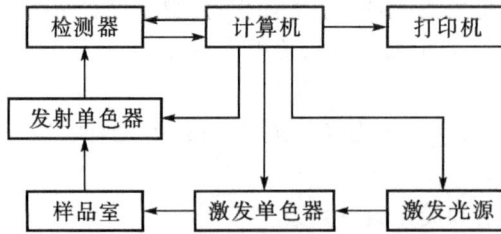

图 3 荧光分光光度计结构示意图

3. 电子俘获材料(Electron Trapping Materials,ETM)

(1) 电子俘获材料简介

ETM 是由间接带隙宽度为 4～5 eV 的碱土金属硫化物和掺入其中的两种稀土离子组成,即 AES:D1,D2。其中 AES 作为基质材料,两种稀土离子分别作为主激活剂和辅助激活剂。AES 的宽带隙结构便于激活剂在其中形成较为稀疏的杂质能级并能有效地将基质所吸收的能量传递给激活剂离子;稀土元素具有未充满的 4f 壳层和 4f 电子被外层 $5s^2$、$5p^6$ 电子屏蔽的特性,使其具有丰富的类线状光谱和光谱受外场影响小等特点,它们作为激活剂离子掺入 AES 后在 AES 的宽带隙中形成杂质能级,并通过它们之间以及它们与基质间的相互作用使 AES 具有特殊的光学性能:光存储和室温红外→可见上转换特性。图 4 是 ETM 的发光强度随激发过程(时间)变化的关系曲线。当受到紫外或可见光激发时其(荧光)发光强度逐渐增强并达到饱和(写入);撤去激发光后输出光(荧光余辉)的强度逐渐下降到零;经过一段时间(存储)之后,再用红外光激励该材料时,其输出的可见光强度跃升至一定值(读出),然后随时间衰减到零。

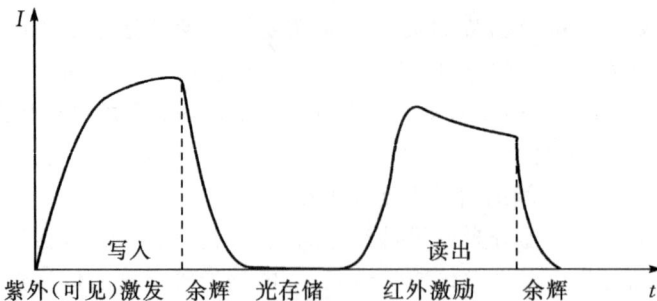

图 4 电子俘获材料发光强度随激发过程变化的关系曲线

电子俘获材料不仅在红外探测、红外上转换发光成像等方面具有广泛的应用,而且随着激光技术的发展,它的应用研究已扩展到了辐射剂量测定、光计算、光信息处理和光存储等许多新兴技术领域,越来越引起人们的重视。西安交通大学电子俘获材料研究课题组已成功地制备出多晶粉末电子俘获材料并对其性能进行了较为系统的研究。本实验通过对电子俘获材料光谱性能测试,使同学们对电子俘获材料的特性有较深入的认识。

（2）ETM 的能级模型、光存储和红外上转换发光机理

ETM 光存储和红外上转换的能级模型和发光机理如图 5 所示。以 CaS:Eu, Sm 为例来说明 ETM 的发光机理。

图 5 中①,②,③为光激发(excitation)过程(①为紫外光激发,②,③为可见光激发)。在激发光作用下,主激活剂 Eu^{2+} 被激发到高能态,在相互作用能带(包括 Eu^{2+}, Eu^{3+}, Sm^{2+}, Sm^{3+} 的激发态能级及它们受晶体场作用发生能级分裂而形成的能带)中, Eu^{2+} 的一个电子通过电子隧穿过程被电子俘获中心 Sm^{3+} 俘获(使激发态的 Sm^{3+} 变为激发态的 Sm^{2+}),从而实现电子俘获(②左侧所表示的过程)。与电子隧穿过程同时发生的还有激发态 Eu^{2+} 返回基态同时产生光致荧光的过程(②右侧所表示的过程)。

与过程②同时发生的还有过程①和③,它们对 EMT 发光性能有一定的影响,但不是决定的因素。在激发光的作用下,基质晶格中的电子被激发到导带,导带中的电子经无辐射跃迁达到相互作用能带,在相互作用能带通过电子隧穿过程而被电子俘获中心俘获(①表示的过程)。同时,在光激发的作用下,辅助激活剂跃迁到它的激发态(包括在相互作用能带中),而后通过辐射跃迁返回到基态,同时产生光致荧光(③所表示的过程)。

光激发结束后,由于俘获能级较深(在相互作用能带下约 1 eV,远大于环境温度对它的激励作用),因此被俘获电子能长时间保持在陷阱 Sm^{2+} 中,不会在室温下由于热运动而跃出电子陷阱并经相互作用能带返回基态,这样就将激发光的能量以电子俘获的形式存储在的 ETM 中,实现了光存储。

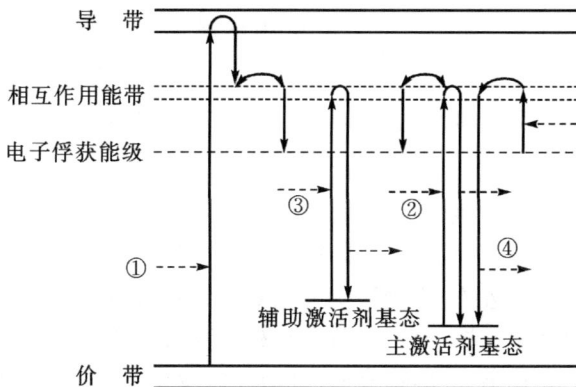

图 5　ETM 能级模型及电子俘获发光机理图

当用一定波长的红外光激励(stimulation)被激发的 ETM 时,被俘获电子跃出俘获能级,在相互作用能带经电子隧穿过程从 Sm^{2+} 激发态达到邻近的 Eu^{3+} 使之变为 Eu^{2+},处于激发态的 Eu^{2+} 跃迁返回基态,同时辐射出可见光,实现了红外上转换发光(④表示的过程)。

(3)电子俘获材料的光谱特性

电子俘获材料的光谱特性包括两部分:荧光辐射谱和荧光激发谱;红外激励发射光谱(红外上转换光谱)和红外激励光谱。其中红外激励发射光谱和红外激励光谱的定义如下:

红外激励发射光谱定义为经激发后的 ETM 在红外光的激励下所发射光的能量随其波长变化的关系。

红外激励光谱定义为某一波长处的红外激励发射光的能量随激励光波长变化的关系,它反映了 ETM 对激励光的光谱响应灵敏度。

四、实验内容

1. 电子俘获材料荧光辐射光谱和荧光激发光谱的测量

利用 970CRT 荧光分光光度计测试荧光激发谱和荧光辐射谱(970CRT 型荧光分光光度计的测量波长范围是 200~800 nm)。

荧光激发谱测试:将测试样品放入样品盒中。选择合适的荧光辐射波长(可根据样品在自然光下的体色来选择),改变激发光的波长同时测定所选定的荧光辐射波长的能量随激发光波长变化的关系,就得到了激发光谱(本实验所用样品的荧光辐射波长为 630 nm)。

荧光光谱测试:将测试样品放入样品盒中。选择合适的激发光波长(选择荧光激发光谱中激发灵敏度较高的波长),改变荧光的波长同时测定其能量随波长变化的关系,就得到了荧光光谱。(本实验所用样品的激发光波长为 450 nm。为什么?)

2. 电子俘获材料红外激励光谱和红外激励辐射光谱的测试

利用 WGZ—10 荧光分光光度计测试红外激励光谱和红外激励辐射光谱。(WGZ—10 型荧光分光光度计的测量波长范围是 850~1500 nm)

红外激励光谱测试:先用 40 W 日光灯照射被测样品 2 分钟左右;将样品放进样品盒中并保持 2 分钟左右(以消除荧光余辉对发射光强度的影响);选定合适的红外激励发射光波长(比荧光谱的峰值波长稍长些);打开红外激励的电源,改变红外激励光的波长并同时测定所选定的红外激励光波长的能量随激发光波长变化的关系,就得到了红外激励光谱(本实验所用样品的红外激励发射波长为 640 nm)。

红外激励辐射光谱测试：先用 40 W 日光灯照射被测样品 2 分钟左右；将样品放进样品盒中并保持 2 分钟左右（以消除荧光余辉对发射光强度的影响）；选定合适的红外激励光波长（选择红外激励光谱中灵敏度较高的波长），打开红外激励光的电源，改变红外激励发射光的波长并同时记录其能量随波长的变化关系就得到了红外激励发射光谱（本实验所用样品的红外激励波长为 1100 nm）。

五、问题讨论

根据光谱测试结果，讨论以下问题：

1. 指出本实验所用电子俘获材料样品荧光激发波长的范围、最灵敏的激发波长值，由此可得出什么样的结论？

2. 指出红外激励光谱的波长范围、最灵敏的激励波长值、红外激励发射光谱的波长范围、最灵敏的红外激励波长值。红外激励光谱及红外激励发射光谱的波长范围说明了电子俘获材料的什么特性？

六、思考题

1. 如何消除瑞利散射光对光谱测试结果的影响？

2. 拉曼散射对本实验的光谱测试结果有影响吗？为什么？

实验 2.5　全息光栅的制作

光栅是一种光学元件，其上有规则地配置着线、缝、槽或光学性质周期性变化的物质。从广义角度讲，任何一种装置和结构，只要它能给入射光的振幅或相位，或者两者同时加上一个周期性的空间调制，都可以称之为光栅。换言之，任何一种具有周期性的空间结构或光学性能周期性变化（如透射率、折射率）的衍射屏统称为光栅。决定光栅性能的基本参数有三个：光栅的周期或空间频率（周期的倒数）；槽形（一个周期内的具体结构）；光栅的衍射效率。

按照制造光栅的方法来分，光栅可分为刻划光栅、全息光栅。

刻划光栅通常是用精密的刻线机在玻璃或镀有金属膜的玻璃上刻出，它不仅需要昂贵的设备（刻线机），对刻划条件要求很苛刻，而且很费时间，例如刻一块面积 100×100 mm^2、空间频率为 $600 \sim 1200$ c/mm 的光栅需要昼夜不停地刻划一个星期。

1948 年盖伯（Gabor）发现了全息光学原理。随着 20 世纪 60 年代激光技术的发展，出现了用记录激光干涉条纹制作光栅的技术，发展了所谓的全息光栅。国际上，在 1970 年就有全息光栅出售（法国 Jovin-Yvom 公司）；德国在 1969 年制成了边长达 1 m 的全息光栅，用于天文学方面的研究。我国也有一些单位在研制全息光栅，并有出售。

同刻划光栅比，全息光栅具有很多优点：不存在固有的周期误差，因而不存在罗兰鬼线；杂散光少；光栅的适用范围宽；分辨率高；有效孔径大；生产周期短。全息光栅的上述特点使得它在生产和科研中得到了广泛的应用，它不仅适合于高分辨的发射、吸收和拉曼光谱分析，在光信息处理中得到广泛的应用，而且已用于激光器件中作为波长选择元件，在集成光学和光通信方面作为光耦合元件也有着极大的应用潜力。

一、实验目的

1. 验证双光束干涉的基本原理，进一步理解双光束干涉的基本理论；
2. 学习马赫-泽德干涉仪的光路布置原则和调节方法；
3. 掌握制作正弦型全息光栅的原理和方法。

二、实验仪器

激光器，透镜，反光镜，屏，全息干板，光学平台，光具座，显影液，定影液等。

三、实验原理

1. 光的干涉原理

当两束相干的平面波以一定的角度相遇时，在它们相遇的区域内便会产生干涉，干涉图样在某一平面内是一系列平行等距的干涉条纹，其强度分布则是按余弦规律变化，即干涉图样的强度分布是

$$I = I_1 + I_2 + 2A_1A_2\cos(\varphi_1 - \varphi_2) \tag{1}$$

式中：$I_1 = A_1^2$，$I_2 = A_2^2$；A_1，A_2 是两列平面波的振幅；φ_1，φ_2 是对应的空间相位函数。

当两束相干光的相位差为 2π 的整数倍时，即

$$\varphi_1 - \varphi_2 = 2n\pi \qquad n = 0, \pm 1, \pm 2, \cdots$$

式（1）便描述了两束相干光干涉所形成的峰值强度面的轨迹，如图 1 所示。若能用记录介质将此干涉图样记录下来并经过适当处理，就获得了一块全息光栅。

2. 全息光栅基本参数的控制

（1）全息光栅空间频率（周期）的控制

如图 2 所示，波长为 λ 的 Ⅰ、Ⅱ 两束相干光与 P 平面法线的夹角分别为 θ_1 和

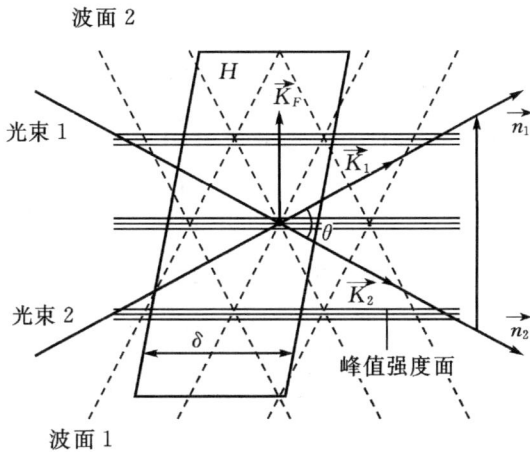

图 1　两束平行光相遇所形成的干涉图形

θ_2，它们之间的夹角为 $\theta = \theta_2 + \theta_2$ 。这两束相干的平行光相干叠加时所产生的干涉图样是平行等距的、明暗相间的直条纹，条纹的间距 d 可由下式决定

$$
\begin{aligned}
d &= \lambda/(\sin\theta_1 + \sin\theta_2) \\
&= \lambda/\{2\sin[(\theta_1 + \theta_2)/2]\cos[(\theta_1 - \theta_2)/2]\}
\end{aligned} \tag{2}
$$

当两束光对称入射，即 $\theta_1 = \theta_2 = \theta/2$ 时

$$
d = \lambda/(2\sin(\theta/2)) \tag{3}
$$

当 θ 很小时有

$$
d = \lambda/\theta \tag{4}
$$

若所制光栅的空间频率较低时，两光束之间的夹角不大，就可以根据式(4)估算光栅的空间频率。具体做法是：把透镜 L_0 放在 Ⅰ、Ⅱ 两光束的重合区，则两光束在透镜后焦面上会聚成两个亮点，若两个亮点之间的距离为 X_0，透镜的焦距为 f，则有

$$
\theta = X_0/f \tag{5}
$$

将式(5)带入式(4)得到

$$
d = f\lambda/X_0 \tag{6}
$$

即光栅的空间频率为

$$
\nu = 1/d = X_0/f\lambda
$$

如图 2 所示，将白屏 P 放在透镜 L_0 的后焦面上，根据两亮点间的距离 X_0 估算光栅的空间频率 ν

$$
X_0 = f\lambda\nu \tag{7}
$$

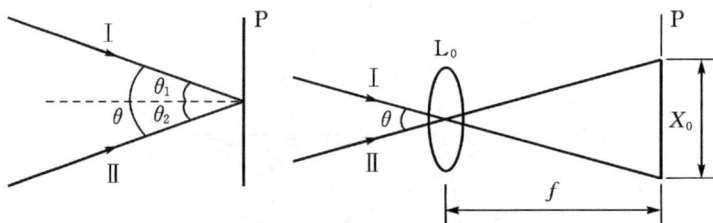

图 2　估测光栅空间频率的光路示意图

如欲制作 $\nu = 200$ c/mm 的全息光栅,当透镜的焦距 $f = 300$ mm,所使用激光的波长为 $\lambda = 632.8$ nm 时,两个亮点之间的距离 $X_0 = \lambda f \nu = 38$ mm。因此,通过调节 Ⅰ、Ⅱ 两束光之间的角 θ,使得 $X_0 = 38$ mm。因此,通过对干涉场曝光而制备出的全息光栅的空间频率就接近于 200 c/mm。

(2)全息光栅的槽形控制

由于全息光栅是通过记录相干光场的干涉图形而制成的,故其光栅的周期结构与两个因素有关:干涉图样的本身周期结构,记录干涉图样的条件。干涉图形是余弦条纹,那么通过曝光所制得的光栅是否也具有余弦(正弦)型的周期结构呢?回答是不一定的。只有当记录过程是线性记录时,即曝光底片变黑的程度与干涉图样的强度成正比时,所制得的全息光栅才具有与干涉场相似的周期结构。

为了解释线性记录的含义,下面简单介绍一下全息干板的感光特性。

照相干板的感光特性,通常是用黑度 D 与曝光量 H_v 的对数关系曲线来描述的,即 D – $\lg H_v$ 曲线,或称作 H – D(Huter – Driffield,赫特-德里菲尔德)曲线,如图 3(a)所示。但是在全息照相技术中,用干板的振幅透射率与曝光量的关系曲线(τ – H_v 曲线)来描述干板的感光特性更为方便,如图 3(b)所示。振幅透过率是出射光与入射光复振幅之比,曝光量是光强度 I 与曝光时间 t 的乘积。

因为 τ – H_v 曲线只在中间一段近似为直线,所以有线性记录和非线性记录两种情况。记录时,调整两相干光的光强度比值在 $2:1 \sim 10:1$ 的范围内变化,若将曝光量控制在 τ – H_v 曲线的直线范围内变化,这样记录的复振幅透射率就与入射光的光强度变化有线性关系,因此称为线性记录。如果曝光量不在 τ – H_v 曲线的直线范围内变化,则复振幅的透射率与入射光强度的变化就不存在线性关系,因此称为非线性记录。

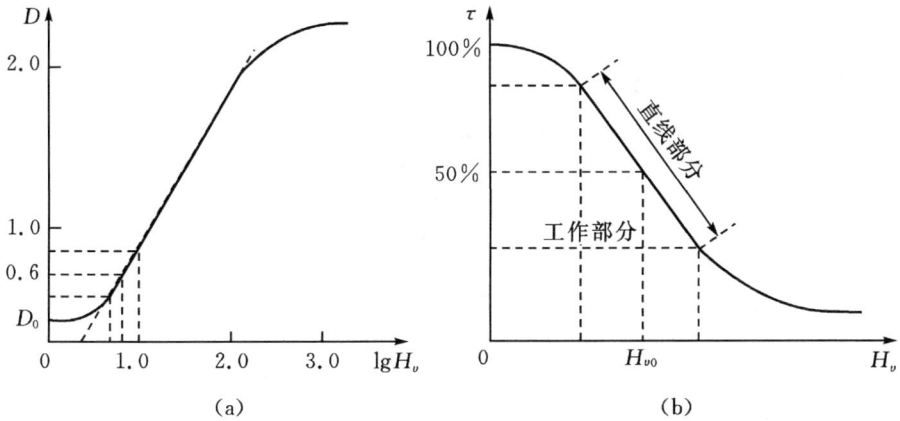

（a）　　　　　　　　　　　（b）

图 3　照像底片感光特性曲线

三、实验光路

制作低频正弦光栅的实验光路如图 4 所示。

应该指出,用这种光路制作全息光栅只是一个原理性实验,由于它使用的光学元件太多,相干噪声及波面的畸变一般较大,因此要制作优质实用化的光栅,必须尽量减少不必要的光学元件,有兴趣的同学请参看有关文献。

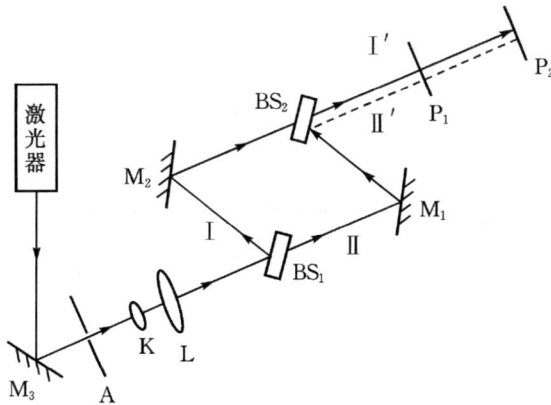

图 4　制作全息光栅的实验光路图

M₁,M₂,M₃—反射镜;K—扩束镜;L—准直镜;BS₁,BS₂—分束镜;

A—小孔光阑(中心有一小孔的光屏)

四、实验内容及步骤

1.按照图 4 布置光路并进行光路调节

为了制作高质量的全息光栅,即光栅的周期、槽形恒定,衍射效率很高,就要求干涉仪中的两条光路 I、II 构成平行四边形,即光路的两个对边相互平行。为了判断两个对边是否平行,就要细心反复调节光具,使从 BS_2 出射的两条光束 I′、II′重合(不是相交),这时具有两个特征:光屏 P_1 上的两个光斑全部重合而且移开 P_1 时,在光屏 P_2 上的两个光斑仍是全部重合;两个光斑重合后,会出现干涉条纹,其宽度可达 2 mm(出现很细的条纹亦算合乎要求)。

光路调节步骤如下:

①调节 M_3,使从 M_3 反射的光束平行于台面,且光束高度与光具座的中心高度一致。(调节时,可在光束中放置画有中心高度标记的纸屏,当纸屏靠近和远离激光器时光点应始终与标记重合)

②调节 K,L 与光路共轴。共轴调节方法如下:

放一带小孔的光阑 A,让光束穿过小孔的中心并使光阑与光束垂直,然后放入待调节的光学元件并且目测使光束通过 K 中心,这时从 BS_2 的两个表面上反射的光束在 P_2 上形成干涉球(牛顿球),球的中心最初偏离小孔中心(光束中心)很远,只要调节 K(光具架的"旋转""升降""俯仰""平移"等)使干涉球的中心与小孔的中心重合,而且光晕又以小孔为中心均匀分布,就达到 K 的中心法线与光束同轴,如图 5 所示。当需调节多个光学元件与光路共轴时,其调节顺序应是沿着光路从前到后。

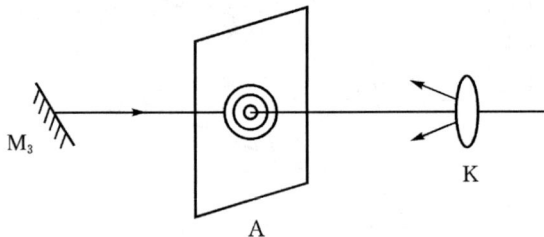

图 5　判断透镜与光路共轴示意图

③调节 K、L 之间的距离使获得一束平行光,并用一块光屏测出此平行光束的高度,这个高度即为确定光束 I、II、I′、II′的高度标准。

④依次将 BS_1、M_1、BS_2、M_2 放入光路并使经它们出射、反射的光线构成一平行四边形且其高度与③中所定的标准相同。

⑤调节 M_1（先粗调后微调）的"旋转""升降""俯仰""平移"等旋钮,使光束Ⅰ、Ⅱ的两个光斑在 BS_2 中心重合(在 BS_2 出射面上放置一张镜头纸观察)。然后调节 BS_2"旋转""俯仰"使两个光斑在 P_1 处重合,又拿开 P_1,观察 P_2 处两者是否重合。反复此调节过程直到看到间隔较大的干涉条纹为止。

2.确定光栅的空间频率

①根据要求制作的全息光栅的空间频率 ν 及所用透镜 L 的焦距 f,按照式(7)计算出光束Ⅰ和光束Ⅱ在透镜后焦面上所形成的二亮点之间的距离 X_0。要求制备一块 ν 为 $10 \sim 50$ c/mm 的正弦型衍射光栅。

②在 P_1 与 BS_2 之间放入焦距为 f 的透镜 L_1,使其光轴与光束 Ⅰ′、Ⅱ′ 的光轴重合,光路已调好时,在透镜的后焦面上将得到一个亮点。然后调节 BS_2 的"旋转",则在后焦面上的水平方向将会出现两个亮点,继续调"旋转"使两个亮点之间的距离等于 X_0 时为止。

3.制做全息光栅

撤去透镜 L_1,从干板架上取下光屏 P_1,用挡光板挡住激光,将全息干板装在干板架上,稳定 30 s 后取掉挡光板进行曝光,经显影、定影、水洗、干燥等处理后即得到全息光栅。为了得到正弦型光栅,要求曝光正确、显影适当,均控制在干板特性曲线的直线部分,否则所得到的光栅将是非正弦的。

4.检查光栅的正弦性及其空间频率

将制备的光栅直接置入激光细光束中,在远处屏上将得到其衍射图样,如图6所示。由于光栅至屏的距离远大于光栅间距,此衍射图样为夫琅和费衍射图样,亦即其频谱。如果光栅的频谱只有0级和 ± 1 级三个亮点,则表明此光栅是正弦型的。如果频谱中出现 $\pm 2, \pm 3, \cdots$ 级亮点,则表明此光栅为非正弦型。根据光栅 G 至屏 P 的距离 l,以及频谱中两级亮点之间的距离 d',则可计算出光栅的实际空间频率 ν'。显然

$$\nu' = d'/(2l\lambda)$$

将实空间频率 ν' 与要求的空间频率 ν 相比较,并分析产生误差的原因。

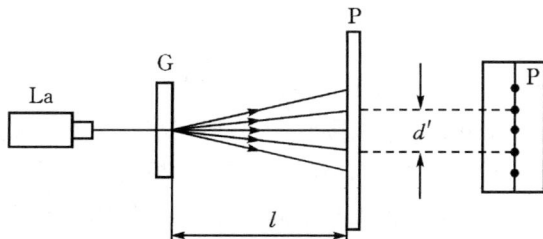

图 6　检测光栅特性参数的光路图

五、思考题

若欲制作空间频率为 12 c/cm 的正弦光栅,当使用焦距 $f = 300$ mm 的傅里叶变换镜头在其焦面上观察两光束所形成的亮点时,两亮点的距离应是多少?

实验 2.6　像面全息图

物体靠近记录介质,或利用成像系统使物体成像在记录介质附近时所形成的全息图称为像全息图,而当物体的像位于记录介质表面时所形成的全息图称为像面全息图。像全息的特点是可以用扩展的白光光源再现出清晰的物体像。

一、实验目的

1.掌握像面全息的记录和再现原理,学会制作像面全息图;
2.观察像面全息图的重现像,比较其与普通三维全息图的不同之处。

二、实验仪器

激光器,透镜,反光镜,全息干板,光具座,光学平台等。

三、实验原理

首先分析一下再现光源空间展宽和光谱展宽对重现像的影响,进而说明像全息图可用扩展的白光源再现的原理。

1.再现光源的空间展宽 Δx_p 对重现像的影响——线模糊

设再现光沿 x 方向的空间展宽为 Δx_p,由物像坐标关系知,不同位置的再现光将产生不同位置的像点,即一个物点对应于多个像点,导致重现像的空间展宽。再现光的空间展宽所引起的重现像的展宽称为线模糊。由全息图物像坐标关系可知,空间展宽为 Δx_p 的再现光源所引起的像点的展宽 Δx_i(线模糊量)为

$$\Delta x_i = \frac{z_i}{z_p} \Delta x_p \tag{1}$$

式中: z_i 和 z_p 分别为重现像和再现光源到全息图表面的垂直距离。

若线模糊量小于人眼的分辨极限时,人眼所观察到的重现像是清晰的,但当线模糊量大于人眼的分辨极限时,所看到的重现像就模糊不清了。

由式(1)知,在再现光源的位置和空间展宽一定的情况下,线模糊量与重现像到全息图的距离 z_i(像距)成正比,特别是当像距为零时,无论光源的空间展宽有

多大,其线模糊量均为零。即重现像位于全息图表面时,可用扩展光源再现全息图,这正是像面全息图可用扩展光源再现的理论依据。

2. 再现光源的光谱展宽 $\Delta\lambda$ 对重现像的影响——色模糊

同样,由全息图的物像关系知,用不同波长的光照明全息图时,不同波长的光将产生不同位置的像点,即一个物点对应于多个像点,导致重现像展宽。把再现光源的光谱展宽所引起的重现像的展宽现象称为色模糊。

如图 1 所示,I 为像点,其位置坐标为 (x_i, y_i, z_i)。设 λ_1 为拍摄全息图时激光波长,再现光中含有波长为 $\lambda_2 \sim \lambda_2 + \Delta\lambda$ 的光波,$\Delta\lambda$ 为再现光源光谱度宽,则由再现光的波长变化所引起的像点的方向余弦角 α_i 的变化为

$$\Delta\alpha_i = \frac{\mathrm{d}\alpha_i}{\mathrm{d}\lambda_2}\Delta\lambda \tag{2}$$

相应地引起像点的展宽为

$$\Delta x_{i\lambda} = \Delta\alpha_i l_i = \frac{\mathrm{d}\alpha_i}{\mathrm{d}\lambda_2}\Delta\lambda_2 l_i \tag{3}$$

在傍轴近似下,$l_i \approx z_i$,因而有

$$\Delta x_{i\lambda} = \frac{\mathrm{d}\alpha_i}{\mathrm{d}\lambda_2}\Delta\lambda_2 z_i \tag{4}$$

由全息图的物像关系

$$\frac{x_i}{z_i} = \frac{x_p}{z_p} \pm \frac{\lambda_2}{\lambda_1}\left(\frac{x_o}{z_o} - \frac{x_r}{z_r}\right)$$

得

$$\cos\alpha_i = \cos\alpha_p \pm \frac{\lambda_2}{\lambda_1}(\cos\alpha_o - \cos\alpha_r) \tag{5}$$

式中:$x_i, z_i, x_o, z_o, x_r, z_r$ 分别为像点、物点、参考光的坐标。

对式(5)求导数并整理后可得

$$\frac{\mathrm{d}\alpha_i}{\mathrm{d}\lambda_2} = \pm\frac{1}{\lambda_1}\frac{\cos\alpha_o - \cos\alpha_r}{\sin\alpha_i} \tag{6}$$

所以再现光源的光谱展宽所引起的色模糊为

$$\Delta x_{i\lambda} = \pm\frac{\Delta\lambda_2}{\lambda_1}\frac{\cos\alpha_o - \cos\alpha_r}{\sin\alpha_i}z_i \tag{7}$$

y 和 z 方向的讨论类似,在此不再重复。

同线模糊一样,当色模糊量大于人眼的分辨极限时,重现像就模糊不清了。由色模糊量计算公式知,在再现光的光谱展宽一定的情况下,色模糊量与重现像的像距成正比,特别是当

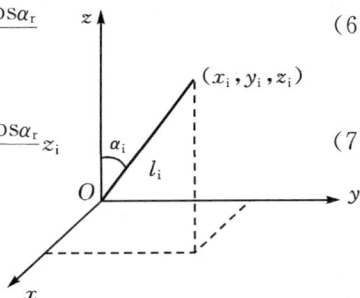

图 1　像线模糊量的示意图

像距为零时,无论再现光的光谱展宽有多大,其所引起的色模糊量均为零,即当重现像位于全息图表面时,可用复色光再现出清晰的全息像,这正是像面全息图可用白光源再现的依据所在。

3.像面全息的记录光路

由于物体位于记录介质附近时不便引入照明物体的光和参考光,因此最常用的方法是用透镜将物成像在记录介质附近,使像距接近为零;或者先记录物体的离轴全息图,使再现的实像位于记录介质附近,然后拍摄全息图。本实验采用前一种方法,其记录光路如图 2 所示。

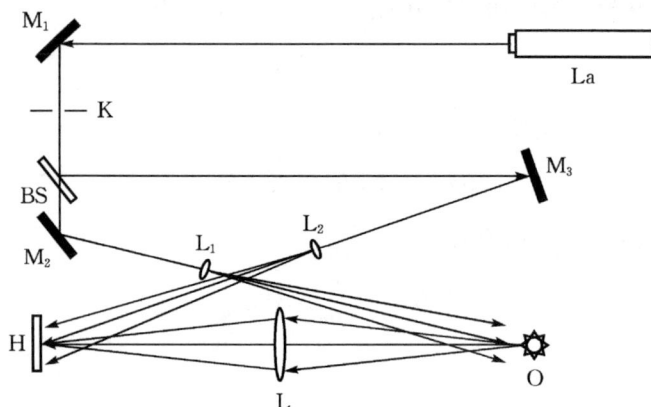

图 2　像面全息记录光路
La—激光器;M₁～ M₃—反光镜;L₁,L₂—扩束镜;
L—成像物镜;K—曝光开关;H—全息干板;O—物体

激光器 La 发出的激光束经反射镜 M₁ 折转后被分束镜 BS 分成两束:透过 BS 的光束经反射镜 M₂ 反射后被扩束镜 L₁ 扩束并照明物体,物体被镜头 L 成像在全息干板 H 上构成物光;被 BS 反射的一束光经反射镜 M₃ 反射被扩束镜 L₂ 扩束并照明全息干板 H,作为参考光。由于全息干板位于像面上,故记录的是像面全息图。

像面全息图可以用扩展的白光光源照明再现,如果记录时是发散光源,可以用一个灯丝稍集中的白炽灯,按记录时参考光的方向照明即可;如果是平行光记录的则须一个准直物镜。

四、实验内容及步骤

1. 记录和观察像面全息图

(1)选择元件

根据光路图选择合适的光学元件及物镜。分束镜 BS 最好采用分束比可连续调节的渐变分束镜。成像镜头 L 选用大相对孔径的物镜,以增大物光强度和重现像的清晰范围。

(2)调节光路及参、物光强比

按照光路图放置和调整光路。通过移动反射镜 M_3 调整参考光的光程,使其与物光的光程差接近于零。物光与参考光的夹角不要太大,一般在 30°～40°之间。全息干板 H 应位于物体的共轭面(即成像面)上。物体像的大小可通过调整物体和全息干板的位置来控制。最好将物体置于两倍焦距处,使之 1∶1 成像,以防止像的失真。根据物体的反射性能,通过调节分束镜 BS,使参考光与物光的光强比在 2∶1～4∶1 范围内。

(3)曝光和显、定影处理

对全息干板进行曝光和显、定影处理,必要时可对经以上常规处理的干板再进行漂白处理,以提高全息图的衍射效率。

(4)观察像面全息图

本实验光路采用发散的球面波作为参考光照明记录,再现时可以用一个灯丝稍集中的白炽灯,按记录时参考光的方向照明。记录时也可改用平行光作为参考光,此时须加一个准直物镜用平行光再现,也可直接用太阳光再现。像面全息图可用白光宽光源再现,重现像是消色差的,位于全息平面图上(二维物体)或跨立在全息平面图上(三维物体)。

2. 记录和观察离焦像面全息图

让全息干板离开像面约 10 mm,拍摄一张像面全息图,观察其重现像并与像面全息图的重现像作比较。

3. 比较普通成像与像面全息图再现的像的区别

挡住参考光,用一白屏接收透镜所成的像,比较白屏接收的像与像面全息图重现像的差别。

五、思考题

1. 像面全息图的重现像、像全息图的重现像和物体的像三者有何区别?

2. 现有一张某物体的菲涅尔全息图,试利用它来制作该物体的像面全息图。

要求画出原理性的光路图,并叙述制作步骤。

3.试设计一个拍摄反射像面全息图的光路。

六、参考文献

1.苏显渝,李继陶.信息光学[M].北京:科学出版社,2002.
2.游明俊.信息光学基础实验[M].北京:兵器工业出版社,1992.

实验 2.7　数字全息

全息技术利用光的干涉原理,将物体发射的光波波前以干涉条纹的形式记录下来,达到冻结物光波相位信息的目的;利用光的衍射原理再现所记录物光波的波前,就能够得到物体的振幅(强度)和位相(包括位置、形状和色彩)信息,在光学检测和三维成像领域具有独特的优势。由于传统全息是用卤化银、重铬酸盐明胶(DCG)和光致抗蚀剂等材料记录全息图,记录过程烦琐(化学湿处理)费时,限制了其在实际测量中的广泛应用。

数字全息技术是由 Goodman 和 Lawrence 在 1967 年提出的,其基本原理是用光敏电子成像器件代替传统全息记录材料记录全息图,用计算机模拟再现取代光学衍射来实现所记录波前的数字再现,实现了全息记录、存储和再现全过程的数字化,给全息技术的发展和应用增加了新的内容和方法。

一、实验目的

1.掌握数字全息的实验原理和方法;
2.熟悉空间光调制器的工作原理和调制特性;
3.理解光信息安全的概念和特点。

二、实验仪器

He-Ne 激光器、可调光阑、CMOS 数字相机、空间光调制器、分光光楔、空间滤波器、可调衰减片、反射镜、计算机等。

三、实验原理

1.数字全息技术

数字全息图的获取:将参考光和物光的干涉图样直接投射到光电探测器上,经图像采集卡获得物体的数字全息图,将其传输并存储在计算机内。

数字全息图的数值重现:该部分完全在计算机上进行,需要模拟光学衍射的传播过程,一般需要数字图像处理和离散傅里叶变换的相关理论,这是数字全息技术的核心部分。

重现图像的显示及分析:输出重现图像并给出相关的实验结果及分析。

与传统光学全息技术相比,数字全息技术的最大优点是:①由于用 CCD 等图像传感器件记录数字全息图的时间比用传统全息记录材料记录全息图所需的曝光时间短得多,因此它能够用来记录运动物体的各个瞬间状态,其不仅没有烦琐的化学湿处理过程,记录和再现过程也比传统光学全息方便快捷;②由于数字全息可以直接得到记录物体重现像的复振幅分布,而不是光强分布,被记录物体的表面亮度和轮廓分布都可通过复振幅得到,因而可方便地用于实现多种测量;③由于数字全息采用计算机数字再现,可以方便地对所记录的数字全息图进行图像处理,减少或消除在全息图记录过程中的像差、噪声、畸变及记录过程中 CCD 器件非线性等因素的影响,便于进行测量对象的定量测量和分析。目前,数字全息技术已开始应用于材料形貌形变测量、振动分析、三维显微观测与物体识别、粒子场测量、生物医学细胞成像分析以及 MEMS 器件的制造检测等各种领域。

2.数字全息记录和再现

数字全息的记录原理和光学全息一样,只是在记录时用数字相机来代替全息干板,将全息图储存到计算机内,用计算机程序取代光学衍射来实现所记录物场的数值重现,整个过程不需要在暗室中进行显影、定影等物理化学过程,真正实现了全息图记录、存储、重现和处理全过程的数字化。

(1)数字全息的光路要求

由于数字全息是使用数字相机代替全息干板来记录全息图,因此想要获得高质量的数字全息图,并完好地重现出物光波,必须保证全息图表面上的光波的空间频率与记录介质的空间频率之间的关系满足奈奎斯特采样定理,即记录介质的空间频率必须是全息图表面上光波的空间频率的两倍以上。但是,由于数字相机的分辨率(约 100 线/毫米)比全息干板等传统记录介质的分辨率(达到 5000 线/毫米)低得多,而且数字相机的靶面面积很小,因此数字全息的记录条件不容易满足,记录结构的考虑也有别于传统全息。目前数字全息技术仅限于记录和重现较小物体的低频信息,且对记录条件有其自身的要求,因此要想成功地记录数字全息图,就必须合理地设计实验光路。

设物光和参考光在全息图表面上的最大夹角为 $\theta_{\max}$,则数字相机平面上形成的最小条纹间距 $\Delta e_{\min}$ 为

$$\Delta e_{\min} = \frac{\lambda}{2\sin(\theta_{\max}/2)} \tag{1}$$

所以全息图表面上光波的最大空间频率为

$$f_{max} = \frac{2\sin(\theta_{max}/2)}{\lambda} \tag{2}$$

一个给定的数字相机像素大小为 Δx，根据采样定理，一个条纹周期 Δe 至少要等于两个像素周期，即 $\Delta e \geqslant 2\Delta x$，记录的信息才不会失真。由于在数字全息的记录光路中，所允许的物光和参考光的夹角 θ 很小，因此 $\sin\theta \approx \tan\theta \approx \theta$，有

$$\theta \leqslant \frac{\lambda}{2\Delta x} \tag{3}$$

所以

$$\theta_{max} = \frac{\lambda}{2\Delta x} \tag{4}$$

在数字全息图的记录光路中，参考光与物光的夹角范围受到数字相机分辨率的限制。由于现有的数字相机分辨率比较低，因此只有尽可能地减小参考光和物光之间的夹角，才能保证携带物体信息的物光中的振幅和相位信息被全息图完整地记录下来。数字相机像素的尺寸一般在 $5\sim10~\mu m$ 范围内，故所能记录的最大物参角在 $2°\sim4°$ 范围内。

只要满足抽样定理，参考光可以是任何形式的，可以使用准直光或是发散光，可以水平入射到数字相机或是以一定的角度入射。

与传统全息记录材料相比，一方面，由于记录数字全息的数字相机靶面尺寸小，仅适合于小物体的记录；另一方面，目前记录数字全息图的数字相机像素低，分辨率低，使记录的参物光夹角小，因此只能记录物体空间频谱中的低频部分，从而使重现像的分辨率低，像质较差。综上，在数字全息中要想获得较好的重现效果，需要综合考虑实验参数，合理地设计实验光路。

(2)数字全息的记录和再现的算法

图 1 给出了数字全息图记录和重现结构及坐标系示意图。物体位于 xOy 平面上与全息平面 $x_H O_H y_H$ 相距 d（即全息图的记录距离），物体的复振幅分布为 $u(x,y)$。数字相机位于 $x_H O_H y_H$ 面上，$i_H(x_H, y_H)$ 是物光和参考光在全息平面上的干涉光强分布。$x'O'y'$ 面是数值重现的成像平面，与全息平面相距 d'（也称为重现距离）。$u(x',y')$ 是重现像的复振幅分布，因为它是一个二维复数矩阵，所以可以同时得到重现像的强度和相位分布。

根据菲涅尔衍射公式可以得到物光波在全息平面上的衍射光场分布为

$$O(x_H, y_H) = \frac{e^{jkd}}{j\lambda d} \iint u(x,y) \exp\left\{ \frac{jk}{\lambda d} \left[(x-x_H)^2 + (y-y_H)^2 \right] \right\} dx dy \tag{5}$$

式中：λ 为波长；$k = \frac{2\pi}{\lambda}$ 为波数。

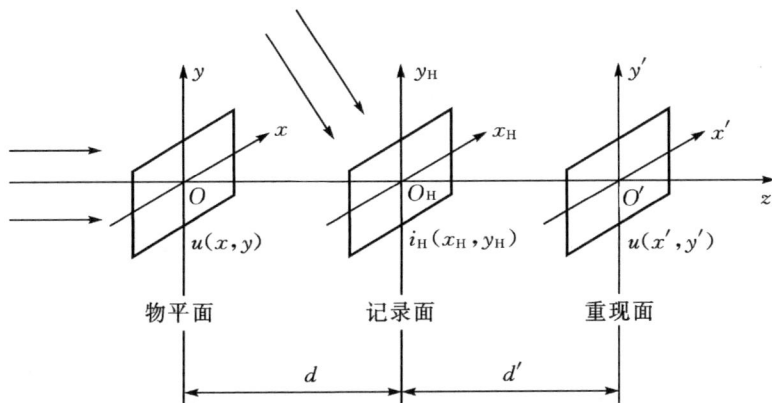

图 1　数字全息图记录和重现结构及坐标系示意图

全息平面上,设参考光波的分布为 $R(x_H, y_H)$,则全息平面的光强分布 $i_H(x_H, y_H)$ 为

$$i_H(x_H, y_H) = [O(x_H, y_H) + R(x_H, y_H)] \cdot [O(x_H, y_H) + R(x_H, y_H)]^* \qquad (6)$$

式中:上角标 * 代表复共轭。用与参考光波相同的重现光波 $R(x_H, y_H)$ 全息图时,全息图后的光场分布为 $i_H(x_H, y_H) \cdot R(x_H, y_H)$。

在满足菲涅尔衍射的条件下,重现距离为 d' 时,成像平面上的光场分布 $u(x', y')$ 为

$$u(x', y') = \frac{e^{jkd'}}{j\lambda d'} \exp\left[\frac{jk}{\lambda d'}(x'^2 + y'^2)\right] \iint i_H(x_H, y_H) R(x_H, y_H) \exp\left[\frac{jk}{\lambda d'}(x_H^2 + y_H^2)\right]$$

$$\exp\left[-j2\pi \frac{1}{\lambda d'}(x_H x' + y_H y')\right] dx_H y_H \qquad (7)$$

在数字全息中,为了获得清晰的重现像,d' 必须等于 d(或 $-d$),当 $d' = -d < 0$ 时,原始像在焦面上,重现像的复振幅分布为

$$u(x', y') = -\frac{e^{jkd}}{j\lambda d} \exp\left[-\frac{jk}{\lambda d}(x'^2 + y'^2)\right]$$

$$\times \mathscr{F}^{-1}\left\{i_H(x_H, y_H) R(x_H, y_H) \exp\left[\frac{j\pi}{\lambda d'}(x_H^2 + y_H^2)\right]\right\} \qquad (8)$$

式中:$\mathscr{F}^{-1}$ 表示傅里叶逆变换,同理,当 $d' = d > 0$ 时,共轭像在焦面上,重现像的复振幅分布为

$$u(x', y') = \frac{e^{jkd}}{j\lambda d} \exp\left[\frac{jk}{\lambda d}(x'^2 + y'^2)\right]$$

$$\times \mathscr{F}^{-1}\left\{i_H(x_H, y_H) R(x_H, y_H) \exp\left[\frac{j\pi}{\lambda d'}(x_H^2 + y_H^2)\right]\right\} \qquad (9)$$

利用傅里叶变换就可以求出重现像,称之为傅里叶变换算法。在式(8)和式

(9)中,傅里叶变换的频率为

$$f_x = \frac{x'}{\lambda d}, f_y = \frac{y'}{\lambda d} \tag{10}$$

根据频域采样间隔和空域采样间隔之间的关系,可得

$$\Delta f_x = \frac{1}{M\Delta x_H}, \Delta f_y = \frac{1}{N\Delta y_H} \tag{11}$$

式中:M 和 N 分别为两个方向的采样点个数。全息平面的像素大小和重现像面的像素大小之间的关系为:

$$\Delta x' = \frac{\lambda d}{M\Delta x_H} \qquad \Delta y' = \frac{\lambda d}{N\Delta y_H} \tag{12}$$

式(12)表明,重现像的像素大小和重现距离 d 成正比,重现距离越大,$\Delta x'$ 和 $\Delta y'$ 就越大,分辨率就越低。在数值重现的整个计算过程中,数字图像的像素总数是保持不变的,因此,重现像的整体尺寸也与重现距离有关,随着重现距离的增大而增大。

如果利用数字图像处理方法对全息图 $i_H(x_H, y_H)$ 进行预处理,然后再进行重现,则可以消除重现像中零级亮斑以及共轭像(或原始像)离焦所带来的影响。

(3)数字全息重现像质量提高的方法

数字全息在重现时,除原始图像外,直透光和共轭像也同时在屏幕上以杂乱的散射光形式出现,对重现像的清晰度影响很大,特别是直透光在屏幕上形成一个亮斑,使重现像的细节难以显示。将直透光和共轭像去除,可以大大提高数字全息重现像的质量。

本实验应用数字图像处理技术,采用数字相减法将直透光消除,使 ± 1 级衍射像保持不变,从而提高了数字全息重现象的质量。

3.空间光调制器(SLM)简介

空间光调制器是一类能将信息加载于一维或二维的光学数据场上,以便有效地利用光的固有速度、并行性和互连能力的器件。这类器件可在随时间变化的电驱动信号或其他信号的控制下,改变空间上光分布的振幅或强度、相位、偏振态以及波长,或者把非相干光转化成相干光。由于它的这种性质,可作为实时光学信息处理、光计算等系统中的构造单元或关键器件。最常见的空间光调制器是液晶空间光调制器,是一种新兴的全息图的载体,和传统的全息记录介质相比,它具有有计算机接口、操作方便、可实时显示等优点。

在全息记录的过程中,当来自物体表面的散射光与参考光照射在全息记录板上时,参考光波与物光波进行叠加,叠加后形成的干涉条纹图记录在全息记录板上。由于记录板上记录的是曝光期间内重现波前的平均能量,也就是说记录板记录的仅仅是重现波的光强,全息记录板的作用相当于一个线性变换器,它把曝光期

间内的入射光强线性地变换为显影后负片的振幅透过率。全息像的再现,只要将上述全息记录板用原参考光束照明,就可得到物体的像。在再现的过程中,全息图将照射的光衍射成波前,这个衍射波就产生表征原始波前的所有光学现象。数字全息的实现方式如图2所示。

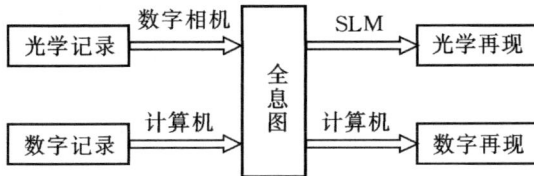

图 2　数字全息的实现方式

　　振幅型空间光调制器是通过对入射线偏振光进行调制后改变其偏振态,利用入射和出射偏振片的不同获得不同强度的出射偏振光,因此通过设置振幅型空间光调制器不同像素位置的灰度值,可以改变对应位置出射光的光强。所以可以用振幅型空间光调制器来代替再现干板,将记录时的复振幅透过率关系写入到空间光调制器的液晶上,则参考光被调制后,便可衍射生成被记录的物光信息。

　　利用空间光调制器来代替传统的全息干板,可以实现传统全息实验中无法实现的实时全息再现功能。但由于液晶空间光调制器的有限空间分辨率,全息记录的条件受到限制。在利用空间光调制器实现全息再现的系统中,记录时参考光角度不能大于由基于 LCOS 液晶芯片的 SLM 分辨率决定的最大值;物体和全息面距离、物体尺寸都有相应较高的要求。同时,考虑再现衍射像分离、提高系统分辨率等因素,上述参数的选取被限定在一定范围内,以保证获得较高质量的全息像。

　　4.数字全息在信息安全中的应用

　　密码技术是信息安全的核心,它与数学、语言学、声学、电子学、信息论、计算机科学等有着广泛而密切的联系。密码编码技术的主要任务是寻求产生安全性高的有效密码算法,以满足对消息进行加密或认证的要求。通常将待加密的消息称为明文,加密后的消息称为密文;加密就是从明文得到密文的过程;合法地由密文恢复出明文的过程称为解密;表示加密和解密过程的数学函数称为密码算法;实现这种变换过程需要输入的参数称为密钥;密钥可能的取值范围称为密钥空间;密码算法、明文、密文和密钥组成密码系统。

　　由于数字全息的灵活性,我们将其应用于数字图像加密领域。依据上文中提到的数字全息的记录和再现的原理,将明文作为物光信息,则全息记录图即为密文。根据光学衍射传播原理,我们可以知道,加密和解密的算法即为菲涅尔衍射算法,在整个全息系统中的波长、再现距离都可以做为密钥。这样便构成了一个完整的信息安全密码系统。在加密时,我们可以利用计算全息,在计算机中通过菲涅尔变化计算生成含有明文信息的物光的衍射全息图。然后在解密时,将衍射全息图写入到空间光调制器中,用特定的波长按照特定的光路,才能在唯一的衍射距离得到我们的明文信息。

　　为了研究光信息安全中把波长和距离作为信息加密密码的特点,本实验建立了一个层析的理想三维物体的模型,制作了理想三维物体的离轴菲涅尔全息图,并对其进行了数值重现。

　　层析的理想三维物体就是将理想三维物体看作是由一系列相互平行的截面所组成。图3是由三个截面组成的理想三维物体的数字全息记录光路示意图。

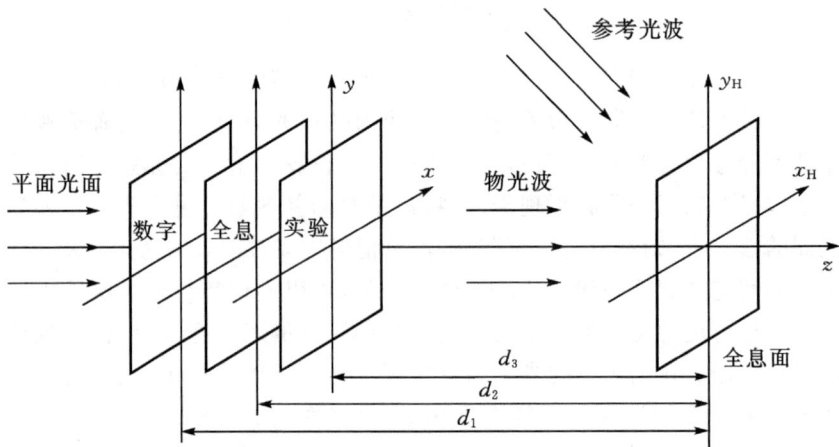

图 3　理想三维物体的数字全息记录光路示意图

　　设每个截面的振幅透过率函数为 $f_i(x,y)$,i 表示截面的序号,每个截面经过距离 d_i 后衍射到全息面上的复振幅分布 $O_i(x_H,y_H)$。由于每个截面都会衍射到全息面,所以全息图是由所有截面的衍射光波共同作用而形成的。因此,在全息平面上,物光波的复振幅分布 $O(x_H,y_H)$ 为各个截面衍射光波的叠加,即

$$O(x_H,y_H) = \sum_{i=1}^{N} O_i(x_H,y_H)$$

式中:N 为截面的总数。因此全息图的光强分布 $i_H(x_H,y_H)$ 为

$$i_H(x_H,y_H) = [O(x_H,y_H)+R(x_H,y_H)] \cdot [O(x_H,y_H)+R(x_H,y_H)]^*$$

对全息图进行数值重现,改变重现距离 d',即在不同的重现面上进行重现,就可以得到理想三维物体一系列重现面上的复振幅分布。

四、实验内容

1. 数字记录,数字再现

本实验实现了将计算全息与数字全息相结合,利用计算机模拟全息图的记录过程,产生理想物体的离轴菲涅尔数字全息图,并由所生成的全息图重现出物体的像,实现数字全息图记录和重现整个过程的计算机模拟。具体的操作流程如图 4 所示。

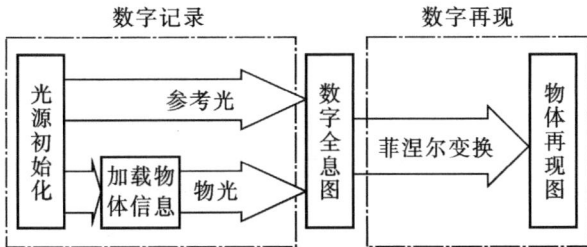

图 4　数字全息记录和重现流程图

点击"读图"加载物体信息,物体图片尺寸不要超过 1024×1024。设置记录时的虚拟光路的参数、衍射距离及参考光夹角。点击"生成全息图",观察数字全息图。设置数字再现时的再现距离,点击"仿真再现",对比再现图是否和原图一致,有何区别。

在模拟再现的过程中利用数字相减法,并和之前不做任何处理的模拟结果进行对比,可以得知,数字相减法能有效地消除重现像中的零级亮斑,改善重现像的质量。

从实验结果可以得知,利用傅里叶变换算法对数字全息图进行重现时,如果重现距离和记录距离不相等,则看不清重现像;当重现距离和记录距离相等时,重现像的显示大小与记录距离之间的关系为:重现距离越大,重现像的像素尺寸就越大,相应的所显示出来的重现像就越大。

2. 光学记录,数字再现

实验中用相机代替传统全息中的干板作为记录介质,再现在计算机中进行。实验光路图如图 5 所示。

按照实验光路图从激光器开始逐个摆放各个实验器件,确保光路水平、光学器件同轴。目标物和 CMOS 数字相机先不加入到光路中。光路调节:在光路搭建完后,调节两路光,使其合成一束同轴光,能够出现同心圆环干涉条纹。此时可认为光路初步调节基本完成。旋转激光器出口的可调衰减片,将整个系统中的光强调

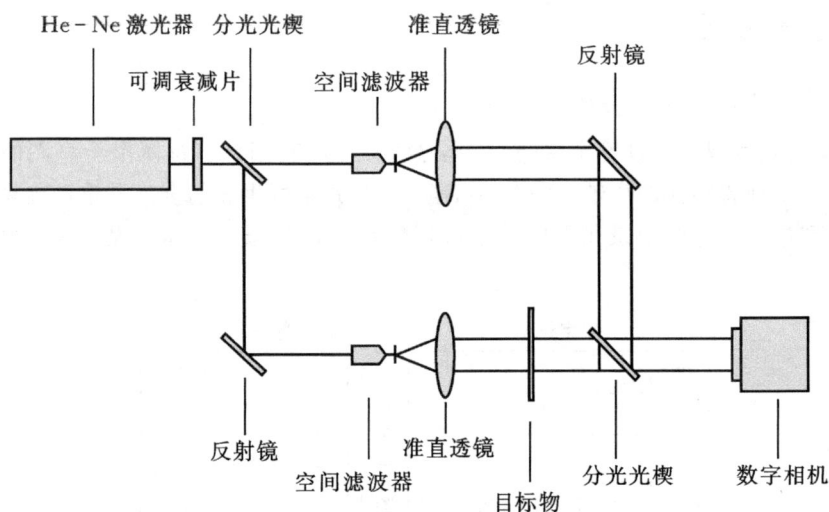

图 5　透射物体的数字全息记录光路图

到最弱,然后将数字相机加入到系统中,实时记录干涉条纹图案。调整可调衰减片使相机采集到的干涉条纹光强合适,不能曝光过度。调节分光光楔处的调整架,让两束光有轻微的夹角,能够产生离轴全息,方便后期再现。图像上显示为较为密集的竖条纹。将目标物加入到光路中,调节可调衰减片至适当参考光光强,使得物光和参考光光强相差不大。采集全息图案,用软件中"频域分析"来观测频域中的±1级是否和0级分开,如果未分开,需继续调整参考光和物光的夹角,直到±1级和0级充分分开。在软件"频谱分析"界面中,点击频谱图+1级的峰值位置,获取坐标,将 x 轴坐标填入右边"峰值点"输入框。输入合适的滤波窗口大小值。测量目标物和数字相机之间的距离,输入到"再现距离"处,点击"数字再现",便可得到数字再现的全息图。

　　实验时要注意:用可调衰减片调节物光与参考光的光强比,增强干涉条纹的对比度。物光和参考光的角度要控制在最大夹角内(通过采集图像的干涉条纹间距来调整物参光的夹角)以保证物光和参考光的干涉场在被数字相机记录时,满足奈奎斯特采样定理,否则在进行重现时,重现像将会失真甚至导致实验失败。在通过软件重现的过程中,分别进行不做任何处理的重现和对采集的全息图做频率滤波之后再重现,发现频率滤波的方法能够同时消除零级亮斑和共轭像,使重现像的质量得到明显的改善。在做频率滤波的时候要根据采集到的全息图选择合适的滤波窗口,以便准确地选取出物光信息。

3. 数字记录,光学再现

在本实验中,通过软件生成全息图,然后读入到空间光调制器中,用空间光调制器代替传统光学全息中的再现介质。点击"读图",加载物体信息,物体图片尺寸不要超过 1024×1024。设置记录时的虚拟光路的参数、衍射距离及参考光夹角。点击"生成全息图",观察数字全息图。按照光路图搭建好实验光路,将 SLM 与计算机连接。点击软件中的"输出 SLM",将生成的数字全息图写入到 SLM 中。将观察屏放置到对应的再现位置,调节偏振片的角度和 SLM 与光路的夹角,直到观察屏观察到最好的再现效果。在实验过程中调节空间光调制器前后偏振片的角度,使空间光调制器处于强度调制状态(空间光调制器不会对重现像的相位进行大的改变),提高重现像的对比度。

4. 光学记录,光学重现

本内容可结合实验 2.5 和实验 2.6 的内容,完成一个新颖的数字全息实验。在本实验中基本依照传统的光学全息实验的思路,最大的区别在于,完全用新型的光电器件代替了传统的全息干板。在记录时,利用数字相机将全息图采集保存在计算机中,然后在再现时,再将全息图输入到 SLM 中,便可在真实光路观察到重现像。

5. 信息安全方面的应用

实验中选用的理想三维物体是一个透明长方体,在透明体里面有三个截面,每个截面上标有一组汉字,这三组汉字的空间位置不在同一轴线上,目的是使物体的前后面不互相影响。点击实验软件中的"读图"按钮,分别读入对应图片,并设置对应的记录距离。然后点击"生成全息图"。

在软件中写入再现距离,点击"仿真再现",可看到数字再现的效果。通过对理想三维物体进行逐层重现,获得理想三维物体各截面的重现图。从重现结果可以看出,对于某一截面的重现图,只有当重现距离等于记录距离时,该截面上的物体才最清晰,否则将只能得到模糊衍射像,这很好地符合了记录距离作为光信息加密密钥的特点。

按照图 5 搭建实验光路,将生成的数字全息图输入到 SLM,分别在不同位置观测再现图案,观测是否与仿真效果一致。

实验 2.8　光学双稳态现象

自 1974 年吉布斯(Gibbs)首先利用 F-P 标准具(其内充满饱和气体 Na 蒸

气)观察到了光学双稳态现象以来,许多科学工作者相继在许多其他介质中也观察到了光学双稳态现象,并研制了各种各样的光学双稳态器件。作为开关元件和储存元件,光学双稳态器件有着重要的应用前景。作为开关元件时其开关速度在理论上可以达到 $10^{-12} \sim 10^{-11}$ s,是现有电子开关的 $10^2 \sim 10^3$ 倍。光学双稳态器件与目前使用的晶体管相比,还有一个引人注意的优点,就是可以进行信号平行处理。光波在真空中传播时,不同光束之间互不干扰,各自独立;在介质中,两束光只要分开几个波长的距离即可互不影响,因此在同一光学元件中,可以平行地通过几束光波,同一元件的不同区域可以同时分别对各光束进行运算操作。这将为计算机科学带来一场革命,使计算机的构造和算法发生巨大的改变,使计算机的功能有极大的飞跃。

目前,研究光学双稳态现象的基本理论已经比较完善,需要进一步研究的内容是在一些新型材料或新型结构中实现它,并将这些材料研制成可供实用的光学双稳态器件。但是,由于强光学非线性或低阈值能量与快响应时间和低光强吸收的矛盾,使得利用光学双稳态制造以光控光的全光开关器件仍面临许多难以克服的困难。

本实验将利用液晶光阀的透光率与加在其上的电压有关这一特性,将出射光转换成电压,经放大后反馈到液晶光阀上,使其在不同的出射光强下具有不同的透光率,从而实现光学双稳态,并对影响光学双稳态现象的几个因素进行分析、比较。通过这个实验我们不仅能了解液晶光阀的特性,而且验证了光学双稳态现象,加深了对光学双稳态的理解。

一、实验目的

1. 了解光电混合型光学双稳态的原理与应用;
2. 掌握实验仪器的调节和测量。

二、实验仪器

激光器,衰减器,偏振器,分束器,液晶光阀,光功率计,示波器等。

三、实验原理

1. 光学双稳态的基本概念

如果一个光学系统在给定的输入光强下存在着两种可能的输出光强状态,而且可以用光学方法实现两态间的开关转换,即称该系统具有光学双稳态性,其特征曲线如图 1 所示。图中 I_i 是入射光强,I_t 是透射光强。透射光相对于入射光具有延滞特性,因而形成两个稳定状态。在外加光脉冲的作用下,在两态间可能发生开

关突变。延滞性和突变性是光学双稳态性
的两个主要特征。

　　具有光学双稳态性的光学器件称为光
学双稳态器件。它一般是由非线性介质、反
馈系统和外界入射光源三个要素组成。可
以将其按反馈系统或非线性介质的不同性
质加以分类：

　　①按反馈方式不同可分为本征型和混
合型两类。本征型（或全光学型）的典型装
置是由法布里-珀罗标准具内含非线性介质
构成，由标准具的反射镜提供反馈；混合型

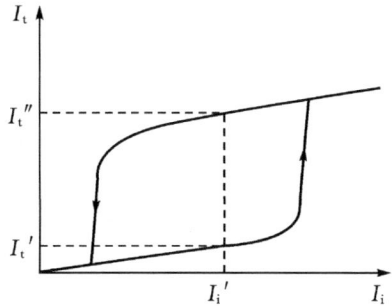

图 1　光学双稳态特征曲线

的典型装置由电光调制器、光电探测器和放大器组成，从透射光中取出部分光信号
通过探测器转变为电信号，放大后加在调制器上，构成光电混合反馈。

　　②按入射光与介质相互作用的不同机理分为吸收型和色散型两类。吸收型的
典型例子是在标准具中置入可饱和吸收体；色散型光学双稳态性的典型例子是内
含光学非线性介质的法布里-珀罗标准具。

　　2.液晶光阀的光学双稳态

　　对于光学双稳态的实验研究，本文着眼于两个方面：①利用什么方法实现光学
双稳态；②利用何种非线性光学元件实现光学双稳态，并描述该元件的特性曲线。

　　实现光学双稳态的常用方法有两种，一种是纯光型，另一种是光电混合型。而
实现光学双稳态的元件通常有液晶、半导体、有机材料、玻璃，等等。基于实验室现
有的实验设备，本实验将采用光电混合型方法实现光学双稳态，而采用的实验装置
为 CWT 液晶光学双稳态实验仪（以下简称实验仪），其中的非线性光学元件则采
用液晶光阀。

　　(1)液晶光阀

　　液晶光阀实际上是一种多层膜结构，如图 2 所示，它由 CdS 光导膜和 CdTe 光
阻膜组成的光敏层和由扭曲向列相液晶和反射膜组成的反射式光调制层组成。所
有膜层都夹在两透明电极膜之间，整个光阀工作在低的交流电压下。正常工作方
式中，非相干写入光照射在 CdS 光导膜上，线偏振相干光入射液晶层并被反射，最
后经检偏器读出。在无写入光照射下，CdS 光导膜呈高阻状态，液晶上电压很小，
液晶显示扭曲效应，线偏振光经液晶往返一次，其偏振态不变，通过正交检偏器观
察到暗态。在写入光照射下，CdS 光导膜阻抗降低，大部分电压转移到液晶层上，
液晶显示双折射效应，此时，线偏振光被液晶调制为椭圆偏振光，通过正交检偏器
观察到亮态。

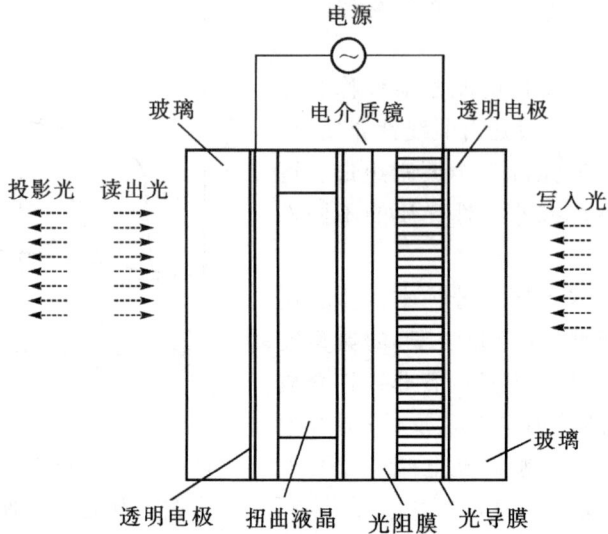

图 2　液晶光阀结构

　　液晶在光阀中对线偏振读出光起位相调制作用。液晶光阀的性能主要决定于液晶的性质。我们知道液晶相是介于固相与液相之间的一种相态。它能像液体般地流动,并且有表面张力,但它的分子排列却有一定的规律,从而呈现固相各向异性,这又和晶体相似。因此也可把液晶定义为分子排列呈某种规律性的液体。把液晶夹在两块基片之间,并对基片进行恰当的处理,就可以使液晶分子的排列具有确定的规律。

　　由于液晶分子在形状、极化率和电导率等方面都具有明显的各向异性,当大量液晶分子有规律地排列时,其整体的电学和光学性质也就呈现出各向异性。若对其施加电场,就会引起分子排列方向和位置的变化,从而导致其光学性质的变化,这就是液晶的电光效应。液晶光阀中液晶的有关效应有两种:无电压时的扭曲效应和电压大于阈值时的双折射效应。

　　当液晶光阀上不加电场时,液晶层中的液晶分子为螺旋状排列。分子的长轴彼此平行且与电极表面平行,相邻两层分子的长轴略有一点转向。对于 90°扭曲液晶光阀,如图 3 所示,从液晶层前表面到后表面,液晶分子的长轴连续扭转 90°。

　　当液晶光阀上加适当电压时,分子的排列规律

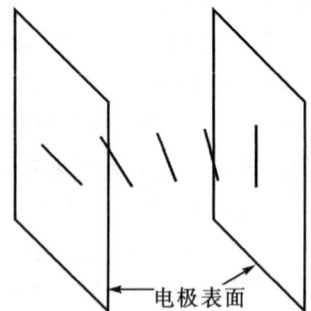

图 3　液晶分子的扭转

将发生变化,原来平行于电极表面的分子开始倾斜,其倾角的大小与分子在液晶层中的位置和液晶层上的电压有关。同时,分子的扭曲角也发生变化。若外加电压 $U<U_m$(U_m 为阈值电压)时,液晶分子相互平行且均匀扭曲排列,两对表面液晶分子间有相对最大扭曲角,液晶对入射线偏振光产生偏振面扭曲作用。若外加电压 $U>U_m$ 时,液晶分子偏离平行均匀排列状态,有扭曲和倾角的再分布,液晶对入射光产生双折射作用,入射线偏振光被调制为椭圆偏振光。当电压 $U\gg U_m$ 时,液晶分子基本趋向垂直表面排列,对光调制作用减少,透过光偏振态变化不大,因此,当液晶以反射方式工作时,用正交检偏器读出,液晶的电光曲线存在极大的透光峰。调节液晶光阀的工作电压,使液晶工作在透光峰范围内,则可使液晶光阀进行图像变换。当液晶光阀中液晶层工作点分别处在透过光强随电压增加而单调增加和单调减少两种区域时,光阀分别有对比度反转的输出图像。

实验仪可提供激光器工作电压、光电探测器 D_1 和 D_2 所需工作电压、运算放大器 AM 所需工作电压和加在液晶光阀上的偏置电压,它能显示偏置电压的大小以及 D_1、D_2 探测的结果,并且在实验仪上可以选择是否加载反馈电压,也可以对 D_1、D_2 的工作电压及 AM 的反馈电阻进行调节。

(2)偏振电光调制型光学双稳态

图 4 是一种电光调制型光学双稳态实验装置。其中 P_1、P_2 为偏振片,BS 为分束器,D_1、D_2 为光电探测器,LCLV(Liquid Crystal Light Valve)为液晶光阀、AM 为放大器、V 为偏置电压。

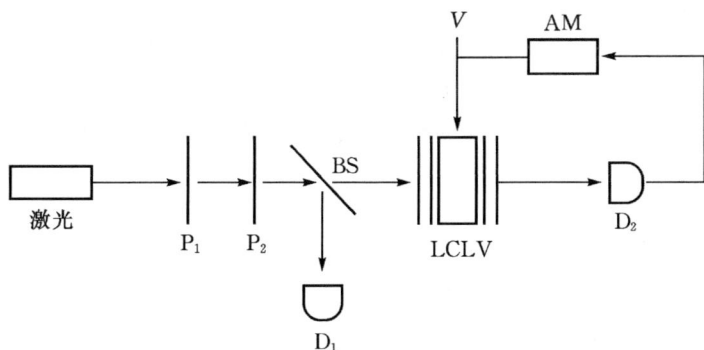

图 4　液晶光学双稳态装置结构原理图

来自激光器的光束,经过一旋转的偏振片 P_1 使输入光强周期性地变化,并经探测器 D_1 转换成电信号;由探测器 D_2 接收输出光信号并将其转化为电信号,另一部分经放大器加到液晶光阀的电极上,反馈调制液晶光阀的折射率和光的相位。这种光学双稳态属于双光束干涉型。

电光调制的反馈调制液晶中,e 光和 o 光发生干涉,其相位差 ϕ 正比于调制电压 V,即

$$\phi = \pi \frac{V}{V_{\lambda/2}} \tag{1}$$

式中:$V_{\lambda/2}$ 是液晶的半波电压。电光调制器的透射率 T 为

$$T = \frac{1}{2}(1 - \cos\phi) = \frac{1}{2}\left[1 - \cos(\pi \frac{V}{V_{\lambda/2}})\right] \tag{2}$$

考虑到线性反馈过程 $V = KI_{\text{o}}$,则有

$$T = \frac{I_{\text{o}}}{I_{\text{i}}} = \frac{V}{KI_{\text{i}}} \tag{3}$$

联立式(2)和式(3),可以得到液晶光阀的光学双稳态。

四、实验内容

1. 测量液晶光阀的光电特性

保持入射光不变,使其强度适当;改变加在液晶光阀上的偏置电压,D_2 探测到的信号不反馈到液晶光阀上。在这种情况下测量不同偏置电压的透射光强。由于入射光强不变,该透射光强正比于透射率 T,由此可以测出液晶光阀的电光特性曲线。

2. 观测光学双稳态

调节偏置电压至恰当数值;调节运算放大器的反馈电阻,使其放大倍数合适。通过改变偏振片 P_1 的方向来改变入射光强 I,用 D_1 和 D_2 分别测量 I_{i} 和 I_{o} 曲线。调节仪器时,首先,注意调节激光器,使其发出的光尽可能汇聚;其次,调节 P_1、P_2、BS 以及 LCLV 使它们共轴,并转动 BS 使其与光束成 45°角,确定光束是否正入射光电探测器,以确保 D_1、D_2 所接收的光强相同。当观察到光学双稳态现象后,测出 $I_{\text{i}} - I_{\text{o}}$ 并作图。

五、思考题

1. 在本实验中,实现光学双稳态取决于哪些因素?
2. 该实验方案有哪些应用?

实验 2.9　液晶的电光效应

液晶(Liquid Crystal,LC)是一种高分子材料,是介于液体与晶体之间的一种物质状态。一般的液体内部分子排列是无序的,而液晶既具有液体的流动性,其分

子又按一定规律有序排列,呈现晶体的各向异性。当光通过液晶时,会产生偏振面旋转、双折射等效应。因为其特殊的物理、化学、光学特性,20 世纪中叶开始被广泛应用在轻薄型的显示技术上。

一、实验目的

1. 了解液晶的特性和基本工作原理;
2. 掌握一些特性的常用测试方法;
3. 了解液晶的应用和局限。

二、实验仪器

激光器,偏振片,液晶屏,光电转换器,光具座等。

三、实验原理

液晶分子的形状如同火柴一样,为棍状,长度在十几埃(1 Å＝0.1 nm),直径为 4～6 Å,液晶层厚度一般为 5～8 μm。

扭曲向列和天然胆甾(zī)相液晶的主要区别是:扭曲向列的扭曲角是人为可控的,且“螺距”与两个基片的间距和扭曲角有关,而天然胆甾相液晶的螺距一般不足 1 μm,不能人为控制。

扭曲向列排列的液晶会使入射的线偏振光的偏振方向顺着分子的扭曲方向旋转,类似于物质的旋光效应。在一般条件下旋转的角度(扭曲角)等于两基片之间的取向夹角。

有些胆甾相液晶在白光的照射下会呈现美丽的色彩。这是它选择反射某些波长的光的结果。实验表明,这种反射遵守晶体衍射的布拉格(Bragg)公式。一级反射光的波长为

$$\lambda = 2nP\sin\phi \tag{1}$$

式中:λ 为反射波的波长;P 为胆甾相液晶的螺距;n 为平均折射率;ϕ 为入射波与液晶表面的夹角。

当垂直于螺旋轴的方向对胆甾相液晶施加一电场时,会发现随着电场的增大,螺距也同时增大,当电场达到某一阈值时,螺距趋于无穷大,胆甾相在电场的作用下转变成了向列相。这也称为退螺旋效应。

由于液晶分子的结构特性,其极化率和电导率等都具有各向异性的特点,当大量液晶分子有规律地排列时,其总体的电学和光学特性,如介电常数、折射率也将呈现出各向异性的特点。如果我们对液晶物质施加电场,就可能改变分子排列的规律,从而使液晶材料的光学特性发生改变。1963 年有人发现了这种现象,即液

晶的电光效应。

为了对液晶施加电场,我们在两个玻璃基片的内侧镀了一层透明电极。将这个由基片电极、配向膜、液晶和密封结构组成的物体叫做液晶盒,如图 1 所示。当在液晶盒的两个电极之间加上一个适当的电压时,我们来看一下液晶分子会发生什么变化。根据液晶分子的结构特点,假定液晶分子没有固定的电极,但可被外电场极化形成一种感生电极矩。这个感生电极矩也会有一个自己的方向,当这个方向与外电场的方向不同时,外电场就会使液晶分子发生转动,直到各种相互作用力达到平衡,如图 2 所示。液晶分子在外电场作用下的变化,也将引起液晶盒中液晶分子的总体排列规律发生变化。当外电场足够强时,两电极之间的液晶分子将会变成图 3 中的排列形式。本实验希望通过一些基本的观察和研究,使学生对液晶材料的光学性质及物理结构有一个基本了解,并利用现有的物理知识进行初步的分析和解释。

这时,液晶分子对偏振光的旋光作用将会减弱或消失。通过检偏器,我们可以清晰地观察到偏振态的变化,如图 4 所示。大多数液晶器件都是这样工作的。

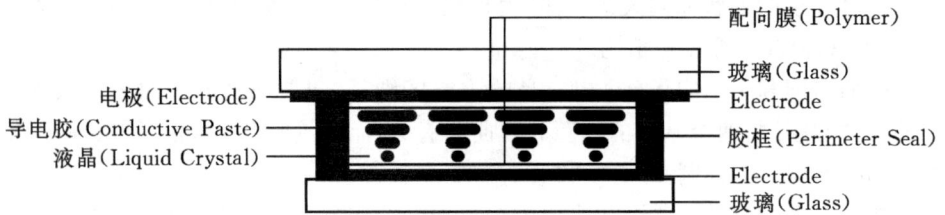

图 1   扭曲向列型(TN)液晶盒结构图

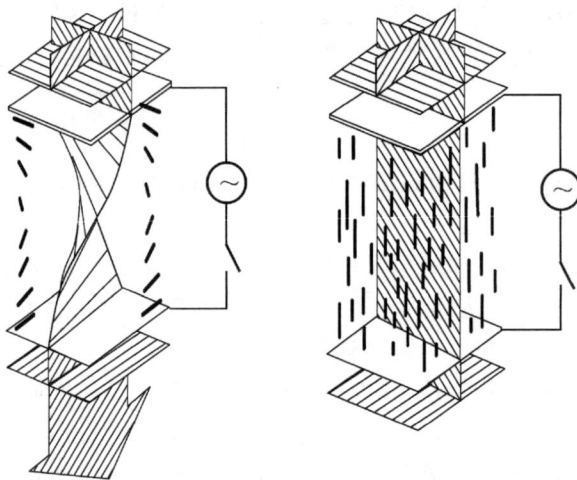

图 2   液晶光开关工作原理

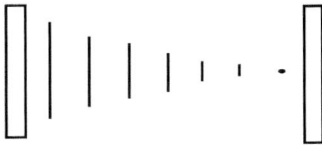

图 3　液晶分子的扭曲排列变化　　　　图 4　偏振态的变化

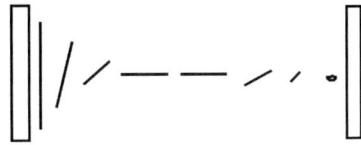

若将液晶盒放在两片平行偏振片之间,其偏振方向与上表面液晶分子取向相同,不加电压时,入射光通过起偏器形成的线偏振光,经过液晶盒后偏振方向随液晶分子轴旋转 90°,不能通过检偏器;施加电压后,透过检偏器的光强与施加在液晶盒上电压大小的关系见图 5,其中纵坐标为透射率,横坐标为外加电压。最大透射率的 10% 所对应的外加电压值称为阈值电压(U_{th}),标志了液晶电光效应有可观察反应的开始(或称起辉)。阈值电压小,是电光效应明显的一个重要指标。最大透射率的 90% 对应的外加电压值称为饱和电压(U_r),标志了获得最大对比度所需的外加电压数值,U_r 小则易获得良好的显示效果,且降低显示功耗,对显示寿命有利。对比度 $D_r = I_{max}/I_{min}$,其中 I_{max} 为最大观察(接收)亮度(照度),I_{min} 为最小亮度。陡度 $\beta = U_r/U_{th}$,即饱和电压与阈值电压之比。

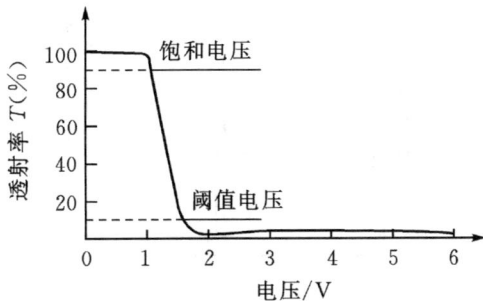

图 5　液晶电光效应关系图

以上的分析只是对液晶盒在"开关"两种极端状态下的情况作了一些初步的分析,而对于这两个状态之间的中间状态,我们还没有一个清晰的认识。其实这个中间状态,有着极其丰富多彩的光学现象,在实验中我们将会一一观察和分析。

液晶对变化的外界电场的响应速度是液晶产品的一个十分重要的参数。一般来说液晶的响应速度是比较低的。可以用上升沿时间和下降沿时间来衡量液晶对外界驱动信号的响应速度,定义如图 6 所示。

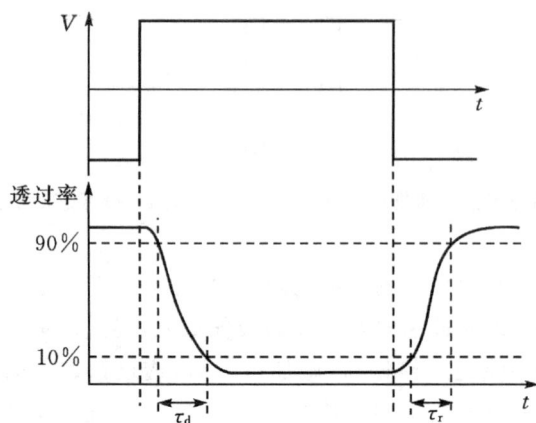

图 6　液晶响应时间

四、实验内容及实验步骤

实验光路图如图 7 所示。

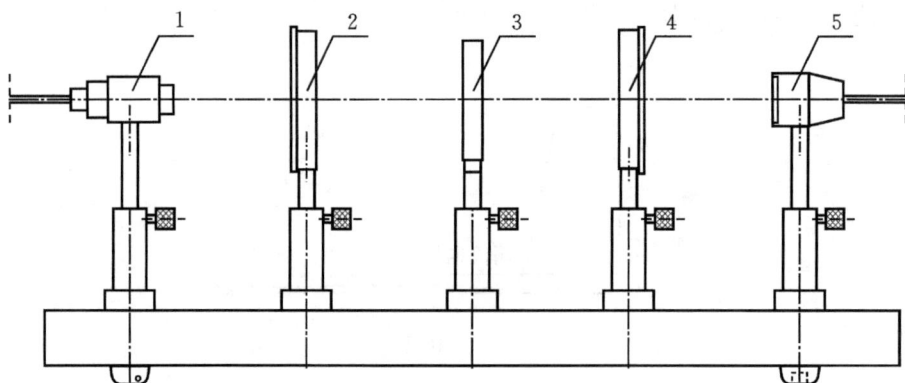

图 7　液晶电光效应实验示意图
1—激光器；2—起偏器；3—液晶屏；4—检偏器；5—光电转换器

1. 液晶电光特性测量

①将激光器、液晶屏及光电转换器插入机箱对应插孔内，打开机箱电源。

②拆下液晶屏，调节激光器高度使激光器光斑入射到光电转换器入射孔内。

③调节激光器，使通过起偏器进入光电转换器后的光电流尽可能大；插入检偏器，旋转检偏器使激光光斑变到最暗状态，此时两偏振片振动方向角度差应为

90°,将液晶屏重新插入对应插孔,可以发现此时光电流增加。

④调节频率旋钮(逆时针旋转到最小)使频率为最大值,此时,入射到激光器的光斑无闪烁现象,幅值电压表头及光电流表头数字稳定。

⑤顺时针旋转幅值旋钮,缓缓增大输出方波信号的幅值,观察光电流表的数据,记录下幅值对应光电流值,填入表格 1,并绘制幅值与光电流关系图及透过率与幅值关系图(透过率在幅值为 0 时为 100%),求出饱和电压及阈值电压。(注意调节幅值过程中,0～2 V 每次调节 0.2 V,2～5 V 每次调节 0.1 V)

表 1

幅值	光电流值	透过率

根据幅值和光电流值作图,从图形中找到 90% 透过率时驱动电压幅值(饱和电压)和 10% 透过率时驱动电压幅值(阈值电压)。

2.液晶上升沿时间、下降沿时间和响应时间的测量

①重复上一实验的①、②、③、④部分。

②打开控制箱电源,用 Q9 线缆连接示波器下旋钮到示波器 CH1 上,将同步端口连接到示波器的触发源上,示波器的触发源拨至同步信号对应接口。示波器周期拨至 10 ms 左右,电压调至 5 mV 挡。

③顺时针调节频率旋钮,此时方波驱动的频率减小、周期增大,可以观察到光电池接收到的光斑开始闪烁,随着周期的增大,可以观察到光斑闪烁的间隔时间越来越长。

④将幅值电压调到 3 V 左右,缓缓增大方波周期,直至可以清晰地看到上升沿及下降沿。(调节过程中方波幅值电压不应过强,否则输出波形将产生畸变)

⑤通过示波器测量上升沿时间及下降沿时间,估计液晶屏的响应速度。

⑥改变信号的幅值,记录不同幅值下的响应时间。

3.液晶屏视角特性测量

①重复第一项实验①、②、③、④部分。

②调节幅值电压为 0 V,在 ±80° 范围内旋转液晶屏,每隔 20° 测量一次液晶屏视角特性。

③调节幅值电压为 2 V,重复上述测量过程。

4. 观察响应波形

用示波器观察响应波形。

五、注意事项

1. 拆装时只压液晶盒边缘，切忌挤压液晶盒中部；保持液晶盒表面清洁，不能有划痕；应防止液晶盒受潮，防止阳光直射。

2. 驱动电压不能为直流。

3. 切勿直视激光器。

4. 液晶样品受温度等环境因素的影响较大，如 TN 型液晶的阈值电压在 20℃±20℃范围内漂移达 15％到 35％，因此每次实验结果有一定出入为正常情况。也可比较不同温度下液晶样品的电光曲线图。

六、思考题

1. 详细叙述饱和电压与阈值电压的物理意义及作用。

2. 液晶屏视角特性测量有何意义？

3. 查找相关资料，了解液晶的特性及分类，以及其他材料在作为显示器件中的应用情况和各自的优缺点。

实验 2.10　单光子计数

光子计数也就是光电子计数，即当光流强度小于 10^{-16} W 时，光的光子流量可降到一毫秒内不到一个光子，因此该实验系统要完成的是对单个光子进行检测，进而得出弱光的光流强度，这就是单光子计数。它是微弱光信号探测中的一种新技术，可以探测单光子到达时的弱小光能量，目前已被广泛应用于拉曼散射探测、医学、生物学、物理学等许多领域里微弱光现象的研究。

通常的直流检测方法不能把淹没在噪声中的信号提取出来。微弱光检测的方法有：锁频放大技术、锁相放大技术和单光子计数方法。最早发展的锁频技术，原理是使放大器中心频率 f_0 与待测信号频率相同，从而对噪声进行抑制。但这种方法存在中心频率不稳、带宽不能太窄、对待测信号缺乏跟踪能力等缺点。后来发展了锁相技术，它利用待测信号和参考信号的互相关检测原理实现对信号的窄带化处理，能有效地抑制噪声，实现对信号的检测和跟踪，但是当噪声与信号有同样频谱时就无能为力，另外它还受模拟积分电路漂移的影响，因此在弱光测量中受到一定的限制。单光子计数方法,是利用弱光照射下光电倍增管输出电流信号自然离散化的特征,采用了脉冲高度甄别技术和数字计数技术,与模拟检测技术相比有以下优点:

1. 测量结果受光电倍增管的漂移、系统增益的变化及其他不稳定因素影响较小。

2. 基本上消除了光电倍增管高压直流漏电流和各倍增级的热发射噪声的影响,提高了测量结果的信噪比。可望达到由光发射的统计涨落性质所限制的信噪比值。

3. 有比较宽的线性动态范围。

4. 光子计数输出是数字信号,适合与计算机接口连接作数字数据处理。

所以采用光子计数技术,可以把淹没在背景噪声中的微弱光信息提取出来。目前,一般光子计数器的探测灵敏度优于 10^{-17} W,这是其他探测方法所不能比拟的。

一、实验目的

1. 掌握这种微弱光的检测技术;了解 SGD－2 实验系统的构成原理。

2. 了解光子计数的基本原理、基本实验技术和弱光检测中的一些主要问题。

3. 了解微弱光的概率分布规律。

二、实验仪器

光电倍增管,放大器,甄别器,计数器,制冷系统等。

三、实验原理

1. 光子

光是由光子组成的光子流。光子是静止质量为零、有一定能量的粒子。与一定的频率 ν 相对应,一个光子的能量 E_P 可由下式决定

$$E_P = h\nu = hc/\lambda \tag{1}$$

式中: $c = 3 \times 10^8$ m/s,是真空中的光速; h 是普朗克常数。例如,实验中所用的光源是波长 $\lambda = 500$ nm 的近单色光,则 $E_P = 3.96 \times 10^{-19}$ J。光流强度常用光功率 P 表示,单位为 W。单色光的光功率与光子流量 R(单位时间内通过某一截面的光子数目)的关系为

$$P = R \times E_P \tag{2}$$

所以,只要能测得光子的流量 R,就能得到光流强度。如果每秒接收到 $R = 10^4$ 个光子,对应的光功率为 $P = RE_P = 10^4 \times 3.96 \times 10^{-19} = 3.96 \times 10^{-15}$ W。

2. 测量弱光时光电倍增管输出信号的特征

在可见光的探测中,通常利用光子的量子特性,选用光电倍增管作探测器件。

光电倍增管从紫外到近红外都有很高的灵敏度和增益。当用于非弱光测量时,通常是测量阳极对地的阳极电流(图 1(a)),或测量阳极电阻 R_L 上的电压(图 1(b)),测得的信号电压(或电流)为连续信号。然而在弱光条件下,阳极回路上形成的是一个个离散的尖脉冲,为此,我们必须研究在弱光条件下光电倍增管的输出信号特征。

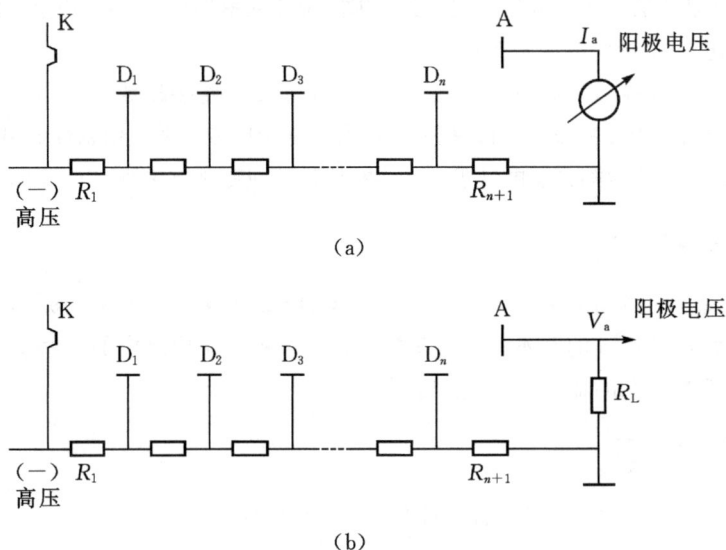

(a)

(b)

图 1 光电倍增管负高压供电及阳极电路图

弱光信号照射到光阴极上时,每个入射的光子以一定的概率(即量子效率)使光阴极发射一个光电子。这个光电子经倍增系统的倍增,在阳极回路中形成一个电流脉冲,即在负载电阻 R_L 上建立一个电压脉冲,这个脉冲称为"单光电子脉冲"(见图 2)。脉冲的宽度 t_w 取决于光电倍增管的时间特性和阳极回路的时间常数 $R_L C_0$,其中 C_0 为阳极回路的分布电容和放大器的输入电容之和。性能良好的光电倍增管有较小的渡越时间分散,即从光阴极发射的电子与经倍增极倍增后的电子到达阳极的时间差较小。若设法使时间常数较小,则单光电子脉冲宽度 t_w 减小到 $(10 \sim 30)$ ns。如果入射光很弱,入射的光子流是一个一个离散地入射到光阴极上,则在阳极回路上得到一系列分立的脉冲信号。

图 3 是用示波器观察到的光电倍增管弱光输出信号经过放大器后的波形。当入射光功率 $P_i \approx 10^{-13}$ W 时,光电子信号是一直流电平,并叠加有闪烁噪声,见图 3(a);当 $P_i \approx 10^{-14}$ W 时,直流电平减小,脉冲重叠减小,但仍存在基线起伏,见图 3(b);当光强继续下降到 $P_i \approx 10^{-15}$ W 时,基线开始稳定,重叠脉冲极少,见图 3(c);

当 $P_i \approx 10^{-16}$ W 时,脉冲无重叠,基线趋于零,见
图 3(d)。由图可知,当光强下降为 $P_i \approx 10^{-16}$ W
量级时,在 1 ms 的时间内只有极少几个脉冲,也
就是说,虽然光信号是持续照射的,但光电倍增管
输出的光电信号却是分立的尖脉冲。这些脉冲的
平均计数率与光子的流量成正比。

　　图 4 为光电倍增管阳极回路输出脉冲计数率
ΔR 随脉冲幅度大小的分布。曲线表示脉冲幅度
在 $V \sim (V + \Delta V)$ 之间的脉冲计数率 ΔR 与脉冲幅
度 V 的关系,它与曲线 $\dfrac{\Delta R}{\Delta V} - V$ 有相同的形式。因
此在 ΔV 取值很小时,这种幅度分布曲线称为脉
冲幅度分布的微分曲线。形成这种分布的原因有
以下几点:

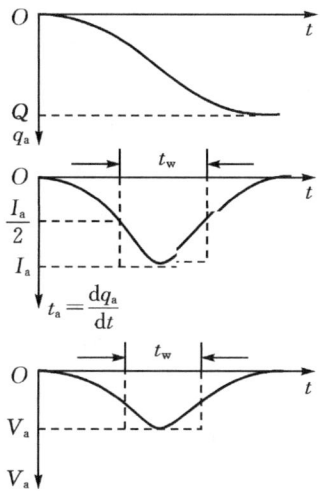

图 2　光电倍增管阳极波形

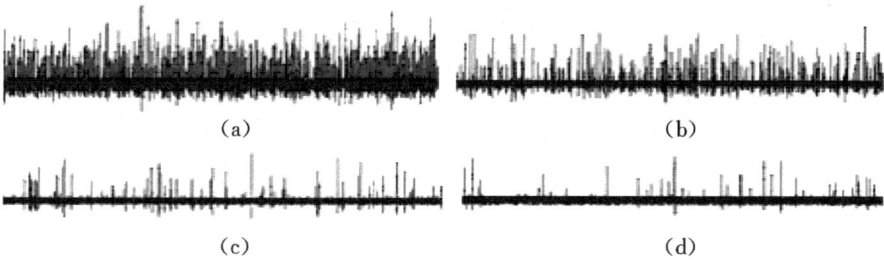

图 3　不同光强下光电倍增管输出信号波形

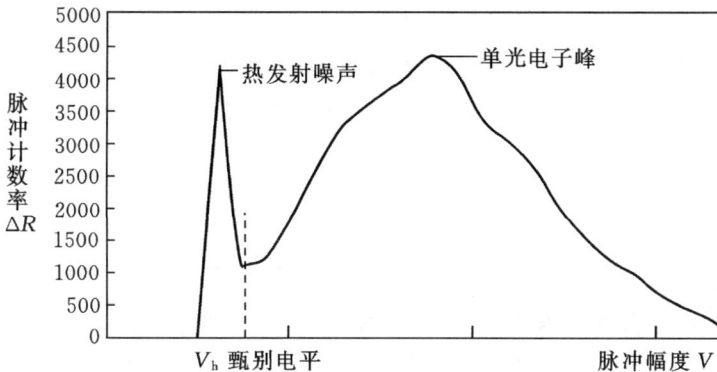

图 4　光电倍增管输出脉冲幅度分布的微分曲线

①除光电子脉冲外,还有各倍增极的热发射电子在阳极回路形成的热发射噪声脉冲。热电子受倍增的次数比光电子少,因此它们在阳极上形成的脉冲大部分幅度较低。

②光阴极的热发射电子形成的阳极输出脉冲。

③各倍增极的倍增系数有一定的统计分布(大体上遵从泊松分布)。因此,噪声脉冲及光电子脉冲的幅度也有一个分布,在图 4 中,脉冲幅度较小的主要是热发射噪声信号,而光阴极发射的电子(包括热发射电子和光电子)形成的脉冲的幅度大部分集中在横坐标的中部,出现"单光电子峰"。如果用脉冲幅度甄别器把幅度高于 V_h 的脉冲鉴别输出,就能实现单光子计数。

3. 光子计数器的组成

光子计数器的原理方框图如图 5 所示。

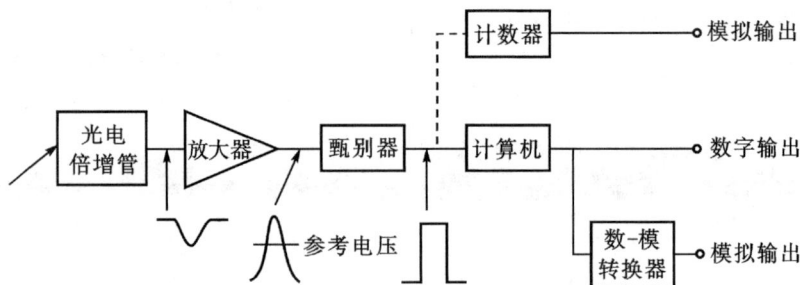

图 5 典型的光子计数系统

(1)光电倍增管

光电倍增管性能的好坏直接关系到光子计数器能否正常工作。对光子计数器中所用的光电倍增管的主要要求有:光谱响应适合于所用的工作波段;暗电流要小(它决定管子的探测灵敏度);响应速度快、后续脉冲效应小,以及光阴极稳定性高。

为了提高弱光测量的信噪比,在管子选定之后,还要采取一些措施:

①光电倍增管的电磁噪声屏蔽:电磁噪声对光子计数是非常严重的干扰,因此,作光子计数用的光电倍增管都要加以屏蔽,最好是在金属外套内衬以坡莫合金。

②光电倍增管的供电:通常的光电技术中,光电倍增管采用负高压供电,如图 1 所示,即光阴极对地接负高压,外套接地,阳极输出端可直接接到放大器的输入端。这种供电方式,光阴极及各倍增极(特别是第一、第二倍增极)与外套之间有电位差存在,漏电流能使玻璃管壁产生荧光,阴极也可能发生场致辐射,造成虚假计数,这对光子计数来讲是相当大的噪声。为了防止这种噪声的发生,必须在管壁与

外套之间放置金属屏蔽层。金属屏蔽层通过一个电阻接到光阴极上,使光阴极与屏蔽层等电位;另一种方法是改为正高压供电,即阳极接正高压,阴极和外套接地,但输出端需要加一个隔直流、耐高压、低噪声的电容,如图 6 所示。

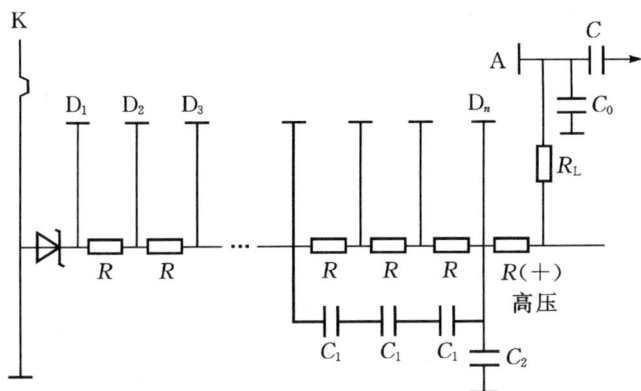

图 6 光电倍增管的正高压供电及阳极电路

③热噪声的去除:为获得较高的稳定性,降低暗计数率,本系统配有降低光电倍增管工作温度的致冷装置,并选用具有小面积光阴极的光电倍增管,阴极有效尺寸是 $\phi = 25$ mm。

(2)放大器

放大器的功能是把光电倍增管阳极回路输出的光电子脉冲和其他的噪声脉冲线性放大,因而放大器的设计应本着有利于光电子脉冲的形成和传输的原则。对放大器的主要要求有:有一定的增益;上升时间 $t_r \leqslant 3$ ns,即放大器的通频带宽达 100 MHz;有较宽的线性动态范围,噪声系数要低。

放大器的增益可按如下数据估算:光电倍增管阳极回路输出的单光电子脉冲的高度为 V_a(图 2),单个光电子的电量 $e = 10^{-19}$ C,光电倍增管的增益 $G = 10^6$,光电倍增管输出的光电子脉冲宽度为 $t_w = (10 \sim 20)$ns 量级,按 10 ns 脉冲计算,阳极电流脉冲幅度

$$I_a = 1.6 \times 10^{-5} \text{A} = 16 \ \mu\text{A}$$

设图 7 中阳极负载电阻 $R_L = 50 \ \Omega$,分布电容 $C = 20$ pF,则输出脉冲电压波形不会畸变,其峰值为

$$V_a = I_a \cdot R_L = 8.0 \times 10^{-4} \text{V} = 0.8 \text{ mV}$$

当然,实际上由于各倍增极的倍增系数遵从泊松分布的统计规律,输出脉冲的高度也遵从泊松分布(见图 7),上述计算值只是一个光子引起的平均脉冲峰值的期望值,一般的脉冲高度甄别器的甄别电平在几十毫伏到几伏内连续可调,所以要

求放大器的增益大于 100 倍即可。

（3）脉冲高度甄别器

脉冲高度甄别器的功能是鉴别输出光电子脉冲,弃除光电倍增管的热发射噪声脉冲。在甄别器内设有一个连续可调的参考电压——甄别电平 V_h。如图 8 所示,当输出脉冲高度高于甄别电平 V_h 时,甄别器就输出一个标准脉冲;当输入脉冲高度低于 V_h 时,甄别器无输出。如果把甄别电平选在与图 4 中谷点对应的脉冲高度 V_h 上,这就弃除了大量的噪声脉冲,因对光电子脉冲影响较小,从而大大提高了信噪比。此时的 V_h 称为最佳甄别（阈值）电平。

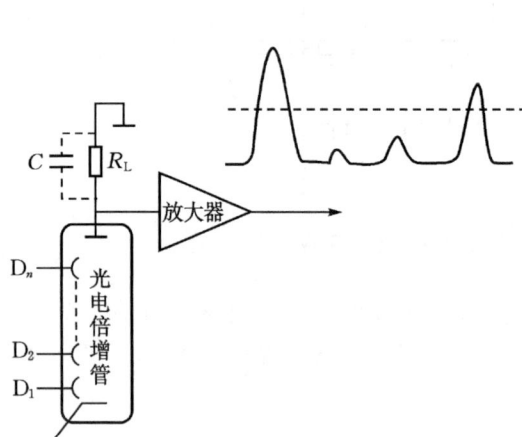

图 7 放大器的输出脉冲

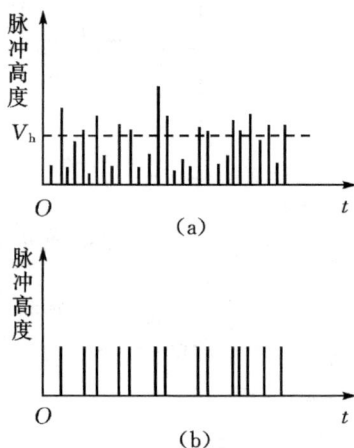

图 8 甄别器的作用
（a）放大后；（b）甄别后

对甄别器的要求:甄别电平稳定,以减小长时间计数的计数误差;灵敏度(可甄别的最小脉冲幅度)较高,这样可降低放大器的增益要求;要有尽可能小的时间滞后,以使数据收集时间较短;死时间小、建立时间短、脉冲对分辨率小于等于 10 ns,以保证一个个脉冲信号能被分辨开来,不致因重叠造成漏计。

需要注意的是:当用单电平的脉冲高度甄别器鉴别输出时,对应某一电平值 V,得到的是脉冲幅度大于或等于 V 的脉冲总计数率,因而只能得到积分曲线（见图 9）,其斜率最小值对应的 V 就是最佳甄别（阈值）电平 V_h,在高于最佳甄别电平 V_h 的曲线斜率最大处的电平 V 对应单光电子峰。

（4）计数器

计数器的主要功能是在规定的测量时间间隔内,把甄别器输出的标准脉冲累计和显示。为满足高速计数率及尽量减小测量误差的需要,要求计数器的计数速率达到 100 MHz。但由于光子计数器常用于弱光测量,其信号计数率极低,故选用计数速率低于 10 MHz 的计数器也可以满足要求。

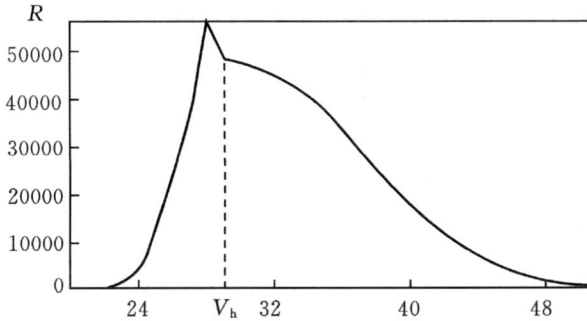

图 9　光电倍增管脉冲高度分布——积分曲线

4. 光子计数器的误差及信噪比

测量弱光信号最关心的是探测信噪比(能测到的信号与测量中各种噪声的比)。因此,必须分析光子计数系统中各种噪声的来源。

(1)泊松统计噪声

用光电倍增管探测热光源发射的光子,相邻的光子打到光阴极上的时间间隔是随机的,对于大量粒子的统计结果服从泊松分布,即在探测到上一个光子后的时间间隔 t 内,探测到 n 个光子的概率 $P(n,t)$ 为

$$P(n,t) = \frac{(\eta R t)^n \mathrm{e}^{-\eta R t}}{n!} = \frac{\overline{N}^n \mathrm{e}^{-\overline{N}}}{n!} \tag{3}$$

式中:η 是光电倍增管的量子计数效率;R 是光子平均流量(光子数/秒);$\overline{N} = \eta \cdot R_t$,是在时间间隔 t 内光电倍增管的光阴极发射的光电子平均数。由于这种统计特性,测量到的信号计数中就有一定的不确定度,通常用均方根偏差 σ 来表示:$\sigma = \sqrt{\overline{(n-N)^2}}$。计算得出:$\sigma = \sqrt{\overline{N}} = \sqrt{\eta R t}$。这种不确定度是一种噪声,称统计噪声。所以,统计噪声使得测量信号中固有的信噪比 SNR 为

$$\mathrm{SNR} = \frac{\overline{N}}{\sqrt{\overline{N}}} = \sqrt{\overline{N}} = \sqrt{\eta R t} \tag{4}$$

可见,测量结果的信噪比 SNR 正比于测量时间间隔 t 的平方根。

(2)暗计数

因光电倍增管的光阴极和各倍增极有热电子发射,即在没有入射光时,还有暗计数(亦称背景计数)。虽然可以用降低管子的工作温度、选用小面积光阴极以及选择最佳的甄别电平等方法使暗计数率 R_d 降到最小,但相对于极微弱的光信号,仍是一个不可忽视的噪声来源。

假如以 R_d 表示光电倍增管无光照时测得的暗计数率,则在测量光信号时,按上述结果,信号中的噪声成分将增加到 $\sqrt{\eta Rt + R_d t}$,信噪比 SNR 降为

$$\text{SNR} = \frac{\eta Rt}{\sqrt{\eta Rt + R_d t}} = \frac{\eta R \sqrt{t}}{\sqrt{\eta R + R_d}} \tag{5}$$

这里假设倍增极的噪声和放大器的噪声已经被甄别器弃除了。对于具有高增益的第一倍增极的光电倍增管,这种近似是可取的。

(3)累积信噪比

当用扣除背景计数或同步数字检测工作方式时,在两个相同的时间间隔 t 内,分别测量背景计数(包括暗计数和杂散光计数) N_d 和信号与背景的总计数 N_t 。设信号计数为 N_p ,则

$$N_p = N_t - N_d = \eta Rt , \qquad N_d = R_d \cdot t$$

按照误差理论,测量结果的信号计数 N_p 中的总噪声应为

$$\sqrt{N_t + N_d} = \sqrt{\eta Rt + 2R_d t}$$

测量结果的信噪比

$$\text{SNR} = \frac{N_p}{\sqrt{N_t + N_d}} = \frac{N_t - N_d}{\sqrt{N_t + N_d}} = \frac{\eta R \sqrt{t}}{\sqrt{\eta R + 2R_d}} \tag{6}$$

当信号计数 N_p 远小于背景计数 N_d 时,测量结果的信噪比可能小于1,此时测量结果无意义,当 SNR=1 时,对应的接收信号功率 $P_{0\min}$ 即为仪器的探测灵敏度。

由以上的噪声分析可见,光子计数器测量结果的信噪比 SNR 与测量时间间隔的平方根($\sqrt{t}$)成正比。因此,在弱光测量中,为了获得一定的信噪比,可增加测量时间间隔 t ,这也是光子计数能获得很高的检测灵敏度的原因。

(4)脉冲堆积效应

光电倍增管具有一定的分辨时间 t_R ,如图 10 所示。当在分辨时间 t_R 内相继有两个或两个以上的光子入射到光阴极时(假定量子效率为1),由于它们的时间间隔小于 t_R ,光电倍增管只能输出一个脉冲,因此,光电子脉冲的输出计数率比单位时间入射到光阴极上的光子数要少;另一方面,电子学系统(主要是甄别器)有一定的死时间 t_d ,在 t_d 内输入脉冲时,甄别器输出计数率也要受到损失。以上现象统称为脉冲堆积效应。

脉冲堆积效应造成的输出脉冲计数率误差,可以用下面的方法进行估算。

对光电倍增管,由式(3)可知,在 t_R 时间内不出现光子的概率为

$$P(0, t_R) = \exp(-R_i t_R) \tag{7}$$

式中:R_i 为入射光子使光阴极单位时间内发射的光电子数,$R_i = \eta R$ 。在 t_R 内出现光子的概率为 $1 - \exp(-R_i t_R)$ 。若由于脉冲堆积,使单位时间内输出的光电子

脉冲数为 R_p ,则

$$R_i - R_p = R_i[1 - \exp(-R_i t_R)]$$

所以

$$R_p = R_i \exp(-R_i t_R) \qquad (8)$$

由图 11 可见, R_p 随入射光子流量 R_i 计数率与输入计数率关系增大而增大。当 $R_i t_R = 1$ 时, R_p 出现最大值,以后 R_p 随 R_i 增加而下降,一直可以下降到零。这就是说,当入射光强增加到一定数值时,光电倍增管的输出信号中的脉冲成分趋于零。此时就可以利用直流测量的方法来检测光信号。

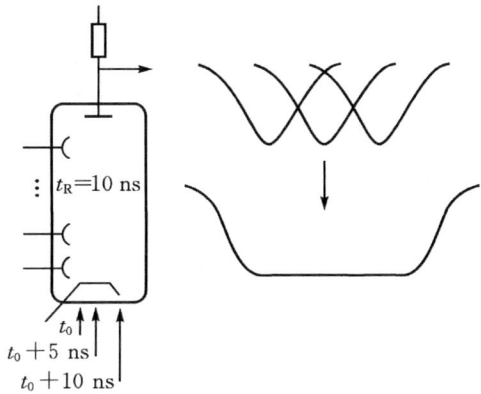

图 10　光电倍增管的脉冲堆积效应

对于甄别器,如果不考虑光电倍增管的脉冲堆积效应,在测量时间 t 内输出脉冲信号的总计数 $N = R_p \cdot t$,总的"死"时间 $= N_p t_d = R_p \cdot t \cdot t_d$ 。因此,总的"活"时间 $= t - R_p \cdot t \cdot t_d$ 。所以接收到的总的脉冲计数

$$N_p = R_p \cdot t = R_i(t - R_p \cdot t \cdot t_d)$$

甄别器的死时间 t_d 造成的脉冲堆积,使输出脉冲计数率下降为

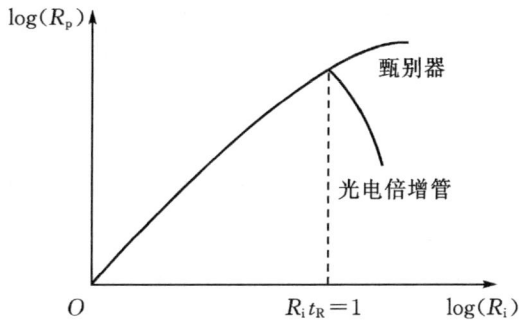

图 11　光电倍增管和甄别器的输出

$$R_p = \frac{R_i}{1 + R_i t_d} \qquad (9)$$

式中: R_i 为假定死时间为零时,甄别器应该输出的脉冲计数率。由图(11)看出,当 $R_i t_d \geqslant 1$ 时, R_p 趋向饱和状态,即 R_p 不再随 R 增加而有明显变化。

由式(8)和式(9)可以分别计算出上述两种脉冲堆积效应造成的输出计数率的相对误差为:

光电倍增管分辨时间 t_R 造成的误差

$$\varepsilon_{PMT} = 1 - \exp(-R_i t_R) \qquad (10)$$

甄别器死时间 t_d 造成的误差

$$\varepsilon_{DIS} = \frac{R_i t_d}{1 + R_i t_d} \qquad (11)$$

当计数率较小时，有 $R_i t_R \ll 1$，$R_i t_d \ll 1$，则

$$\varepsilon_{PMT} \approx R_i t_R \tag{12}$$

$$\varepsilon_{DIS} \approx R_i t_d \tag{13}$$

当计数率较小并使用快速光电倍增管时，脉冲堆积效应引起的误差 ε 主要取决于甄别器，即

$$\varepsilon = \varepsilon_{DIS} = R_i t_d = \eta R t_d \tag{14}$$

一般认为，计数误差 ε 小于 1% 的工作状态就叫做单光子计数状态，处在这种状态下的系统就称为单光子计数系统。

四、实验内容及步骤

1. 观察不同入射光强光电倍增管的输出波形分布

①开启 GSD‐2 单光子计数实验仪"电源"，光电倍增管预热 20～30 分钟。

②开启"功率测量"，在 μW 量程进行严格调零；开启"光源指示"，电流调为 3～4 mA，读出"功率测量"指示的 P 值。

③开启微机，打开"单光子计数"软件，给光电倍增管提供工作电压，探测器开始工作。

④开启示波器，输入阻抗设置为 50 Ω，调节"触发电平"处于扫描最灵敏状态。

⑤打开仪器箱体，在窄带滤光片前按照衰减片的透过率由大到小的顺序依次添加片子，同时观察示波器上光电倍增管的输出信号，信号波形应该是由连续谱到离散分立的尖脉冲，与图 3 相同。注意：每次开启仪器箱体添减衰减片之后，要轻轻盖好还原，以免受到背景光的干扰。

2. 测量光电倍增管输出脉冲幅度分布的积分和微分曲线，确定测量弱光时的最佳阈值（甄别）电平 V_h

①选择光电倍增管输出的光电信号是分立尖脉冲的条件，运行"单光子计数"软件。在模式栏选择"阈值方式"；采样参数栏中的"高压"是指光电倍增管的工作电压，1～8 挡分别对应 620～1320 V，由高到低每挡 10% 递减。

②在工具栏点击"开始"，获得积分曲线。视图形的分布调整数值范围栏的"起始点"和"终止点"，"终止点"一般设在 30～60 挡（10 mV/挡）；再适当地调整光电倍增管的高压挡次（6～8 挡范围）和微调入射光强，让积分曲线图形为最佳（见图 9）。其斜率最小值处就是阈值电平 V_h。

③在菜单栏点击"数据/图形处理"选择"微分"，再选择与积分曲线不同的"目的寄存器"运行，就会得到与积分曲线色彩不同的微分曲线（见图 4）。其电平最低谷与积分曲线的最小斜率处相对应，由微分曲线能更准确地读出 V_h。

3.单光子计数

①由模式栏选择"时间方式",在采样参数栏的"阈值"输入步骤②获取的 V_h 值,数值范围的"终止点"不用设置太大,100~1000 即可,在工具栏点击"开始",单光子计数。将数值范围的"最大值"设置到单光子数率线在显示区中间为宜。

②此时,如果光源强度 P_1 不变,光子计数率 R_p 基本是一直线;倘若调节光功率 P_1 的高低,光子数率也随之高低而变化。这说明:一旦确立阈值甄别电平、测量时间间隔相同,P_1 与 R_p 成正比。记录实验所得最高或最低的光子计数率并推算 P_i 值。

五、注意事项

1.入射光源强度要保持稳定。

2.光电倍增管要防止入射强光,光阑筒前至少有窄带滤光片和一个衰减片。

3.光电倍增管必须经过长时间工作才能趋于稳定。因此,开机后需要经过充分的预热,至少二十到三十分钟,才能进行实验。

4.仪器箱体的开关动作要轻,轻开轻关地还原,以尽量减少背景光干扰。

5.半导体致冷装置开机前,一定要先通水,然后再开启致冷电源。如果遇到停水,立即关闭致冷电源,否则将发生严重事故。

六、思考题

1.为什么一般情况下,接收光功率要比入射光功率小?

2.在弱光测量中,为什么增长测量时间能够提高测量的信噪比?

实验 2.11　利用透射光谱测定滤光片透过率

光学透过率是所有的透光器件的重要指标,掌握光学器件的透过率检验方法可以帮助我们研究各种光学器件、系统的性能。光学滤光片产品应用于医疗仪器、冶金、照相器材,航空、航天、军事、生化仪器、光学仪器等科研领域。滤光片的主要指标有:光谱透过率、中心波长(窄带干涉滤光片)、半波宽、截止波长等。本实验主要目的是测试不同种类的滤光片的光学指标,并熟悉测试方法。

一、实验目的

1.了解光纤光谱仪的原理与使用方法;

2.了解积分球的工作原理和使用方法；

3.测量不同种类的滤光片的透过率。

二、实验仪器

卤钨光源，光纤，积分球，准直镜，光纤光谱仪，光具座，中性密度透过率测试样品，长波通带滤色片，窄带滤色片，计算机等。

三、实验原理

本实验使用卤钨光纤白光源准直后作为照明光源，使用积分球作为匀光器，使用光纤光谱仪检测光谱。

1.光纤光谱仪原理与结构

光谱仪是光谱检测最常用的设备。将光纤与CCD技术应用于微型光谱仪，可以大大提高其稳定性和分辨率。微型光纤光谱仪的便携性和高性价比，使得光谱检测从实验室走向检测现场，拓展了光谱仪的应用范围。

（1）光纤光谱仪结构

光谱仪器一般由入射狭缝、准直镜、色散元件（光栅或棱镜）、聚焦光学系统和探测器构成。由单色仪和探测器搭建的光谱仪中通常还包括出射狭缝，仅使整个光谱中波长范围很窄的一部分光照射到单像元探测器上。单色仪中的入射和出射狭缝位置固定、宽度可调。对整个光谱的扫描是通过旋转光栅来完成。

在20世纪90年代以来，微电子领域中的多像元光学探测器（例如CCD、光电二极管阵列）制造技术迅猛发展，使得CCD器件广泛应用到各个领域。本实验选用的光纤光谱仪使用了同样的CCD（CCD光谱仪）和光电二极管阵列探测器，可以对整个光谱进行快速扫描，不需要转动光栅。

低损耗石英光纤，可以用于传输光谱信号——把被测样品产生的信号光传导到光谱仪的光学平台中。由于光纤的连接、耦合非常容易，所以可以很方便地搭建起由光源、采样附件和光纤光谱仪等模块组成的测量系统。

光纤光谱仪的优势在于测量系统的模块化和灵活性。本实验使用的微小型光纤光谱仪的测量速度非常快，可以用于在线分析。由于光纤光谱仪使用了光纤传导光信号，屏蔽了工作环境的杂散光，提高了光学系统的稳定性，可以用于较恶劣环境的现场测试。

本实验光谱仪采用对称式Czerny-Turner光学平台设计，焦距50 mm，结构示意图如图1所示。光由一个标准的SMA905光纤接口进入光学平台，在被一个球面镜准直后由一块平面光栅色散，然后经由第二块球面镜聚焦至线阵探测器上。

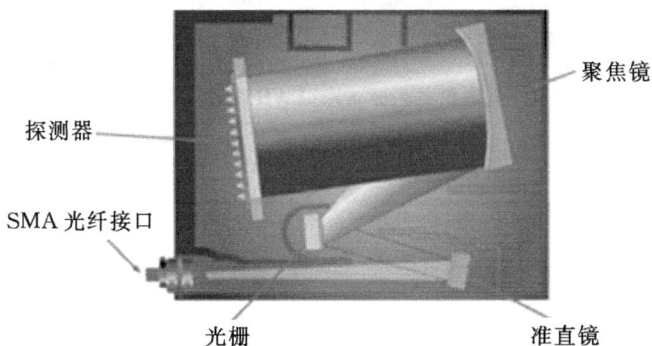

图 1　光纤光谱仪结构图

（2）光纤光谱仪的光学分辨率

光谱仪的光学分辨率定义为光谱仪所能分辨开的最小波长差。为了分辨两条相邻的谱线，这两条谱线在探测器上的像至少要间隔 2 个像素。

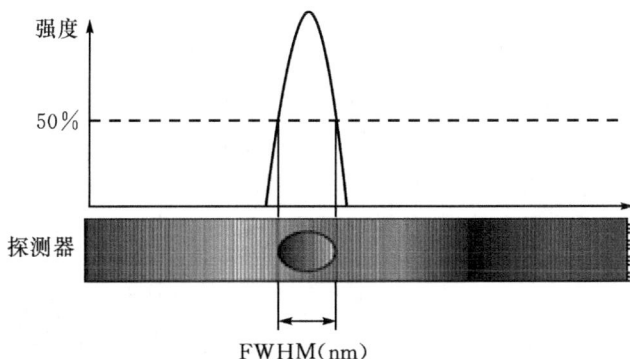

图 2　光谱仪分辨率示意图

因为光栅决定了不同波长在探测器上可分开（色散）的程度，所以它是决定光谱仪分辨率的一个非常重要的参数。另一个重要参数是进入到光谱仪的光束宽度，它基本上取决于光谱仪上安装的固定宽度的入射狭缝或光纤芯径（当没有安装狭缝时）。

在指定波长处，狭缝在探测器阵列上所成的像通常会覆盖几个像元。如果要分开两条光谱线，就必须把它们色散到这个像尺寸再加上一个像元。当使用大芯径的光纤时，可以通过选择比光纤芯径窄的狭缝来提高光谱仪的分辨率，因为这样会大大降低入射光束的宽度。

表 1 是光谱仪的典型分辨率表。光栅的线对数越高，色散效应随波长变化就

会越显著,波长越长色散效应越大,因此在最长波长处会得到最高分辨率。表 1 中的分辨率是 FWHM 值,即最大峰值光强 50％处所对应的谱线宽度(nm)。

表 1　光谱仪典型分辨率(FWHM 值,单位:nm)

光栅	狭缝/μm					
(线/毫米)	10	25	50	100	200	500
300	0.8	1.4	2.4	4.3	8.0	20.0
600	0.4	0.7	1.2	2.1	4.1	10.0
1200	0.1~0.2 *	0.2~0.3 *	0.4~0.6 *	0.7~1.0 *	1.4~2.0 *	3.3~4.8 *
1800	0.07~0.12 *	0.12~0.21 *	0.2~0.36 *	0.~0.7	0.7~1.4 *	1.7~3.3 *
2400	0.05~0.09 *	0.08~0.15 *	0.14~0.25 *	0.3~0.5 *	0.5~0.9 *	1.2~2.2 *
3600	0.04~0.06 *	0.07~0.10 *	0.11~0.16 *	0.2~0.3 *	0.4~0.6 *	0.9~1.4 *

＊ 取决于光栅的起始波长:起始波长越长,色散越大,分辨率越高

2.积分球原理与结构

积分球的主要功能是作为光收集器,积分球内均匀涂有漫反射涂层,可以高效反射 200~2500 nm 范围的光线。被收集的光可以用作漫反射光源或者被测光源。积分球的基本原理是光通过采样口进入积分球,经过多次反射后非常均匀地散射在积分球内部。探测口与积分球侧面的接口相连,该接口内部有一个挡板,探测器只能测量到光挡板上的光,这样就不受从采样口进入光的角度影响,从而避免了第一次反射光直接进入金属探测器。

本实验选用的是内径 50 mm 的光纤式积分球(如图 3 所示),探测器是使用 SMA905 接口光纤将光导入到光纤光谱仪进行探测,照明光源是光纤式的白光源,使用 SMA905 接口与积分球连接。

3.实验系统的搭建与标定

实验原理图和实物图见图 4 和图 5。

①根据实验原理图连接光纤卤钨光源、准直镜、积分球和

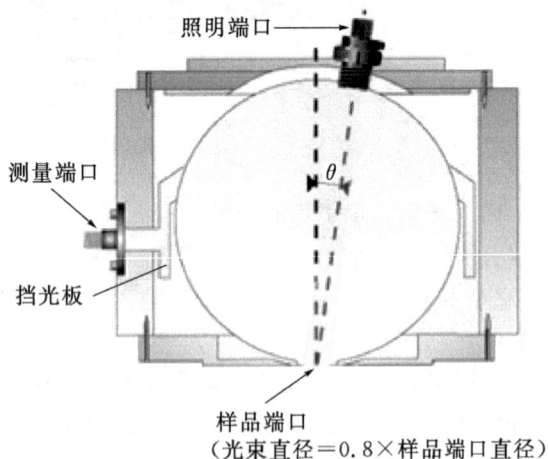

图 3　积分球结构示意图

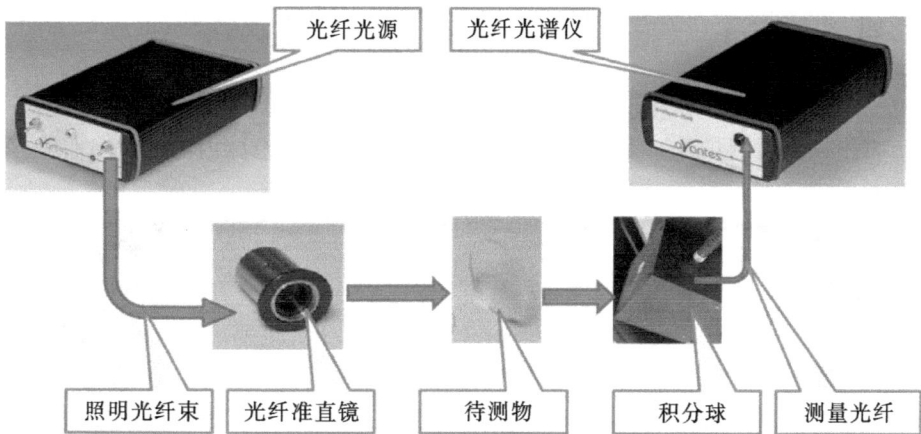

图 4　滤光片透过率测试原理图

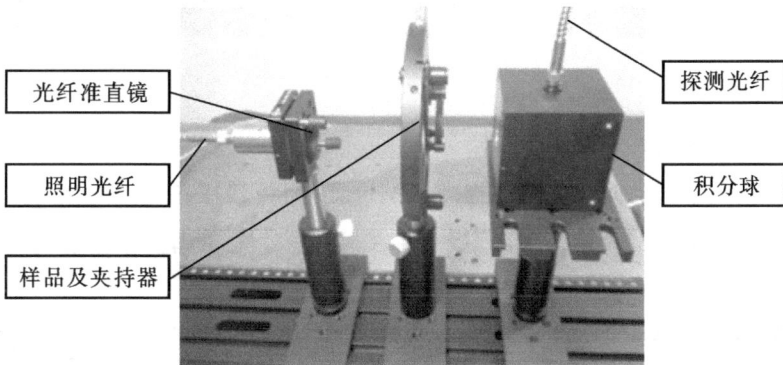

图 5　透过率测试实物图

光谱仪。

　　②根据实验实物图,安装各夹持部件。并调整各器件同心、等高。

　　③打开光谱仪,在不开光纤光源的情况下记录黑背景。

　　④打开光纤光源,调整光纤准直镜与积分球采样口等高,并使得光束正入射进采样口,待光纤光源预热 30 分钟后,调整光谱仪和 Average 值 Average: 1 ,使得光谱强度在 10000 以上,并稳定。此时保存白参考。

　　注:如果环境光影响较大,导致测试光谱曲线不稳定,可增大 Average: 1 数值,增加计算参数的平均值范围,稳定光谱曲线。

　　⑤使用透过率测量模式测量样品透过率。选择 T 模式 SATI 。

四、实验内容

1.中性密度滤光片透过率测试

将中性密度测量片装卡在样品位置,测量其在各光谱范围内的透过率曲线,如图 6 所示。

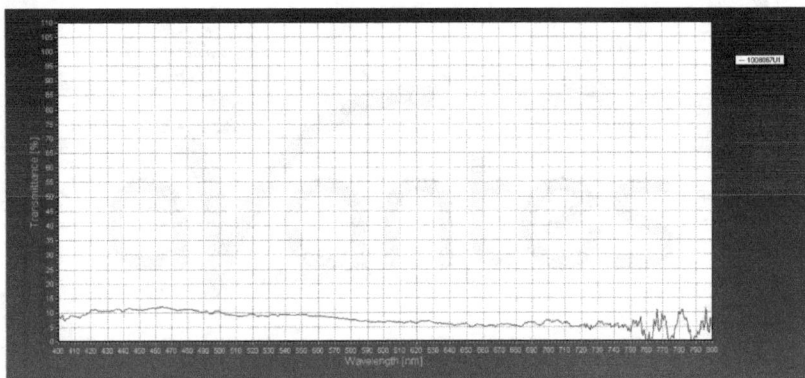

图 6 透过率测试效果图

2.长波通滤光片样品测试

将不同的带通滤光片装卡在样品测试位置,测量其在各光谱范围内的透过率曲线。通过软件自带的测量功能 ⟨λ⟩ ,测量长波通滤光片的透过波段、透过率、截止波长、截止带宽等参数。测试效果图如图 7 所示。

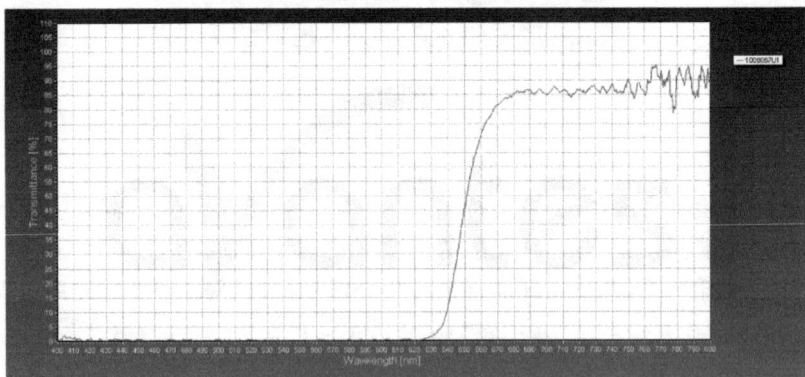

图 7 长波通滤光片测试效果图

3. 窄带滤光片设计实验

将窄带滤光片装卡在样品测试位置，测量其在各光谱范围内的透过率曲线。通过软件自带的测量功能 ，测量窄带滤光片的峰值透过率、半波带宽参数。测试效果图如图 8 所示。

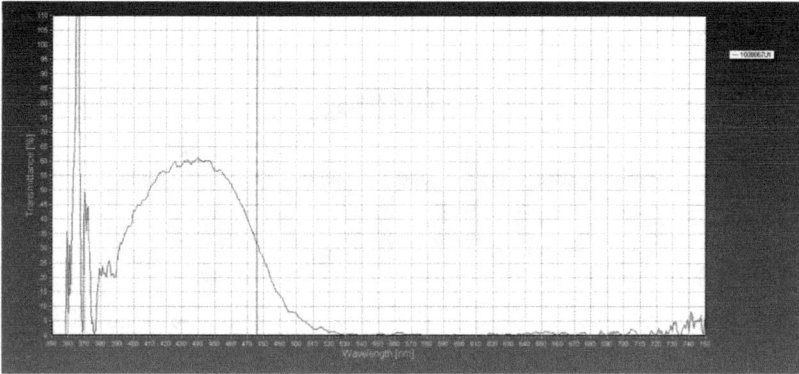

图 8　窄带滤光片测试效果图

实验 2.12　利用白光干涉测定薄膜厚度

随着信息产业的发展，光学薄膜的需求不断增大，对器件特性的要求也越来越高。物理厚度是薄膜最基本的参数之一，它会影响整个器件的最终性能，因此快速而精确地测量薄膜厚度具有重要的意义。台阶仪是常用的厚度测试设备，然而它需要在样品上制作台阶，并且测试中机械探针与样品接触，会对一些软膜的表面造成损伤，因而非破坏的光学手段是更为理想的方法。

传统的测量薄膜物理厚度的光学方法主要有光度法和椭偏法两种。其中光度法是通过拟合分光光度计测得的透/反射率曲线来得到光学薄膜厚度的一种方法，但它要求膜层较厚以产生一定的干涉振荡并且只能测量弱吸收膜；椭偏仪测量具有灵敏度高的优点，但是受界面层等因素的影响，需要复杂的数学模型来求解厚度。上述方法已经成功而广泛地应用在各个领域，然而，随着近年来微光机电系统等微加工技术的发展，经常需要在高低起伏的基板上（patterned substrate）沉积薄膜，因此用测量表面轮廓的白光干涉仪来进行薄膜厚度测试的方法引起了人们的关注。

一、实验目的

1.了解薄膜的性质与应用；

2.了解光纤光谱仪的原理与应用；

3.掌握薄膜厚度的测量方法。

二、实验仪器

卤钨光源，Y 型反射式光纤，光纤光谱仪，K9 基底 MgF_2 增透塑料薄膜测试片一组，Si 衬底 SiO_2 薄膜测试片一组，光具座，计算机及测试软件等。

三、实验原理

薄膜测量系统是基于白光干涉的原理来确定光学薄膜的厚度的测量系统。白光干涉图样通过数学函数的计算得出薄膜厚度。对于单层膜来说，如果已知薄膜介质的 n 和 k 值就可以计算出它的物理厚度。

如图 1 所示，在折射率为 n_1 的基板上镀有复数折射率为 η、厚度为 d 的一层薄膜，放在折射率为 n_0 的空间中。假定薄膜的复数折射率 $\eta = n_1 + ik$，当一束光以幅度 A 从 n_0 空间垂直入射（$\theta = 0$）到膜表面时（为便于分析，图中入射光有一定角度，实际测量中此角度一般很小，对测量的影响可以忽略不计），由于多次反射，在膜上表面有一系列的反射光，它们的幅度分别为 A_1、A_2、$A_3 \cdots$。

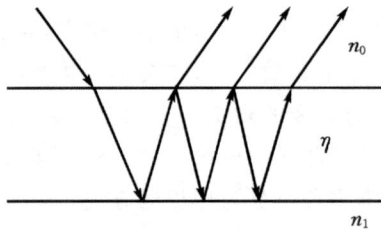

图 1　镀有折射率为 η 膜层的折射率为 n_1 的基板光路示意图

考虑到光从光疏媒质入射到光密媒质，且入射角小于布鲁斯特角时，反射光与入射光之间有半波损，硅片的折射率较高（在波长为 632.8 nm 时，折射率为 3.88），所以光波经过其反射后有半波损。我们得到反射光的幅度为

$$A_1 = Ar\exp(i\pi)$$

$$A_2 = Ar'\xi s\exp[-i(\pi + \delta)]$$

$$A_3 = At(r\xi s)^2 |r'|t'\exp(-2i(\pi + \delta))$$

$$\vdots$$

式中：r、r'、t、t' 为光从 n_0 空间进入到膜和光从膜进入到 n_0 空间的幅度反射系数和透射系数，它们之间有如下关系

$$tt' + rr' = 1, r = -r'$$

r' 为光从膜入射到硅片的幅度反射系数；ξ 与基板的光吸收有关，它影响经基板反射的光的幅度。基板的吸收越小，ξ 的值越接近于 1；位相差 $\delta = 4\pi\eta d/\lambda$。在吸收较小的情况下，多束光相干叠加得到反射场的光幅度值

$$A_R = A\,\frac{r''\xi\exp(-4\pi i\eta d/\lambda) + r}{1 + rr''\xi\exp(-4\pi i\eta d/\lambda)} \tag{1}$$

我们得到反射率

$$R = \frac{r^2 + a^2 + 2r\cos(4nd\pi/\lambda)}{1 + r^2a^2 + 2ra\cos(4nd\pi/\lambda)} \tag{2}$$

式中：$a = \xi\exp(-4\pi i\eta d/\lambda)$。

公式(2)是在待测薄膜层的吸收较小的情况下推出的。$r = (n - n_0)/(n + n_0)$。如果精确计算，n 应用 η 来代替。在吸收很小的情况下，替换后对计算结果的影响很小，并最后能得到方程(2)。由于薄膜在吸收很小的区域，n、k 的变化不是很大，所以方程的极大和极小值出现在

$$4\pi nd/\lambda = m\pi \tag{3}$$

处，$m = 0, 1, 2, \cdots$ 即

$$\begin{aligned}
\frac{\lambda_1}{2} \cdot 2m &= 2dn_1 \\
\frac{\lambda_2}{2} \cdot (2m+1) &= 2dn_2 \\
\frac{\lambda_3}{2} \cdot (2m+2) &= 2dn_3
\end{aligned} \tag{4}$$

由式(4)可计算出所镀膜层厚度。

内容拓展

我们得到的方程的极值点为

$$R_{\max} = \left(\frac{r+a}{1+ra}\right)^2 \tag{5}$$

$$R_{\min} = \left(\frac{r-a}{1-ra}\right)^2 \tag{6}$$

通常情况下，由于薄膜的吸收很小，一般我们有 $a > r$，从以上方程可以得到

$$n = n_0\,\frac{1-N}{1+N}$$

$$N = \frac{2 - 2\sqrt{R_{\max}R_{\min}} - \sqrt{(R_{\max}R_{\min} - 1)^2 - 4(R_{\max} - R_{\min})^2}}{2(\sqrt{R_{\max}} - \sqrt{R_{\min}})}$$

我们对这个方法进行进一步简化处理,即认为 $R_{\max}$ 和 $R_{\min}$ 是 λ 的连续函数,对于每一个 λ 都有与其相对应的折射率 n 和 a,这样针对每一波长我们皆可计算其对应的 n 和 a 值,而不是仅局限于极值点。图 2 是一个典型的硅基板上玻璃薄膜的反射光的干涉图谱。图中虚线部分即为 $R_{\max}$ 和 $R_{\min}$ 的包络曲线。

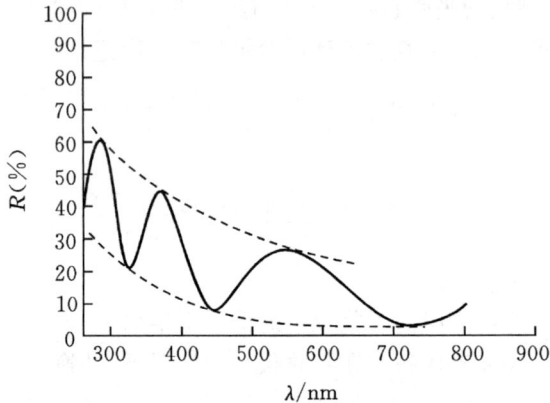

图 2 硅基板上玻璃薄膜的反射光的干涉图谱

已知 n,利用方程(3),薄膜的厚度就可通过测量各个极大和极小值并计算得出

$$d = \frac{M\lambda_1\lambda_2}{2(n_{\lambda 1}\lambda_1 - n_{\lambda 2}\lambda_2)} \tag{7}$$

式中:M 为两个极大值或极小值之间的干涉条纹数($M=1$,表示相邻的两个极大值或极小值);$n_{\lambda 1}$、λ_1、$n_{\lambda 2}$、λ_2 为相应折射率和波长。已知厚度 d 和 a 后,据方程式 $a = \xi\exp(-4\pi\mathrm{i}\eta d/\lambda)$,又知 $r = \dfrac{n_2 - n_1}{n_2 + n_1}$,对于实验中使用的硅片,其吸收和折射率随波长的变化曲线就能够测量出来,这样可以根据每一波长计算出 k。

注意事项:

①此光源必须在较干燥的环境中使用和保存。

②此设备应避免与其他热源接触。

③此设备必须使用与仪器匹配的电源供电,否则会损坏设备。

④避免设备跌落。

⑤避免水渗入机壳。

⑥避免人眼直视出光口。

四、实验内容及步骤

1.如图 3 所示,将 Y 型光纤标有光源的一端与光纤光源连接,将标有光谱仪的一端与光纤光谱仪连接,将探测端与薄膜测厚支架连接,并固定稳定。

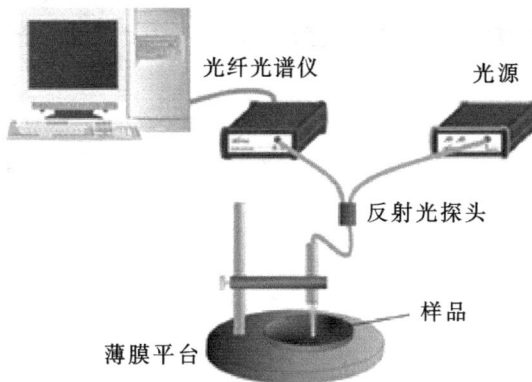

图 3　实验原理图

2.软件安装后,按 Start 可以开始测量。

3.保存参考光谱:取一块待测、未镀膜的光学基底,放置于光纤探测端下方,调整适当的探测高度约为 10 mm,调整 CCD 积分时间 Integration time [ms]: 10.00 参数,使得光强在 5000 以上。使用 File Save-Reference 选项,保存参考光谱 reference spectrum。也可以使用自动积分时间调整功能 ∫ac 。

4.输入测量参数:在 Layer Display 窗口中输入:材料、波长限制、膜厚限制等参数。按 Apply 键保存设置。

5.将反射式光纤探头对准黑色吸光背景(或者关闭光纤光源),点击"save dark data"保存黑色吸光背景作为参考。

注意:当积分时间和探头位置更改后,需要重新进行参考光谱和黑色吸光背景的标定。

6.重新打开光纤光源,更换上待测的薄膜。观察此时光谱强度是否饱和,如果饱和,应重新按照步骤 3～5 调整积分时间,并重新保存参考光谱和黑色吸光背景数据。

7.开始测量:选择 R 模式,并点击绿色 Start 按钮,开始进行膜厚测量。测量效果图如图 4 所示。

得到如上光谱曲线之后,我们可以根据干涉产生的条件以及薄膜干涉的相关知识得到如下的计算公式

$$\frac{650}{2} \times 2n = 2 \times d \times 1.5$$

$$\frac{520}{2} \times (2n+1) = 2 \times d \times 1.5$$

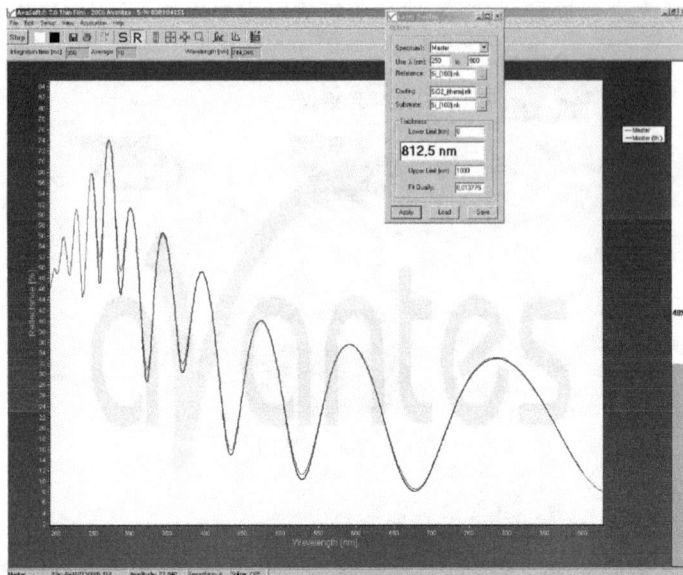

图 4   薄膜测厚测试效果图

其中，650(nm)、520(nm) 分别代表干涉出现的波峰、波谷相对应的中心波长；d 表示薄膜厚度；此处 1.5 是镀膜材料的折射率（不考虑半波损失）。再利用干涉的规律（半波长的偶数倍和奇数倍分别是波峰和波谷），可以估算出 n 的数值是 2，进而可以估算出 $d = 430$ nm。

注：

- 更详细的实验方法及步骤参看：AVASOFT7.7 ThinFilm for USB2 manual。
- 软件提供两种计算薄膜厚度算法：FFT 和光谱干涉算法。FFT 算法适用于薄膜厚度大于 20 μm 的薄膜。选择在 Layer Display 窗口的 Options 选项里更改此指标。
- 膜层厚度较薄的薄膜，光谱干涉区偏紫外短波区，较厚的薄膜光谱干涉区在偏红的红外区。根据测试的波形选择合适的计算区域将提高测量精度。
- 测试前可以通过对薄膜的性能参数对其物理厚度有一定的了解，选择适当的物理厚度计算区间将有助于提高测试精度。
- Fit Quality 参数是软件提供的一个计算结果与测试曲线符合程度的参数，此参数值越小表明计算曲线与测试曲线符合度越高，意味着测试精度越高。

注意：应避免人眼直视光源出光口。

第 3 章　微波类实验

实验 3.1　微波工作波长和波导波长测量

微波技术是近代发展起来的一门尖端科学技术,且应用极为广泛,因此对微波(波长 1 mm 到 1 m 的电磁波)的研究很重要。通过本实验可了解微波的传播特点、微波在波导中的分布及微波的基本测量方法。

一、实验目的

1. 了解微波在波导中的传播特点;
2. 学习驻波法和共振吸收法测量波长;
3. 掌握微波的基本测量方法。

二、实验仪器

微波源、测量线、吸收式波长计、测量放大器、波导等。

三、实验原理

引起微波传播的空心金属管称为波导管。常见的波导管有矩形波导管和圆柱形波导管。在实际应用中,总是把波导设计成只能传输单一的波型:横电波 TE 或横磁波 TM 。我们实验用的是矩形波导,它传播的是横电波 TE_{10},沿波导传播方向没有电场分量,磁场可以有纵向和横向分量。

1. TE_{10} 型波

在一个均匀、无限长和无耗的矩形波导中(长边宽度 $a = 22.86$ mm,窄边宽度为 b,如图 1 所示),沿 z 方向传播的 TE_{10} 型波的各个场分量为

$$H_x = \mathrm{j}\frac{\beta a}{\pi}\sin(\frac{\pi x}{a})\mathrm{e}^{\mathrm{j}(\omega t - \beta z)} , \; H_y = 0 \quad , H_z = \cos(\frac{\pi x}{a})\mathrm{e}^{\mathrm{j}(\omega t - \beta z)}$$

$$E_x = 0 , \quad E_y = -\mathrm{j}\frac{\omega \mu_0 a}{\pi}\sin(\frac{\pi x}{a})\mathrm{e}^{\mathrm{j}(\omega t - \beta z)} \quad , E_y = 0$$

式中：ω 为电磁波的角频率，$\omega = 2\pi f$，f 是微波频率；β 为微波沿传输方向的相位常数，$\beta = 2\pi/\lambda_g$，λ_g 为波导波长，$\lambda_g = \dfrac{\lambda}{\sqrt{1-(\frac{\lambda}{\lambda_c})^2}}$，$\lambda = c/f$ 称为工作波长即自由空间波长；$\lambda_c = 2a$ 称为临界波长，只有 $\lambda < \lambda_c$ 的微波才能在波导中传播。TE_{10} 型波的结构如图 1 所示。

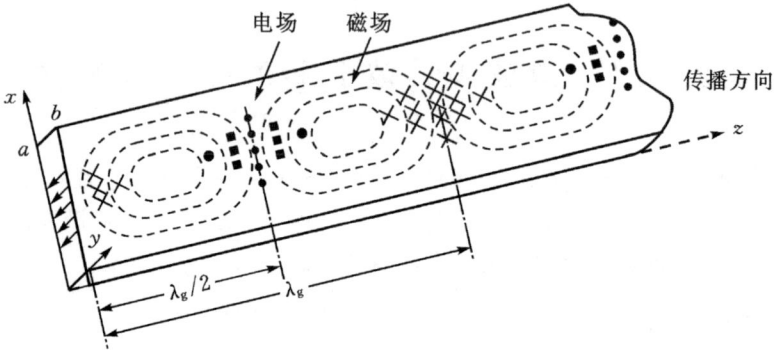

图 1　波导中 TE_{10} 电磁场结构

由以上分析可知，工作波长 λ 是微波源发射的电磁波在自由空间中传播的波长。波导波长 λ_g 则是电磁波在波导中两侧壁来回反射所形成电磁场场强沿波导传播方向的周期性分布，这种周期长度就对应于波导波长 λ_g。

2. 吸收式频率计

如图 2 所示，我们采用圆柱形吸收式频率计测量工作波长。传输波导中的电磁波经耦合孔与腔体耦合，旋转调谐柱以改变其插入深度，从而改变腔体的固有频率。当腔体的固有频率与传输波导中电磁波的频率相同时，腔体就发生共振，吸收部分电磁能量，传输到波导末端的负载（如微安表）的能量就会下降，这时微安表指示下降，便能测得工作频率 f，则工作波长为 $\lambda = c/f$。每一支频率计都会给出一张"频率校正表"，根据调谐柱螺旋测微器的读数，查找频率。

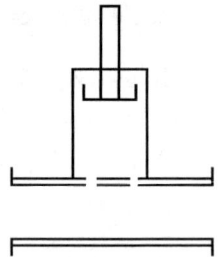

图 2　频率计

3. 晶体检波器

如图 3 所示，从波导宽壁中点耦合出两宽壁间的感应电压，经微波二极管进行检波，由输出接收器（微安表）可以得到检波输出的相对指示。调节短路活塞位置，可使检波管处于驻波腹点，以获得最高的检波效率。通常还配有三个前置螺钉，调节检波器同波导的匹配。

4.驻波测量线

如图 4 所示,它由一段沿传播方向在宽壁中心有细长槽开口的直波导与一个可沿开槽移动并带有微波晶体检波器的探针探头组成。探针经细槽插入波导,探针感应微波电场,再经晶体二极管检波输出。根据输出器读数的大小可确定探针位置微波电场强度的相对强弱。

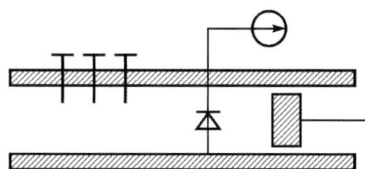

图 3　晶体检波器

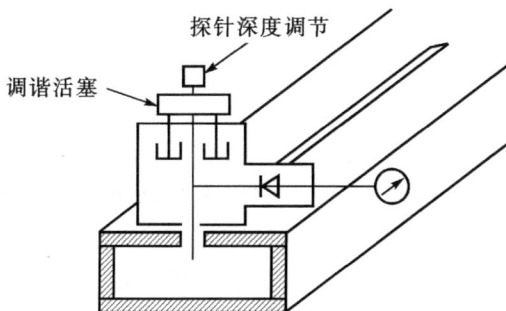

图 4　测量线

5.测量方法

①用吸收式频率计和晶体检波器测量微波的工作波长 λ,先测微波频率再计算工作波长。

②在波导终端加全反射金属片(短路片)。微波被短路片全反射,入射波与反射波叠加,则沿波导传播 z 方向形成驻波,驻波中相邻波节之间的间距为半个波导波长。用驻波测量线可测定波导波长 λ_g。

四、实验内容及步骤

1.微波工作波长 λ 的测定

①实验装置如图 5 所示。

②把微波电源的"工作选择开关"置于"连续"挡,测量放大器置"关",调微波电源的反射极电压,使微安表读数相对变大。调节晶体检波器的短路活塞及调配螺钉,使微安表读数最大。

③调节波长计的调谐柱,使晶体检波器的微安表读数相对最小,这时波长计的固有频率与微波频率相等。记录调谐柱螺旋测微器的读数,查校正表得频率。应

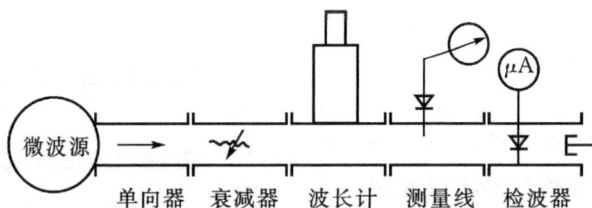

图 5 实验装置图

注意的是,调谐柱的调节一定要缓慢,否则微安表指针将来不及反应,从而观察不到谐振现象。重复测量三次。

2.波导波长的测量

①实验装置为图 5 的装置去掉晶体检波器,换上短路片,则波导中形成驻波。相邻波节的间距为半个波导波长,用测量线测定波导波长。

②调节测量线。微波电源置于"方波"挡。移动测量线探针到波腹位置,调节测量线的调谐活塞,使测量放大器的偏转读数最大。为了减小探针对场的影响,探针应置最小深度,但探针刻度读数不能小于零刻度值,同时测量线又有一定的输出,可调测量放大器的放大倍数,移动探针可观察驻波的电场分布。

③用"交叉读数法"测量波导波长。常采用波节位置测量波导波长,因波节位置变化平缓,故直接测量不够准确。确定波节位置要采用"交叉读数法",如图 6 所示。在波节两边取相等指示值的两点 D_1,D_2,则波节的位置为

$$D_0 = \frac{D_1 + D_2}{2}$$

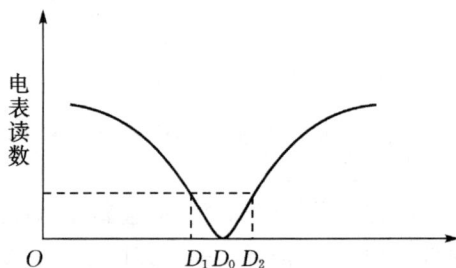

图 6 交叉测量法

在测量线中央位置选两相邻波节,重复测量六次,处理数据,计算误差。

五、思考题

1.TE_{10} 型波是如何定义的?

2.调节驻波测量线应注意哪些问题?

3.为什么有时晶体检波器在微波源和检波二极管都完好的情况下,会出现输出电流很小的现象?如何调节?

4.工作波长能大于临界波长 $\lambda_c = 2a$ 吗?

5.试设计对微波屏蔽材料屏蔽特性的检测方法。

6.用测量线测波节时,为什么要采用"交叉读数法"测量?

实验 3.2　用谐振腔微扰法测定微波电介质的介电常数

随着微波技术的飞速发展,微波材料及微波器件设计得到了深入研究。微波工程中广泛应用各种介质材料,微波介质材料的介电常数和介电损耗角正切是研究材料的微波特性和设计微波器件必须了解的重要参数,因此,准确测量这两个参量十分重要。本实验介绍一种常用的测量方法,即采用谐振腔微扰法测量介质的介电常数。

一、实验目的

1.了解谐振腔微扰法测量介质介电常数的实验原理;

2.了解微波元器件,组建微波测量系统,调试系统,测量介电常数。

二、实验仪器

微波信号源,隔离器,衰减器,环形器,谐振腔,波长计,检波器,示波器等。

三、实验原理

1.微波铁氧体的介电常数 ε 和介电损耗角正切 $\tan\delta_\varepsilon$

根据电磁场理论,电介质在交变电场的作用下,存在转向极化,且在极化时存在弛豫,因此,微波电介质的介电常数一般是复数

$$\begin{cases} \varepsilon = \varepsilon_0\varepsilon_r = \varepsilon_0(\varepsilon' - j\varepsilon'') \\ \tan\delta_\varepsilon = \varepsilon''/\varepsilon' \end{cases} \tag{1}$$

式中: ε_0 是真空的介电常数, $\varepsilon_r = \varepsilon/\varepsilon_0$ 是相对介电常数; ε'、ε'' 是介电常数的实部和虚部;电介质在交变电场的作用下产生的电位移滞后电场一个相位角 δ_ε,电介质的能量损耗与 $\tan\delta_\varepsilon$ 成正比,故称 $\tan\delta_\varepsilon$ 为介电损耗角正切;当 $\tan\delta_\varepsilon \ll 1$ 时,可以认为是"无耗介质", ε_r 近似为实数。若介质的损耗很小,常采用谐振腔微扰法测量微波介质的介电常数。

2.谐振腔微扰法测量微波介质的介电常数

谐振腔是封闭的金属导体空腔,具有储能、选频等特性。常见的谐振腔有矩形和圆柱形两种,我们选用矩形谐振腔。谐振腔的一个重要参数是品质因素 Q,它表

明谐振效率的高低。从 Q 值可知电磁振荡延续过程中的功率消耗。相对谐振腔所存储的能量来说,功率消耗越多,则谐振腔的 Q 值就越低;反之,功率消耗愈少,Q 值就愈高。作为有效的振荡器,谐振腔必须有足够高的 Q 值。

品质因数的一般定义是

$$Q = \frac{2\pi f_0 W}{W_1}$$

式中:f_0 为谐振腔的谐振频率;W 为谐振腔内总储能;W_1 为每秒总能耗。事实上有载品质因素 $Q_L = \dfrac{f_0}{|f_1 - f_2|}$,可由实验测定,$f_1$,$f_2$ 分别为半功率点的频率,如图 1 所示。

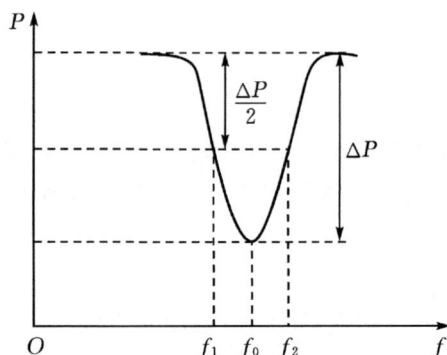

图 1　反射式谐振腔的谐振曲线

如果在矩形谐振腔内插入一圆柱形样品,样品被极化,会导致谐振腔的谐振频率和品质因素发生改变。如果样品的体积远小于谐振腔体积,则可认为除样品位置处电磁场发生变化外,其余部分的电磁场保持不变,因此可用微扰法处理。选择 TE_{10P}(P 为奇数)型谐振腔,将样品置于谐振腔内微波电场最强而磁场最弱处,即 $x = a/2$,$z = l/2$ 处,且样品轴向与 y 轴平行,如图 2 所示。

假设介质棒是均匀的,而谐振腔的品质因素又较高,根据谐振腔微扰理论可得下列关系式

$$\begin{cases} \dfrac{f_s - f_0}{f_0} = -2(\varepsilon' - 1)\dfrac{V_s}{V_0} \\ \Delta\left(\dfrac{1}{Q_L}\right) = 4\varepsilon''\dfrac{V_s}{V_0} \end{cases} \tag{2}$$

由此可求得

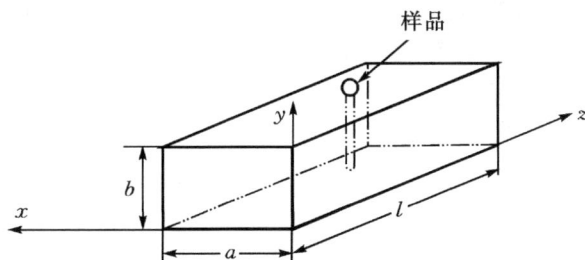

图 2　TE$_{10P}$模式谐振腔微扰法测量示意图

$$\begin{cases} \varepsilon' = \dfrac{f_0 - f_S}{2f_0 V_S/V_0} + 1 \\ \varepsilon'' = \dfrac{\Delta(1/Q_L)}{4V_S/V_0} \end{cases} \tag{3}$$

式中：f_0、f_S 分别为放入样品前后谐振腔的谐振频率；V_0 为谐振腔的体积；V_S 为样品的体积；$\Delta(1/Q_L)$ 为放入样品前后谐振腔有载品质因素倒数的变化，即

$$\Delta\left(\frac{1}{Q_L}\right) = \frac{1}{Q_{LS}} - \frac{1}{Q_{L0}} \tag{4}$$

式中：Q_{L0}、Q_{LS} 分别为放入样品前后谐振腔的有载品质因素。由此可见，通过测量 f_0、Q_{L0}、f_S、Q_{LS}、V_0、V_S 可以求得电介质的介电常数 ε 及损耗角正切 $\tan\delta_\varepsilon$。

四、实验装置

实验装置如图 3 所示。

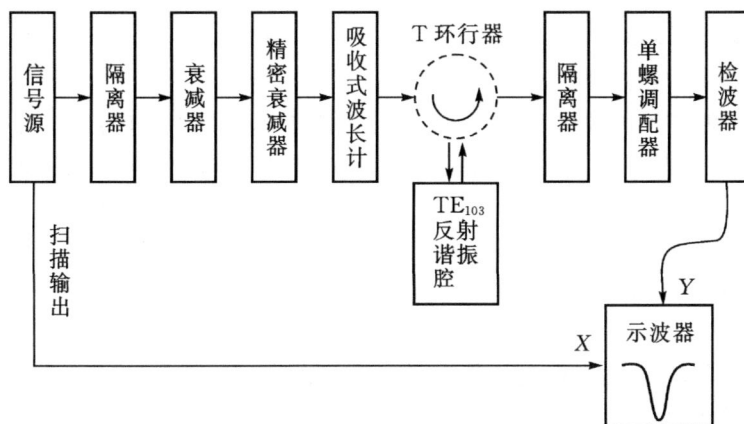

图 3　反射式谐振腔测量介电常数的装置

首先,介绍一种微波器件——环行器,在理想的环行器中电磁波只能沿标定的方向传输,例如一个三端口环行器(本实验中的 T 环行器),若标定的循环顺序依次为端口①→端口②→端口③,则从端口①输入的电磁波只能传输到端口②输出,从端口②输入的电磁波只能传输到端口③输出,反向不能传输。

实验中的反射谐振腔尺寸为 $a \times b \times l = 22.86 \text{ mm} \times 10.16 \text{ mm} \times 68.16 \text{ mm}$,理论谐振频率为

$$f_{mnp} = \frac{1}{\sqrt{\mu\varepsilon}} \sqrt{\left(\frac{m}{2a}\right)^2 + \left(\frac{n}{2b}\right)^2 + \left(\frac{p}{2l}\right)^2} \tag{5}$$

计算给定条件下谐振腔的谐振频率 f_{103}。信号源信号选"扫频",调信号源频率使中心频率位于 f_{103},调整系统使检波器能按平方律检波(当电场强度 E 比较小时,$I \approx kE^2$),示波器显示屏会呈现如图 4 所示曲线。曲线上的"小缺口"是波长计吸收造成的,查波长计说明可知此处对应的频率,由此可知用"小缺口"可以测量频率。

为准确测量频率,通常把谐振曲线上待测量的点位对准显示屏上的某一条线,然后调波长计使"小缺口"的尖端对准该线,查出频率。

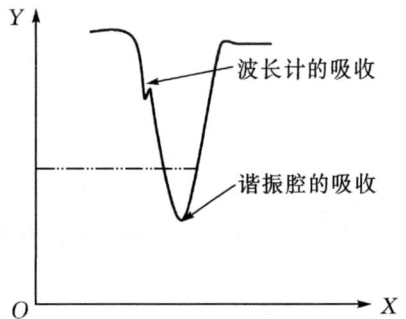

图 4　平方律检波后的谐振线

五、实验内容与步骤

1.按图 3 组装实验装置;

2.计算 f_{103};

3.信号源信号选"扫频",调节信号源频率使中心频率位于 f_{103},工作方式置"等幅";示波器 CH1(X)选交流耦合,CH2(Y)选直流耦合;调整系统使检波器能按平方律检波(若用微安表显示,电流应在 $10~\mu\text{A}$ 左右),也可用精密衰减器验证,若衰减值 $A = 10\log P_0/P_衰 = 10\log 2 = 3 \text{ dB}$(调衰减角 $\theta = 32°40'$),即功率减小一半时,示波器显示屏所呈现的图 4 曲线也下降一半距离,说明检波二极管已按平方律检波。

4.调节单螺调配器,使谐振曲线如图 4 所示;

5.测量 f_0 和 Q_{L0},重复测三遍;

6.分别测量聚四氟乙烯、有机玻璃等三种样品的谐振频率 f_S 和有载品质因素 Q_{LS},重复测三遍;

7.分别测量谐振腔和样品的体积 V_0、V_S；

8.设计表格，记录数据；

9.根据式(3)计算各样品的 ε'、ε'' 和 $\tan\delta_\varepsilon = \varepsilon''/\varepsilon'$；

10.用列表法处理数据。

六、思考题

1.请给出通过式谐振腔的谐振曲线。

2.复数介电常数的实质是什么？

3.本实验设计的 TE_{10P} 型矩形谐振腔，P 为什么取奇数值？

4.微扰法测量介电常数的适用条件是什么？

实验 3.3　微波分光仪

微波分光仪，主要研究微波的干涉、衍射、反射、折射、偏振等特性。由于微波波长比光波波长大几个数量级，因此用微波作波动实验比用光波作波动实验更直观、方便。

一、实验目的

1.了解微波分光仪的结构和使用，了解微波的产生和传播；

2.学会用微波分光仪研究微波的干涉、衍射、反射、折射、偏振等特性。

二、实验仪器

微波信号源，衰减器，发射喇叭，分波元件，接收喇叭，检波器，微安表，刻度盘等。

三、实验原理

1.微波分光仪

分光仪主要由微波的发射、分波、接收三部分组成，如图 1 所示。

微波分光仪的三个组成部分均可绕旋转主轴转动。分波元件可以是半透射板、金属反射板、单缝、双缝、模拟晶体等。

信号发生器与谐振腔等共同组成微波源，所产生的微波经耦合孔进入波导，波导为矩型波导，它能从来自谐振腔的微波中选出 TE_{10}（横电波，下标 1 表示电磁场沿波导宽边形成一个半波驻波，0 表示沿窄边方向处处均匀）波，微波电场垂直于

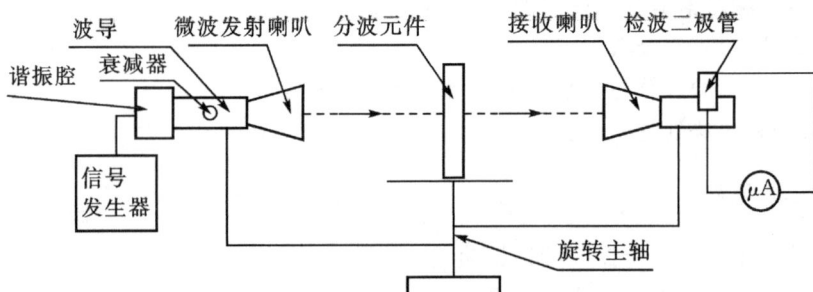

图 1　微波分光仪的基本组成

波导或喇叭宽面。

接收装置只能接收 TE_{10} 波,接收波导中的检波二极管把微波变为直流电信号,微安表的电流与微波强度成正比。衰减器可控制微波的强度。

2.电磁波的反射定律

反射线在入射线和通过入射点的法线所决定的平面上,反射线和入射线分别位于法线两侧,反射角等于入射角。微波的频率很高,在导体表面发生全反射,可用一块大金属板作为反射板进行验证。

3.微波的偏振

平面电磁波是横波,它的电场强度(矢量)$\boldsymbol{E}$ 和波长的传播方向垂直,如果 $\boldsymbol{E}$ 沿一固定方向变化,这样的横电磁波叫线偏振波。电磁场沿某一方向(与偏振方向的夹角为 θ)的能量与偏振方向的能量之比为 $\cos^2\theta$,这就是光学中的马吕斯(Malus)定律

$$I = I_0\cos^2\theta$$

式中:I_0 为偏振方向微波的强度;I 为 θ 方向微波的强度。

4.迈克耳逊干涉

迈克耳逊干涉的基本原理如图 2 所示。G 是与入射微波成 45°的半透半反板,将入射波分成两束,一束射向 A,一束射向 B,A、B 是两块全反射板,两束波又返回 G 并到达接收喇叭。这两列波是相干波,移动 B 可控制二者的相位差,B 移动半个微波波长,二者相位改变 2π。故移动 B,可通过干涉极大或极小值的变化

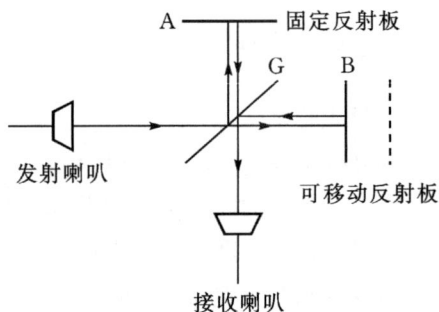

图 2　迈克耳逊干涉原理

测量微波波长。微波分光仪的迈克尔逊干涉如图 3 所示。

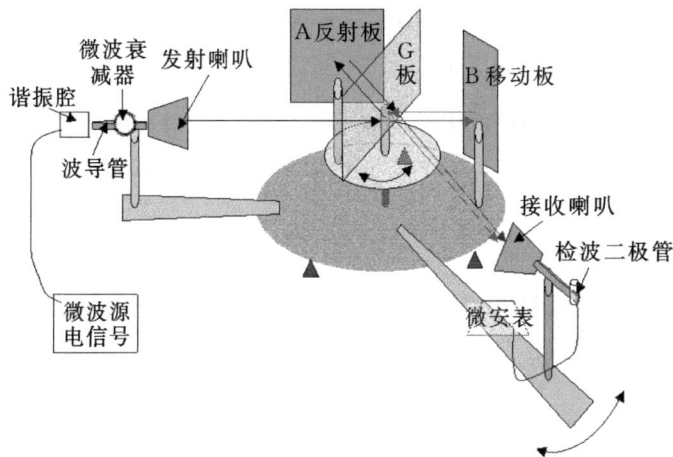

图 3　微波分光仪的迈克尔逊干涉

5. 单缝衍射

当一平面波入射到宽度和波长可比拟的狭缝时,就会发生衍射现象。通过缝后的衍射波强度出现不均匀分布,中央主极大强度最强,宽度最宽,次极大的强度很弱。若满足夫琅和费衍射的"远场"条件时,波的相对强度分布如图 4 所示。设波长为 λ ,缝宽为 a ,衍射角为 θ ,则强度分布如下

$$I = I_0 \, \sin^2 u / u^2$$

式中: $u = \pi a \sin\theta / \lambda$ 。

当 $\tan u = u$ 时出现次极大;

当 $\sin\theta = k\lambda/a$ 时, $k = \pm 1, \pm 2, \cdots, I = 0$,出现暗条纹。

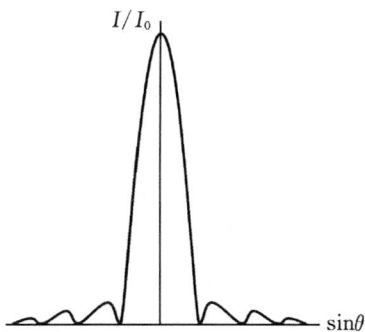

图 4　单缝衍射相对光强分布

四、实验内容及数据处理

1. 验证反射定律

分波元件为金属板。为读数方便,板的法线指 0°。为消除反射板法线指零不准,反射角应取正负反射角的平均值。用列表法或作图法处理数据。

2.微波的偏振

每间隔 5°设置一个实验点,将图示法与理论曲线比较,分析实验结果。

3.用迈克尔逊干涉测微波波长

自己想办法把仪器调整成图 2 的状态。可移动反射板每移动半个波长,干涉条纹改变一个。若 L 为 $n+1$ 个干涉极小反射板所移动的距离,则微波波长 $\lambda = 2L/n$。测量三次取平均。

4.研究微波的单缝衍射

缝宽 7 cm 左右,每间隔 2°左右设置一个实验点,给出相对强度分布曲线。根据暗纹位置计算微波波长。

五、思考题

1.微波分光仪不像可见光干涉仪那么精密,但迈克尔逊干涉测量结果的误差为什么不大呢?

2.造成迈克尔逊干涉各个干涉极小(或极大)的强度相差过大的原因是什么?

3.单缝衍射的光强分布为什么与理论值差异较大?

实验 3.4　微波布拉格(Bragg)衍射

用微波代替 X 光波做布拉格衍射实验,使得晶格结构对波的衍射更为直观,而且对晶体的各个不同平面族赋予了几何直观性。本实验仿照 X 射线通过晶体后的衍射,利用微波观察"放大了的晶体"——模拟晶体对波的衍射,并用此装置测定模拟简单立方体晶体的晶格常数,得到晶体平面族的衍射强度 I 随衍射角 θ 变化的分布曲线。

一、实验目的

1.了解微波装置的结构和工作原理;

2.了解晶格衍射的原理;

3.用微波装置模拟晶格衍射测量。

二、实验仪器

微波信号源,发射喇叭,接收喇叭,检波器,微安表,模拟晶格,反射板。

三、实验原理

1. 布拉格定律

1912 年,布拉格根据晶体内部原子平面族对入射波的反射,推导出说明 X 射线衍射效应的关系式。

①不论入射角取何种数值,在同一族中的由衍射中心阵列组成的每个单独的平面都起着平面镜的作用。只有当反射角(即衍射角)等于入射角时,才有可能使反射波相互加强而产生最大强度。在原子平面反射的情形下,角 θ 是入射束或反射束与该平面之间的夹角,不是通常光学中所指射线和平面法线之间的夹角。

②当一辐射束投向一族平面时,每一平面将反射一部分能量。如图 1 所示,虚线相当于简单立方晶体结构中某一平面族,如果从 O 和 Q 发出的反射波同相(相长干涉),则路程差

$$PQ + QR = 2d\sin\theta$$

必须等于波长的整数倍,即

$$2d\sin\theta = n\lambda \quad n = 1,\ 2,\ 3,\ \cdots \tag{1}$$

路程 NQT 与 MOS 相差波长的整数倍,式中 d 是某一平面族相邻平行平面间的垂直距离。

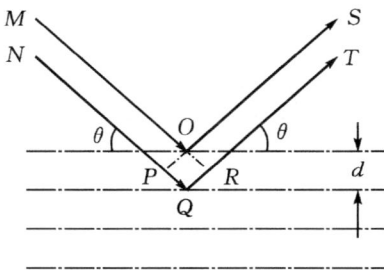

图 1　布拉格衍射示意图

方程(1)就是布拉格定律,它决定晶体平行平面对波的衍射。与以任何角度 θ 入射都能发生反射的平面镜不同,只有当 θ 取某些特殊数值时,才能满足布拉格定律,并产生相长干涉。

2. 简单立方晶体结构

图 2 所示为一简单立方晶体的几族平面,可知在同一晶体中存在着不同 d 值的平面族,当平面间距 d 减小时,由于在平面单位面积上衍射中心数目的减少,使衍射波强度随着减小,即当 d 减小时,反射变弱。对于更复杂的晶体结构来说,这

不是普遍正确的。

为了辨别不同的晶面,采用"晶面指数"(也称为密勒指数)表示。设特定取向平面与三个坐标轴的截距分别为:x,y,z(以三个方向上晶胞 a_0,b_0,c_0 为测量单位,对于简单立方晶体,$a_0 = b_0 = c_0$),如图 2(b)所示,$x = 3, y = 4, z = 2$ 的平面,求密勒指数时,取各值倒数,通分后,去掉分母,并加括号表示(hkl),具体做法如下

$$\left(\frac{1}{x}\ \frac{1}{y}\ \frac{1}{z}\right) \to \left(\frac{1}{3}\ \frac{1}{4}\ \frac{1}{2}\right) \to \left(\frac{4}{12}\ \frac{3}{12}\ \frac{6}{12}\right) \to (436)$$

因此该平面的密勒指数(hkl)为(436),它表示与该平面平行的一族平面。

截距为 $x = 1, y = \infty, z = \infty$ 的平面,密勒指数为(100),如图 3 中的平面 $AA'PC'$ 和与之平行的所有平面(俯视图见图 2(a),下同)。

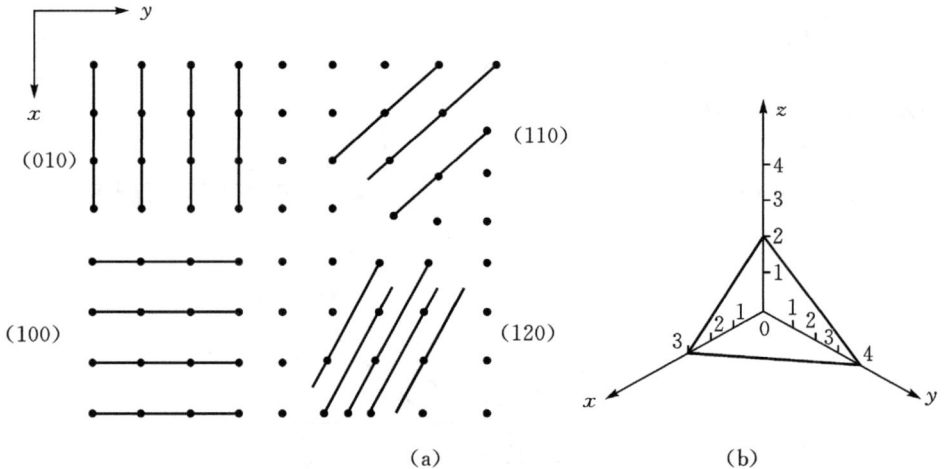

(a)   (b)

图 2　晶面图

截距 $x = 1, y = 1, z = \infty$ 的平面,密勒指数为(110),如图 3 中 $ABB'C'$ 平面及与之平行的所有平面。

截距 $x = \frac{1}{2}, y = 1, z = \infty$ 的平面,密勒指数是(120),如图 3 中之 $ADD'C'$ 平面及与之平行的所有平面。

用同样方法求得其他平面的密勒指数。

本实验只涉及空间点阵衍射的较简单分析,要深入研究由晶体产生的 X 射线衍射现

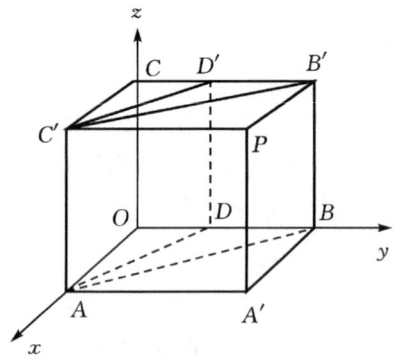

图 3　晶面坐标图

象,应参阅其他资料。如前述,我们认为布拉格衍射来自通过原子的平行平面,入射波被反射,这些平面就如同一叠镜子(相互干涉要满足布拉格定律)。实际上,X射线被原子中的电子所散射。分析所产生的衍射图像,就能提供有关晶体中晶胞的资料,由衍射图像强度可确定晶体内原子的配位。

3. 晶格常数和平面族间距的关系

确定了晶面后,可进一步了解各晶面间距与晶格常数之间的关系。在图 2(b) 中,设 O 为某一个格点,晶胞的三个基矢沿坐标轴方向长度为 a,b,c(即晶格常数)。若某一族晶面的间距为 d,而晶面的法线为 n,那么晶面方程为

$$\boldsymbol{r} \cdot \boldsymbol{n} = \mu d \tag{2}$$

式中:$r(x,y,z)$ 是晶面上任意点的位置矢量;μ 是一个任意整数。再写出晶胞三个基矢 $(\boldsymbol{a},\boldsymbol{b},\boldsymbol{c})$ 末端的格点与原点的距离,引用密勒指数 h、k、l 表示为

$$hd,kd,ld$$

这表示沿晶胞三个不同方向的平面

$$\boldsymbol{a} \cdot \boldsymbol{n} = hd, \boldsymbol{b} \cdot \boldsymbol{n} = kd, \boldsymbol{c} \cdot \boldsymbol{n} = ld$$

即

$$\begin{cases} a\cos(\boldsymbol{a},\boldsymbol{n}) = hd & (3a) \\ b\cos(\boldsymbol{b},\boldsymbol{n}) = kd & (3b) \\ c\cos(\boldsymbol{c},\boldsymbol{n}) = ld & (3c) \end{cases}$$

由布拉格定律得到晶面间距 d,由不同的晶格平面便能确定角度 $(\boldsymbol{a},\boldsymbol{n})$、$(\boldsymbol{b},\boldsymbol{n})$、$(\boldsymbol{c},\boldsymbol{n})$,这样即可求出晶格常数 a、b、c 的数值。

例如对于(100)面来说,即 $h=1,k=l=0$,且 $\boldsymbol{a}//\boldsymbol{n}$。由式(3a)知 $a=d$,对于简单立方晶体有 $a=b=c$。

对于(110)面,$h=k=1,l=0$,由图 3 可知

$$(\boldsymbol{a} \cdot \boldsymbol{n}) = 45°, \quad (\boldsymbol{b} \cdot \boldsymbol{n}) = 45°, \quad (\boldsymbol{c} \cdot \boldsymbol{n}) = 90°$$

由式(3a)及(3b)知 $a=b$。

对于(120)面,$h=1,k=2,l=0$,从图 3 可确定

$$(\boldsymbol{a} \cdot \boldsymbol{n}) = 63.43°, \quad (\boldsymbol{b} \cdot \boldsymbol{n}) = 26.56°, \quad (\boldsymbol{c} \cdot \boldsymbol{n}) = 90°$$

因为我们这里讨论的是简单立方晶体,所以晶格常数对三个晶面都相同。

四、实验装置

我们所研究的平面族仅限于平行于 z 轴的那些平面(如图 3 所示的那些平面)。分析已知波长的单色波对晶体某一个平面族所产生的衍射,便能得到反射波强度随衍射角 θ 变化的函数。图 4 所示为(100)面的 I-θ 理论曲线。在实验装置中的"简单立方模拟晶体"的"晶格常数"不会做得十分准确,这样会使衍射本底噪

声加大,尤其在(100)面的第一个衍射极大值(θ角小时)附近会出现类似的极大值。要测量各个不同晶面族的最大衍射强度所对应的衍射角θ_i,可以按照图 5 装置,首先测量发射波长λ,再直接量得晶面间距d,应用布拉格公式计算出θ_i,这样便于测量I-θ曲线。

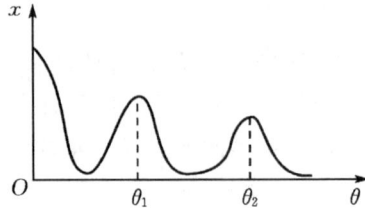

图 4　I-θ曲线

用图 5 装置测量波长基于如下原理:从喇叭口波导发射端④发射的电磁波,入射到几倍于波长距离远的铝平板②上又被反射,在空间形成驻波。喇叭口波导⑤是接收器件,有晶体检波器③与它连接,检波电流由微安表读出。这样,只要在导轨①上移动接收器⑤,便能检测电磁场的驻波分布,测得发射微波的波长λ。

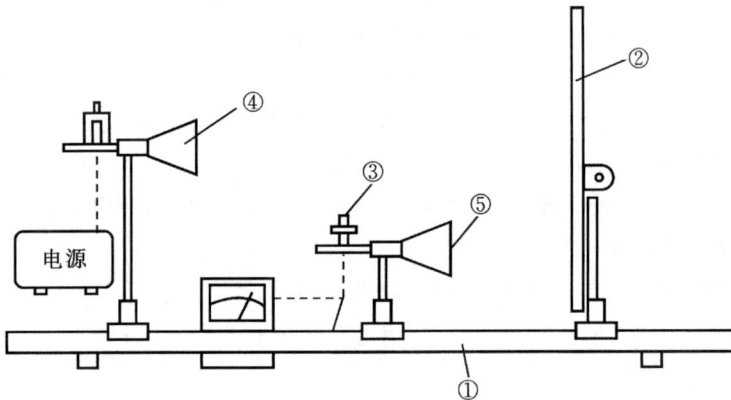

图 5　波长测量装置图

图 6 是测量反射强度随衍射角变化的装置。它的主要部分是微波分光计和微波发射、接收系统。装在发射喇叭④上的是反射式调速管 K,它能产生波长为 3 cm 的微波。模拟简单立方晶体⑥是"放大了的"晶格结构,它的阵列结构是直径为 10 mm 的铜球,每个球间距约为 4 cm,装在一个 $20\times20\times20$ cm^3 的泡沫塑料容器中,放在分光计平台②中心的一个泡沫塑料垫上。平台下端是大型刻度圆盘①,它刻有 0°~360° 的等分度,作为衍射读数之用。接收喇叭⑤与一只 3 cm 波导检波

器③相连接,微安表用来测量检波电流。这里使用的微安表是多量程的,各个量程的电阻均不相同,使用时应合理选择。速调管电源箱提供速调管直流工作电压。

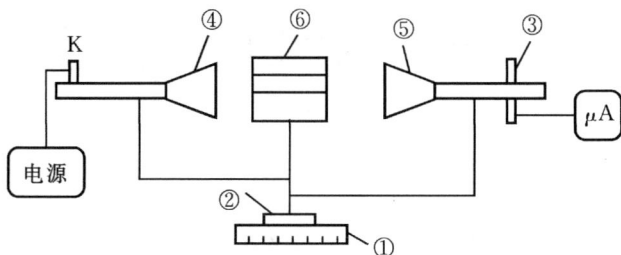

图 6　测量反射强度随衍射角变化装置

五、实验内容

1.调节发射和接收喇叭在同一水平面上。每隔 60° 调整一次,即在该三个方向上,使发射与接收喇叭正对,观察检波电流的最大指示,使在三个方向上检波电流相等(允许有最大检波电流 ±1% 的偏离)。

2. 测定各个平面族的 $I-\theta$ 曲线时,事先考虑选择微安表哪一量程为合适,选择时要照顾到测量精度和适当降低衍射本底噪声。

3.根据实验数据计算(100)、(110)、(120)的晶格常数,与直接测量的晶格常数比较,并算出百分误差。

六、思考题

1. 求出各个平面族衍射中心数(单位面积上的格点数目)。

2. $I-\theta$ 分布曲线有哪些实际意义?

第4章 磁共振类实验

实验 4.1 核磁共振

具有磁矩的原子核,在稳恒磁场中对射频电磁辐射产生共振吸收现象,称为核磁共振。它是研究物质与电磁场相互作用,了解物质的微观结构的重要手段之一,这是物理实验的一个重要分支。由于核磁共振方法能深入物质内部,而又不破坏物品本身,并且具有迅速、准确、分辨率高等优点,所以它发展很快,在物理、化学、生物、医学及它们的边缘学科中具有广泛的应用。

1946 年,斯坦福大学的布洛赫(Bloch)和哈佛大学的珀塞尔(Purcell)分别用感应法和吸收法观察到宏观物体核磁共振(NMR)现象,为此,他们荣获 1952 年诺贝尔物理学奖。从此,核磁共振成为人们研究物质微结构的重要方法,并获得广泛的应用。目前,核磁共振技术已成为精确测量磁场的重要方法,核磁共振成像技术也已成为医学诊断的有力工具。

核磁共振的理论有经典和量子两种,它们都能说明磁共振现象的本质,下面主要对量子理论给予简要介绍。

根据量子力学原理,核角动量 $\boldsymbol{p}$ 由下式决定:

$$|\boldsymbol{p}| = \sqrt{I(I+1)}\hbar \tag{1}$$

式中:I 为核自旋量子数,可取 $0,\frac{1}{2},1,\frac{3}{2},\cdots$;$\hbar = \dfrac{h}{2\pi}$,$h$ 为普朗克常数。核自旋磁矩 $\boldsymbol{\mu}$ 与 $\boldsymbol{p}$ 的关系为

$$\boldsymbol{\mu} = \gamma \boldsymbol{p} \tag{2}$$

γ 称为旋磁比。现以氢核为例,式(2)可写为

$$\mu = g_J \frac{e}{2m_p} p \quad \text{或} \quad \mu = g_J \mu_N \sqrt{I(I+1)} \tag{3}$$

式中:$\gamma = g_J \dfrac{e}{2m_p}$;$e$ 为质子电荷;m_p 为质子质量;g_J 为朗德因子;$\mu_N = \dfrac{he}{2m_p} = 5.0508 \times 10^{-27}$ J/T,称为核磁子。

　　当氢核处在外磁场 $\boldsymbol{B}$ 中,磁矩在外磁场方向上的投影是量子化的,只能取下列数值

$$\mu_z = \gamma m h = m g_J \mu_N \tag{4}$$

$m = I$, $I-1$, $\cdots$, $-(I-1)$, $-I$, 称为磁量子数。磁矩 $\boldsymbol{\mu}$ 在静磁场 $\boldsymbol{B}$ 中具有的势能为

$$E = -\boldsymbol{\mu} \cdot \boldsymbol{B} = -m g_J \mu_N B \tag{5}$$

对氢核,$I = \dfrac{1}{2}$,故 $m = \pm \dfrac{1}{2}$,即分裂为两个能级,称塞曼能级,如图 1(a)所示。两能级的能量差为

$$\Delta E = g_J \mu_N \boldsymbol{B} \tag{6}$$

显然,其能量差与外磁场 B 的大小成正比,见图 1(b)。

　　由量子力学选择定则,只有 $\Delta m = \pm 1$,两个能级之间才能发生跃迁,上述塞曼能级之间是满足跃迁选择定则的。

　　现加一频率为 ν 的高频磁场 $\boldsymbol{B}_1$, $\boldsymbol{B}_1$ 垂直于 $\boldsymbol{B}$,当电磁波能量子 $h\nu$ 与塞曼能级间隔相等时,即

$$h\nu = \Delta E = g_J \mu_N B \tag{7}$$

或

$$\omega = \gamma B \tag{8}$$

则氢核将吸收能量子 $h\nu$,从低能级 E_1 ($m = +\dfrac{1}{2}$)跃迁到高能级 E_2 ($m = -\dfrac{1}{2}$),这就是核磁共振吸收现象。

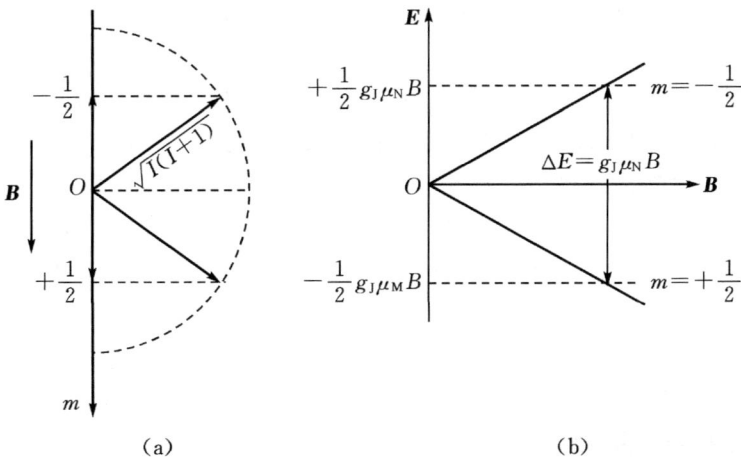

(a)　　　　　　　　　　　　(b)

图 1　氢核的塞曼能级分裂

实际上，实验样品并非单个核，而是由大量核组成的。在热平衡时，处于每一能级的核子数目应服从玻尔兹曼分布。对于 E_1 和 E_2 两个能级（$E_1 < E_2$），它们的核子数目分别为 N_1 和 N_2，有

$$\frac{N_2}{N_1} = \exp(-\frac{\Delta E}{kT}) \tag{9}$$

当 $\Delta E \ll kT$ 时，有

$$\frac{N_2}{N_1} \approx 1 - \frac{\Delta E}{kT} = 1 - \frac{g_J \mu_N B}{kT} \tag{10}$$

式中：k 为玻尔兹曼常数；T 为绝对温度。对氢核，在室温 T（设 $T = 300$ K），外磁场 $B = 1$ T 时，

$$\frac{\Delta E}{kT} \approx 7 \times 10^{-6}$$

得

$$\frac{N_2}{N_1} \approx 0.000003 \tag{11}$$

这说明两能级的粒子数目相差是很小的。在电磁波激励下，上下能级之间相互跃迁是等几率的，由下往上吸收量子 $h\nu$，由上往下放出能量 $h\nu$。但由于 $N_1 > N_2$，所以总的效果表现为样品对高频磁场能量的吸收。由于 N_2/N_1 十分接近于 1，未被抵消的吸收能量是很小的，所以核磁共振信号十分微弱。

在能级跃迁过程中，N_1 减小，N_2 增加，当 $N_1 = N_2$ 时，就观察不到共振吸收信号了。然而，由于核与周围环境的自旋-自旋相互作用和自旋-晶格相互作用，将会发生能量交换，使处于上能级的核丧失能量，回到下能级。当静磁场变化足够慢或高频磁场频率变化足够小时，即在合适的弛豫时间 T_1 和 T_2 情况下，在实验中可以连续地观察到共振吸收信号。

若要核磁共振信号强，上、下能级核子数目相差越大越好。由式（10）可以看出，磁场强度 B 越大，N_1/N_2 越大，磁共振现象越明显。

另外，除了需要强磁场外，还要求在样品范围内磁场强度要高度均匀，否则样品内各部分的共振频率不同，对某个频率的电磁波，只有极少数核参与共振，结果信号被噪声干扰所淹没，难以观察到共振信号。核磁共振磁场均匀度要求在 10^{-4} 以上。

一、实验目的

1. 了解核磁共振的原理与应用；
2. 掌握连续波核磁共振的仪器结构和实验方法；
3. 测量永久磁铁扫场的磁感应强度和旋磁比。

二、实验原理

根据磁共振原理,观察核磁共振现象需要一个均匀的磁场 $\boldsymbol{B}_0$ 和一个角频率为 ω 的旋转磁场 $\boldsymbol{B}_1$, $\boldsymbol{B}_1 \perp \boldsymbol{B}_0$,并且满足

$$\omega = \gamma B_0 \tag{12}$$

$\gamma = g_J \mu_N / h$,称为旋磁比。对于氢核, $g_J = 5.585, \mu_N = 5.0508 \times 10^{-27}$ J/T, $h = 1.0546 \times 10^{-34}$ J·s。可计算出氢核旋磁比 $\gamma = 267.52$ MHz/T,故

$$B_0 = \frac{\omega}{\gamma} = 2.349 \times 10^{-2} \nu \tag{13}$$

式中:频率 ν 的单位为 MHz。由式(13)可见,当发生氢核磁共振时,测出旋转磁场 $\boldsymbol{B}_1$ 的频率 ν ,就可确定未知磁场 $\boldsymbol{B}_0$ 的大小,这就是 NMR 方法测量磁场的原理。

根据式(12),观察磁共振吸收信号有两种方法。一种是扫频法,即磁场 B_0 固定,让高频磁场角频率 ω 连续变化并通过共振区,当 $\omega = \gamma B_0$ 时,出现共振吸收峰;另一种方法是扫场法,即把高频磁场角频率 ω 固定,让磁场 B_0 连续变化并通过共振区,当 $\omega = \gamma B_0$ 时,出现共振吸收峰。

因扫场法在技术上较简单,本实验用扫场法,扫场电流为 50 Hz,对应扫场磁场 $B' = B_m \sin 100\pi t$,该磁场叠加在静磁场 B_0 上,即

$$B = B_0 + B_m \sin 100 \pi t \tag{14}$$

当满足磁共振条件时,就观察到 NMR 信号,如图 2 所示, B_r 为共振磁场,扫场每一周内,可观察到的共振吸收峰不超过两个。

根据布洛赫稳态条件,静磁场变化(扫场)通过共振区所需时间远大于弛豫时间 T_1 和 T_2 ,这时在示波器上可观察到稳态共振吸收信号,如图 3(a)所示。如果

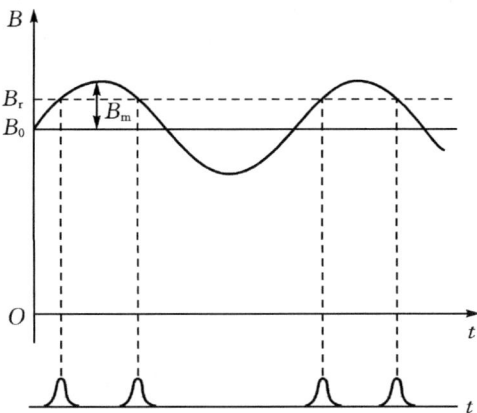

图 2　NMR 信号

(a)　　　(b)

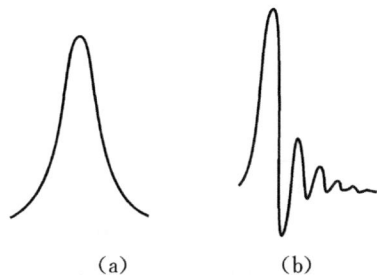

图 3　稳态信号和带有"尾波"的信号

扫场速度远非足够慢,不满足稳态条件,则观察到带有"尾波"的共振吸收信号,如图 3(b)所示。可以这样理解,当磁共振时,磁化强度矢量 M 突然偏离 B_0 方向,产生吸收峰。当 $B > B_r$ 或 $B < B_r$ 时,磁共振消失,而 M 将围绕 B_0 以螺旋方式恢复到 B_0 方向。在这个过程中,M 垂直于 B_0 平面的分量 $M_\perp$,使射频线圈产生的感应电动势是逐渐衰减的,因而在示波器上出现"尾波"。

三、实验仪器

NMR 实验装置原理图如图 4 所示。

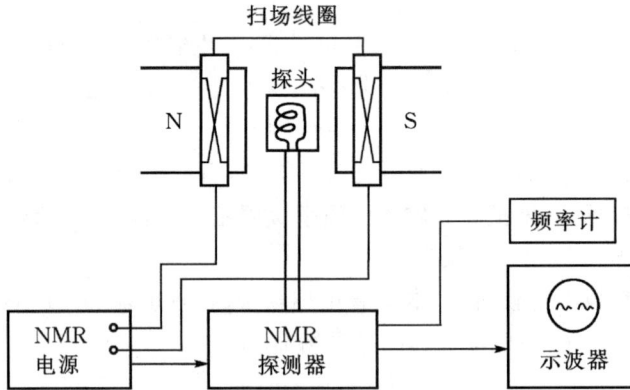

图 4　实验装置图

　　静磁场由永磁体产生,并配以扫场线圈对;NMR 电源供给 50 Hz 可调的扫场电压,并供给探测器电源;探测器包括高频信号发生器和检波放大电路;探头是装有样品的振荡线圈,也是探测线圈;样品为水和聚四氟乙烯,核磁共振是对水中的氢核和聚四氟乙烯中的氟核而言;示波器用来观察共振信号;频率计用来测量旋转磁场的频率。

四、实验内容

　　1.质子 NMR 信号的观察。按图 4 连接线路,把装有水样品的探头置于固定磁场 B_0 中心处,并使探头线圈轴线与 B_0 垂直。缓慢改变 B_0、ν 和 B_1,直到示波器出现共振吸收信号,然后改变 B_0、ν 和 B_1 的大小,观察共振信号的位置、形状的变化并讨论。

　　2.磁场测量。使示波器上共振吸收信号等距,利用频率计测定 NMR 射频场的频率,由式(13)就可求得未知场 B_0 的大小。用毫特拉计测出 B_0,并与 NMR 法结果相比较。

3.分别测量共振信号等间距时氢核与氟核的共振频率。

4.氟核(^{19}F)旋磁比的测量。当两种核对应同一大小静磁场发生共振时,由式(12)可得

$$\frac{\nu_1}{\nu_2} = \frac{\gamma_1}{\gamma_2}$$

分别调出射频 ν_1 和 ν_2,若已知一种核的旋磁比,就可求得另一种核的旋磁比。用氢核(^{1}H)作标准,测定氟核(^{19}F)的旋磁比。

5.将扫场线圈变压器电压调到 150 V,自己设计方法,根据吸收信号从等间距到重合的变化,测量并计算出此时扫场线圈产生的交变磁场的幅度。

五、思考题

1.扫场(调制磁场)和旋转磁场 B_1 是一回事吗? 它们在观测 NMR 信号中各起什么作用?

2.测量静磁场 B_0 时,为何要求示波器上 NMR 信号之间等距? 此时,若改变扫场的大小,信号间距是否变化? 试绘图说明。

实验 4.2　脉冲核磁共振与核磁共振成像

20 世纪 70 年代初,科学家提出了脉冲核磁共振,1973 年美国化学家 P. C. Lauterbur 和英国物理学家 P. Mansfield 分别提出在 NMR 中加梯度磁场通过空间编码以及回波平面等方法实现核磁共振成像(NMRI)的原理,并因此获得 2003 年度诺贝尔生理学医学奖。迄今为止,已有 16 位科学家因核磁共振研究而获得 13 次诺贝尔奖。

脉冲核磁共振就是把原来连续波的射频变为脉冲射频,因此在理论上,两者完全相同,而由于脉冲是间歇的短暂作用,在理论上还有一定的简化。较之连续波的核磁共振,脉冲核磁共振有很多方面的特色。强而狭的脉冲的频谱很宽,这种脉冲的作用等同于一个多道频率发射机,当接收机的带宽足够宽时,核磁共振仪就是一台多道频谱分析仪,它可以同时激励样品的所有频率,也可以接收所有频率的信号,每次需要的时间却很短(脉冲方法采样的总时间一般为毫秒量级)。这样就可以用计算机技术把采样结果累加,使得频谱的信噪比在较短的时间内增强几个数量级。

在脉冲核磁共振中,弛豫过程(Relaxation Process)起着重要的作用。脉冲核磁共振为测量弛豫时间提供了比连续波核磁共振更为精确和直接的手段,而弛豫

时间为分析物质结构与性质提供了重要的信息。

核磁共振成像就是将核磁共振信号所反映的核密度或弛豫时间(T_1、T_2)加权的核密度空间分布以图像形式显示。而医用核磁共振成像就是根据人体中水的氢核在不同器官的正常组织和病变组织的弛豫时间 T_1 存在差别而确定人体器官的病变的。

一、实验目的

1. 了解脉冲核磁共振的原理和脉冲宽度对信号的影响,了解 90°、180°脉冲的作用和自旋回波的机理;

2. 了解仪器结构,并掌握仪器和软件的使用;

3. 测量弛豫时间;

4. 了解二维核磁共振成像的原理,对样品进行二维成像研究,并观察梯度场各个参数对成像的影响。

二、实验仪器

GY - 3DNMR - 10 三维核磁共振实验仪,由恒温磁铁、电源、主机、计算机和操作软件组成,如图 1 所示。

其中恒温磁体是由磁体、恒温控制系统、梯度线圈、射频线圈组成。电源提供各种工作电源、恒温系统的加热电源以及为梯度电流驱动放大器电路供电;主机包括脉冲序列控制器和射频系统。

三、实验原理

1. 弛豫时间

关于弛豫时间我们在核磁共振实验中作了较为详细的讨论。在热平衡状态下,各个能级的原子核个数符合玻耳兹曼分布。在射频场 $\boldsymbol{B}_1$ 的作用下,单位时间内由低能级跃迁到高能级的粒子数大于高能级跃迁到低能级的粒子数,即为吸收。原子核系统吸收了射频场能量后,处于高能级的粒子数目增多,使得 $\boldsymbol{M}_z < \boldsymbol{M}_0$,偏离了热平衡状态。由于自旋与晶格的相互作用,晶格将吸收核的能量,使原子核跃迁到低能态而向热平衡过渡,最后恢复到热平衡,这一过程称为纵向弛豫,用弛豫时间 T_1。如果在纵向弛豫作用下,假定 $\boldsymbol{M}_z$ 向 $\boldsymbol{M}_0$ 变化的速度与 $\boldsymbol{M}_z$ 偏离 $\boldsymbol{M}_0$ 的程度($\boldsymbol{M}_0 - \boldsymbol{M}_z$)成正比,即有

$$\frac{\mathrm{d}M_z}{\mathrm{d}t} = -\frac{M_z - M_0}{T_1} \tag{1}$$

$$M_z(t) = M_0(1 - \mathrm{e}^{-\frac{t}{T_1}}) \tag{2}$$

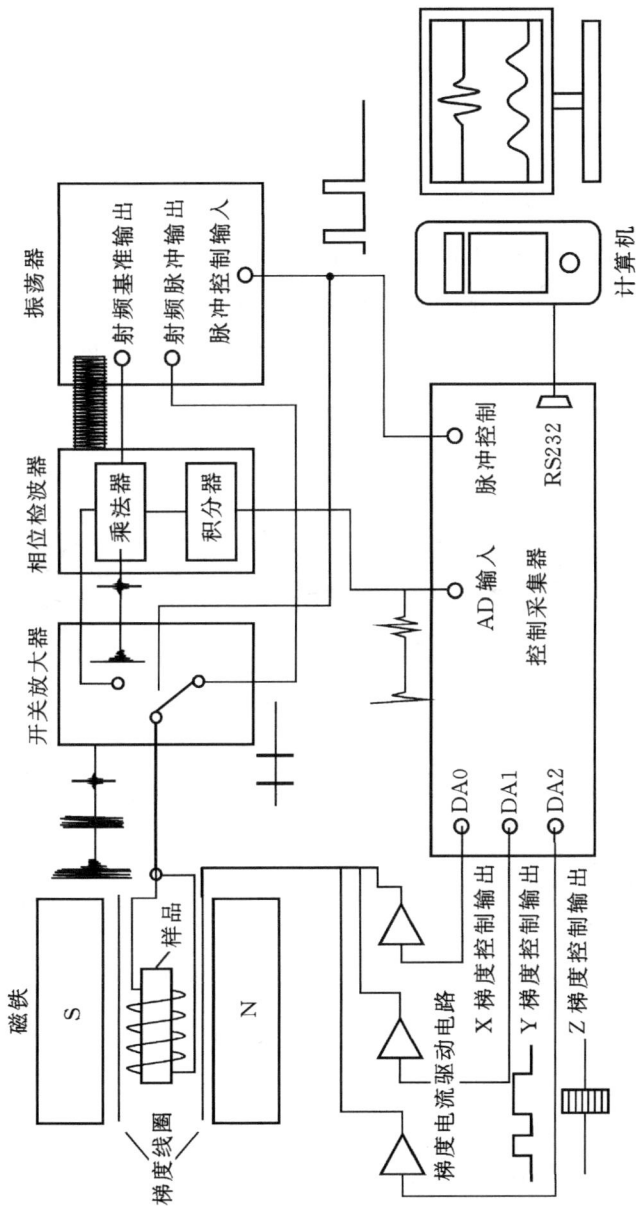

图 1　实验仪器框图

另外,自旋与自旋之间也存在着相互作用,M 的横向分量也要由非平衡态时的 M_x、M_y 向平衡态时的 $M_x = M_y = 0$ 过渡,这段过渡时间称为横向弛豫时间,用 T_2 表示。与 M_z 的过渡相类似,可以假定

$$\frac{\mathrm{d}M_x}{\mathrm{d}t} = -\frac{M_x}{T_2} \tag{3}$$

$$\frac{\mathrm{d}M_y}{\mathrm{d}t} = -\frac{M_y}{T_2} \tag{4}$$

$$M_x(t) = M_x(0)\mathrm{e}^{-\frac{t}{T_2}} \tag{5}$$

$M_x(0)$ 表示 $t=0$ 时的 M_x 值，M_y 有同样的表示方式。

图 2 表示核磁化矢量 M 的变化过程。我们知道，磁化矢量 M 是许多核磁矩元 $\boldsymbol{\mu}_i$ 之和，即 $M = \sum \boldsymbol{\mu}_i$，图中的小箭头即为 $\boldsymbol{\mu}_i$。从图中可以看出，当 $M_z = M_0$ 时，M_x、M_y 一定为零，相反的情况是不会发生的，因此 T_2 必然小于 T_1，即仅当 $M_x = 0$、$M_y = 0$ 时才有 $M_z = M_0$。

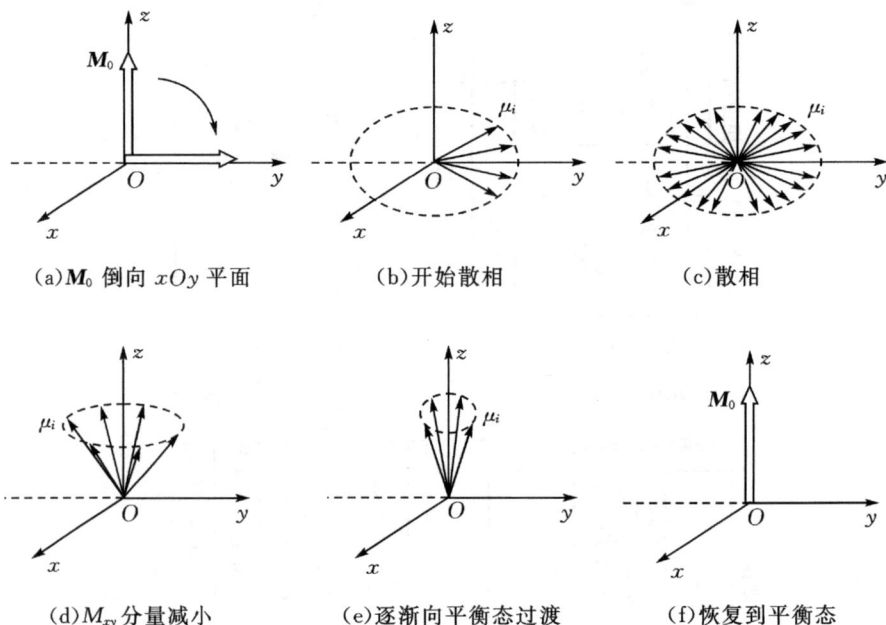

(a) M_0 倒向 xOy 平面   (b)开始散相   (c)散相

(d) M_{xy} 分量减小   (e)逐渐向平衡态过渡   (f)恢复到平衡态

图 2　弛豫过程示意图

2. 自由感应衰减（FID）

核自旋系统的磁化矢量 M 在沿 z 轴的恒磁场 B_0 中作拉莫尔进动，进动角频率为 $\omega_0 = \gamma B_0$。若在 xOy 平面内加上一个脉冲射频场 B_1，其角频率为 ω_1，并满足核磁共振条件 $\omega_1 = \omega_0 = \gamma B_0$，在脉冲场存在期间，$M$ 将以角频率 ω_1 绕 B_1 进动。如引入旋转坐标系 x'，y'，z'（z' 与 z 轴重合），这时观察 M 在 B_0 中的进动，其核磁化矢量 M 的取向将静止不动，热平衡时的系统总磁矩 M_0 沿 z' 轴方向。如射频脉冲

的作用时间为 T,则 $\boldsymbol{M}$ 的倾角为

$$\theta = \gamma B_1 T \tag{6}$$

图 3 为磁化矢量 $\boldsymbol{M}$ 在 90°和 180°脉冲射频场作用下的矢量旋转模型。式(6) 中 T 是脉冲宽度,脉冲强度就是 γB_1。当在实验室坐标系的 y 轴上安放一接收线圈,在射频脉冲关断后,由于核自旋之间、核自旋与晶格之间进行能量交换,产生横向弛豫与纵向弛豫,使核自旋从射频脉冲吸收的能量又释放出来。从宏观上看,$\boldsymbol{M}$ 继续绕 $\boldsymbol{B}_0$ 以 ω_0 的频率进动,但在 xOy 平面上的投影随时间越来越小,最后为零, 如图 4 所示。这时由于 $\boldsymbol{M}_{xy}$ 的变化,线圈中将感应出一小电动势,即核磁共振信号,称为自由感应衰减信号(Free Inductive Decay,FID)。其振幅在 $\theta = 90°$ 时最大,此时 $\boldsymbol{M}$ 从 z' 倒向 y',接着按指数规律衰减,其衰减速度由 T_1、T_2 决定。线圈中所感应到的 FID 信号为

$$S(t) = A \mathrm{e}^{-\frac{t}{T_2}} \tag{7}$$

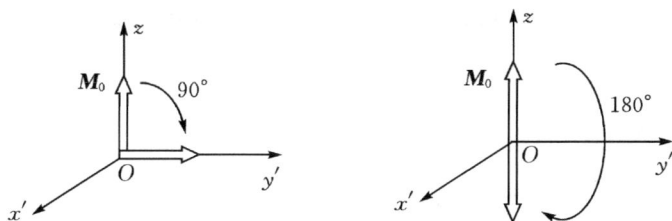

图 3 $\boldsymbol{M}$ 的旋转示意图

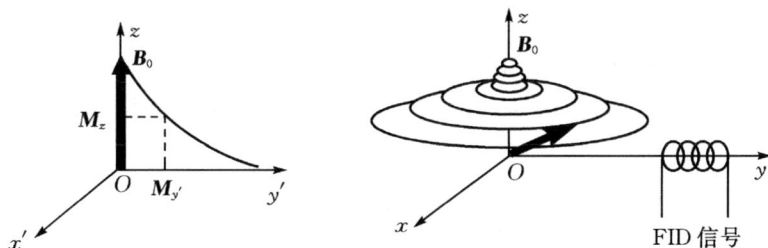

图 4 90°脉冲过后 $\boldsymbol{M}$ 在旋转坐标系和实验室坐标系中的进动情形
(y 方向上的电感线圈则可感应到弛豫引起的 FID 信号)

图 5 为 FID 信号及其频谱。其中图 5(a)为 90°射频作用脉冲,其脉冲作用时间为 T(即脉宽),角频率为 ω,当

$$\omega = \omega_0 = \gamma B_0 \tag{8}$$

时,FID 信号按式(7)变化。如图 5(d)所示,信号衰减快慢由横向弛豫时间 T_2 决定,图 5(e)为其傅里叶变换后的频谱($1/t$),它的峰值在 $\omega = 0$ 处,此时 $\omega = \omega_0$。当射频频率 ω 与 ω_0 有偏离,偏离量为 $\Delta\omega$ 时,其衰减规律如图 5(b)所示,图 5(c)为其

傅里叶变换频谱图,$\Delta\omega$ 即通常所说的化学位移。

由于核场的相互作用,使得系统实际的磁场是非均匀的,即各处的核磁矩具有稍微不同的进动频率,使 M 在 xOy 平面的分量很快地分散开来。M 均匀地分布在锥面上,因此 M 在 xOy 平面的投影很快趋于零(平均值),横向弛豫大大加快。

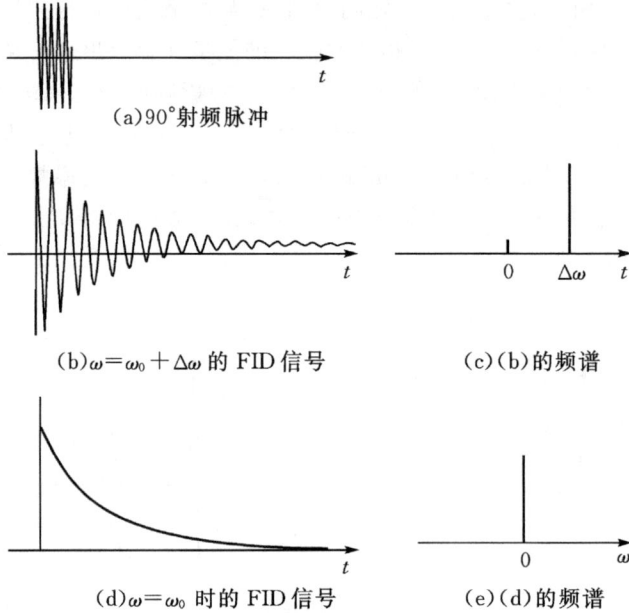

(a)90°射频脉冲

(b)$\omega=\omega_0+\Delta\omega$ 的 FID 信号

(c)(b)的频谱

(d)$\omega=\omega_0$ 时的 FID 信号

(e)(d)的频谱

图 5 90°脉冲作用下的 FID 信号及其频谱

实际观察到的 FID 信号如图 5 所示。它是不同运动频率的指数衰减信号的叠加。总的 FID 信号包络线以常数 T_2^* 按指数衰减到零。因此,实际横向弛豫时间可写成

$$\frac{1}{T_2^*}=\frac{1}{T_2}+\frac{1}{T_2'}\tag{9}$$

式中:T_2 是系统本征(即由 Bloch 定义的在均匀磁场中的)横向弛豫时间;T_2' 表示非均匀磁场的横向弛豫时间。

3.用自旋回波(SE)法测横向弛豫时间 T_2

在通常实验条件下,式(9)中的 T_2' 要比 T_2 小,因此不能通过 FID 信号直接测出 T_2,为了消除由于外磁场不均匀而引起的横向弛豫的影响(即 T_2' 的影响),实际中人们使用自旋回波的方法来测量 T_2。

设核自旋系统处在一稳定磁场中,且此时有一角频率为 ω 的 90°$-\tau-$180°射频脉冲的作用,若 B_1 为射频脉冲场,τ 为脉冲间隔,并且 $\omega=\omega_0=\gamma B_0$,即满足共振条

件,那么在脉冲经过后的 2τ 处,会出现回波,即 FID 信号,其幅度仅和物质的横向弛豫有关。图 6 表示 $90°$ 脉冲作用下的自旋回波信号。

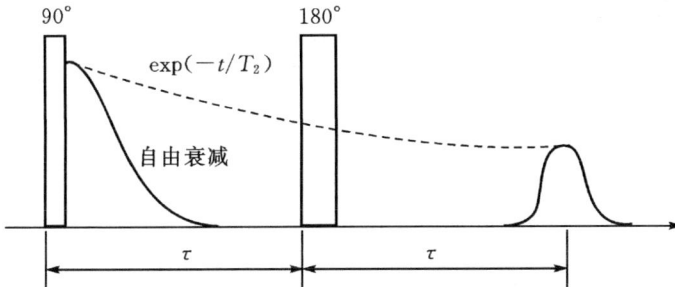

图 6　$90°$脉冲作用下的自旋回波信号

　　自旋回波是怎样形成的? 图 7 描述了其形成过程。在 x' 方向加脉冲射频场 B_1,核系统满足共振条件,那么,M 将绕 B_1 进动翻倒在 y' 上,在这个过程中,由于脉冲作用时间 T 很短,不用考虑弛豫和磁场均匀性的影响。但在 $90°$ 脉冲过后,M 不再受 $90°$ 脉冲的作用,它将在实验室坐标系上绕 z 轴作自由进动。如 μ_i 表示样品中不同部分的核磁矩,由于磁场的非均匀性,导致 μ_i 有不同的旋进速度。如与旋转坐标系旋转角速度 ω_0 相同的核磁矩为 μ_2,则 μ_2 正好落在 y' 上,并静止不动。而 μ_1 的共振频率高于 ω_0,它比 μ_2 运动得快,如面向 z 轴观看,将在 $x'Oy'$ 平面按顺时针方向旋转。相反,μ_3 共振频率小于 ω_0,将按逆时针方向旋转。它们的旋转将导致 M 在 $x'Oy'$ 平面上散开,如图 7(b)所示。经一段时间 τ 后,在 x' 轴上再加一个 $180°$ 脉冲射频场 B,在它的作用下,所有的磁矩绕 x' 轴反转 $180°$,如图 7(c)所示,但它们的旋转方向不变。这样经过 τ 时间后,所有的 μ_i 又汇聚在一起落在 y' 轴上,如图 7(d)所示。此时可从接收线圈中感应出一个射频信号,即形成自旋回波。经过 2τ 时间后,磁矩又散开,自旋回波很快降为零,如图 7(e)所示。如不考虑磁场不均匀性在实验中的影响,则自旋回波的峰值由 T_2 决定。

　　由图 7 可知,在 $180°$ 脉冲过后,经过 τ 时间所有的 μ_i 汇聚在一 y' 轴,对应于自旋回波的峰值。如果不发生横向弛豫,即系统不受 T_2 的影响,那么回波的高度应与 $90°$ 脉冲作用后的自由感应信号初始值一样大,然而经过 2τ 时间的横向弛豫作用使 μ_i 散开了,因此自旋回波的峰值仅由 T_2 决定。改变 τ,测出一系列的 τ 值和回波信号的峰值,即可由式(5)求出 T_2。由式(5)可知,实际测量到的回波峰值的变化应满足于

$$\boldsymbol{M}_y(t) = \boldsymbol{M}_y(0)\exp\left\{-\frac{t}{T_2}\right\} \tag{10}$$

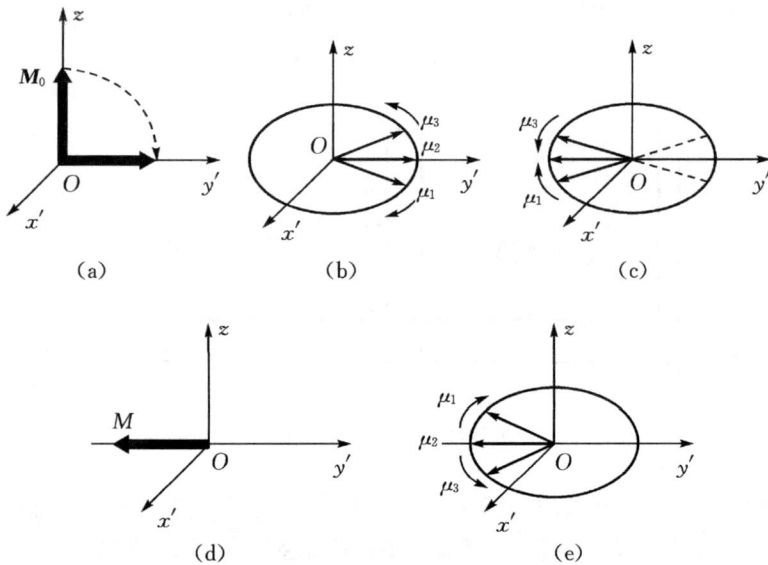

图 7　自旋回波的形成

如以 A 代表 M_y,实际回波的幅度可表示为

$$A = A_0 \exp\left\{-\frac{t}{T_2}\right\} \tag{11}$$

假设脉冲间隔为 t_1,则在 $t = 2t_1$ 处测得的回波幅度为 A_1,改变脉冲间隔为 t_2,在 $t = 2t_2$ 处测得回波幅度为 A_2,将它们代入(11)式,消去 A_0 后有

$$\frac{A_1}{A_2} = \exp\left\{\frac{t_2 - t_1}{T_2}\right\} \tag{12}$$

$$\ln\left(\frac{A_1}{A_2}\right) = \frac{t_2 - t_1}{T_2} \tag{13}$$

$$T_2 = \frac{t_2 - t_1}{\ln(A_1/A_2)} \tag{14}$$

如果选取在 t_1 和 t_2 两次测量的回波值满足 $A_2 = \dfrac{A_1}{2}$,则式(14)可简化为

$$T_2 = \frac{t_2 - t_1}{\ln 2} = 1.44(t_2 - t_1) \tag{15}$$

对于黏滞液体,如甘油等,上述测量公式是正确的。但对于非黏滞液体,如稀水溶液等,则因分子扩散的影响而需要重新修正,修正公式为

$$A = A_0 \exp\left(-\frac{t}{T_2} - \frac{\gamma^2 G^2 D t^3}{12}\right) \tag{16}$$

式中：G 为样品空间磁场梯度；D 为扩散系数；γ 为旋磁比。令 $k = \dfrac{\gamma^2 G^2 D}{12}$，则有

$$A = A_0 \exp\left(-\frac{t}{T_2} - kt^3\right) \tag{17}$$

仍用上述的测量方法，将 t_1, A_1 和 t_2, A_2 两次测量结果代入式(17)，即可得到经过校正后的液体 T_2 的测量公式

$$T_2 = \frac{t_2 - t_1}{\ln(A_1/A_2) - k(t_2^3 - t_1^3)} \tag{18}$$

4. 反向恢复法测 T_1

反向恢复法测定 T_1，采用 $180°$-τ-$90°$脉冲序列，首先加一个 $180°$脉冲，使处于平衡态的 $\boldsymbol{M}$ 转过 $180°$，这时，$\boldsymbol{M}_z = -\boldsymbol{M}_0$，而 $\boldsymbol{M}$ 的横向分量 $\boldsymbol{M}_{xy}$ 仍为零。由于纵向弛豫，使 $-\boldsymbol{M}_0$ 向 $\boldsymbol{M}_0$ 恢复，经过 t 时间间隔后，再施加一个 $90°$脉冲，使 $\boldsymbol{M}_z$ 转至 xOy 平面。观察此时的 FID 信号，其幅值与 $\boldsymbol{M}_z$ 成正比。经过一定时间后，$\boldsymbol{M}_z$ 恢复到平衡态。因此，与测量 T_2 相类似，T_1 也可以通过测量 FID 信号与脉冲间隔 τ 的关系曲线来求得。根据对 T_1 的定义，有

$$\frac{\mathrm{d}M}{\mathrm{d}t} = \frac{M_z - M_0}{T_1}$$

$\boldsymbol{M}_0$ 为常量，$t = 0$ 时，有 $M_z = M_0(0) = -M_0$ 为初始条件，将上式积分得

$$M_z = M_0(1 - 2\exp(-t/T_1)) \tag{19}$$

由上式可知，改变 τ，测出一系列的 $M_z(\tau)$ 值即可得出 T_1，也可用 $M_z(\tau_0) = 0$ 时对应的 τ_0，此时恰好使显示出的 FID 信号的幅度为零，则有

$$\tau_0 = T_1 \ln 2$$

$$T_1 = \frac{\tau_0}{0.69} = 1.44\tau_0 \tag{20}$$

5. 核磁共振成像原理

核磁共振成像是利用原子核在磁场内共振所产生的信号重建成像的技术。对医用核磁共振成像而言，都是利用氢核的共振信号。人体不同器官的正常组织和病变组织的 T_1 是相对固定的，而且它们之间有一定差别，T_2 也是如此。由于水在不同器官中就处于不同的环境，无论 T_1 和 T_2，都与周围环境有关。比如 T_2，其物理实质是射频脉冲结束后，自旋核之间交换能量和角动量，最后完全散相，由于各处自旋核情况不同，M_x、M_y 趋于 0 的时间不同，很快散相对应短的 T_2，得到较弱信号；散相慢的对应长的 T_2，得到较强信号。又如纵向弛豫时间 T_1，其物理实质是氢核由高能级回到低能级向周围环境释放能量的过程，必定与周围环境密切相关。纯水中氢核的 T_1 最长，同一器官中如果水肿，T_1 就会增加，肿瘤使 T_1 增加，黏度大

使 T_1 减小。短的 T_1,得到较强的信号;长的 T_1,得到较弱的信号。

对于 CT 成像,组织间吸收系数差别是其成像的基础。但 NMRI 不像 CT 只有一个参数,而是有 T_1、T_2 和自旋核密度等几个参数,其中 T_1、T_2 尤为重要。因此,获得选定层面中各个组织的 T_1 或 T_2 值,就可获得各种组织的图像。

由前面的研究可知,当射频脉冲结束,自旋核通过弛豫过程由高能态回到低能态同时辐射信号——自由感应衰减信号,直接采集到的磁共振(MR)信号是由成像参数 T_1,T_2,$N(H)$(自旋核密度)的对应信号组合而成,通过选择脉冲序列或延迟时间可突出其中一个或两个参数,使其他参数被抑制,负效应达最小,而得到被突出参数的很好的对比度图像,这个过程叫加权。

产生磁共振图像数据的脉冲序列,在临床上应用时大体可分为三大类:自旋回波(Spin Echo,SE)、反转恢复(Inversion Recovery,IR)和梯度回波(Gradient Echo,GE),每一类又分别包含若干改进的变种,共同特点是采集回波信号代替采集自由感应衰减信号。这样做的优点是,射频激发脉冲刚结束的基线有跳动,未达稳定状态,数据不便使用,而采集回波则避免了这些问题,特别是自旋回波,经 180° 再聚集,不仅避免了上述问题,而且采集全回波等于采集两次 FID 信号,提高了灵敏度,节省了时间。但回波也有缺点,因为弛豫的存在使第一个回波比 FID 信号小 $\mathrm{e}^{\frac{-2\tau}{T_2}}$,这里 τ 是 90°脉冲与 180°脉冲间隔时间。

由前面的研究已知,无论是用什么射频脉冲序列、对哪个参数加权,只要能选定一个层面,根据采集到的信号求出该层面上各点的信号分布就可以重建图像。把实验对象分成不同层面,再把各个层面分成一定数量的小体积,即体素。MRI 采集的是时域信号 $f(t)$,是各体素发出信号的总和,要实现图像重建,必须在采集的信号中带有空间位置(坐标)信息。根据拉莫尔旋进规律 $\omega = \gamma B_0$,设 B_0 沿 z 方向,如果只有主磁场 B_0,各体素有相同的旋进频率而无法区分。即使选定了一个层面,在一个确定的 xOy 平面上各处的旋进频率也是相同的,仍无法区分。1972 年,P. C. Lauterbur 教授利用梯度场,并通过傅里叶变换解决了这个问题,在主磁场中置入装有同量的水且完全相同的两个试管,在 x 方向排列。如果在 x 方向加入梯度磁场叠加于 $\boldsymbol{B}_0$ 之上,则两个试管所在位置上有不同磁场强度,对应不同的旋进频率,所以从两个试管检测到的 FID 信号是不同频率的衰减信号之和,不同频率代表来自不同空间位置,即通过梯度场实现了对信号的空间编码,并通过傅里叶变换把两个位置的信号分开。经过空间编码后的信号,通过二维傅里叶变换后就得到核磁共振信号的二维分布函数,从而得到样品的二维核磁共振图像。

(1)梯度磁场和选层原理

磁场中某点梯度为一矢量,其方向为该点场强增加率最大的方向,其大小为沿该方向的磁场增加率。沿任意方向的梯度可分解为沿坐标轴 x、y、z 的 $G_x = \dfrac{\partial B}{\partial x}$，$G_y = \dfrac{\partial B}{\partial y}$，$G_z = \dfrac{\partial B}{\partial z}$ 分量，G_x、G_y、G_z 为沿 x、y、z 方向的增加率。空间中任一点 (x, y, z) 总的磁场梯度可表示为

$$G = G_x i + G_y j + G_z k \tag{21}$$

空间中任一位置的梯度磁场

$$B_G = x G_x i + y G_y j + z G_z k \tag{22}$$

如果梯度磁场沿梯度方向各处的梯度大小都相等，这样的梯度叫作线性梯度，对应的磁场叫作线性梯度场，在 MRI 中只用线性梯度场。

①梯度磁场的获得。

半径为 R 电流强度为 I 的圆形通电线圈，其轴线 z 上一点的磁感应强度

$$B = \frac{\mu_0 I R^2}{2 (R^2 + z^2)^{3/2}} \tag{23}$$

若选两个通电方向相反的线圈，则在两线圈中心 O_1、O_2 间，磁场感应强度与 z 成线性关系，即生成梯度磁场。通过调整线圈的大小、形状、电流及二线圈间距离可获得所需梯度磁场。梯度磁场的强度远低于主磁场 B_0，数量级为 1.0×10^{-4} T/cm，其叠加于主磁场之上，使各处磁场大小不同，但还不足以改变主磁场方向，所以仍认为磁场的方向就是 B_0 的方向（沿着 z 轴）。

②体素坐标的确定方法。

在实际的 MRI 系统中，被测样品按照体素为单位被分割成非常多的点，用这些分离的点来表示在空间连续分布的物体。为了区分这些点的位置，要求从每个点上得到的 FID 信号具有不同的频率和相位，从而确定物体中不同位置上信号的幅度和相位，实现图像重建。在某方向施加梯度磁场，将使该方向上的核磁矩不同位置有不同的旋进频率和相位，若按照 x、y、z 三个方向施加梯度场将使每个体素有唯一的、用频率和相位确定的坐标。在主磁场方向施加梯度磁场 B_{GE} 确定体素所在平面——选层，在 x 方向、y 方向分别施加梯度场，实现频率编码和相位编码。

A. 选择断层（确定体素的 z 坐标）。

若只考虑在 z 方向选层，沿主磁场 B_0 方向再叠加一个线性梯度场 B_{Gz}，样品中合磁场 $B = B_0 + B_{Gz}$ 在不同层面上感受到的磁场强度不同，因而有不同的旋进频率

$$\omega(z) = \gamma_I B = \gamma_I (B_0 + B_{Gz}) = \gamma (B_0 + z G_z) \tag{24}$$

若所加的激励射频脉冲的角频率为 $\omega = \gamma(B_0 + z_1 G_z)$，则只有 $z = z_1$ 这一层的核受到激发，能产生 FID 信号，这样就选出了一层。由于激励脉冲的频率有一定的范围，则选中的一层将有一定的厚度 Δz。改变梯度场 B_G 方向，可以获得任意

断层的信号,医学上常用的断层有冠状面、矢状面、横断面。层厚与频宽和磁场(梯度)有关,射频脉冲频宽 $\Delta\omega$ 越大,相应的断层厚度越大,梯度越大,层越薄。

由于所选断层有一定的厚度,在同一 Δz 内不同 z 坐标的核处于不同的磁场中,有不同的旋进频率,增加了自旋核去位相状态,使 $M_{x'y'}$ 的衰减加快。为解决此问题,一般在梯度磁场脉冲后加入一个与其反向的相位重聚脉冲,使由于加梯度场而散开的相位重聚,补偿信号幅度的降低。

B. 相位编码确定各体素的 y 坐标。

假设用梯度场在 z 方向选取了某一断面 z_1,该面上所有自旋核在激励脉冲结束瞬间在旋进圆锥上都处于同一相位,不能区分各自旋核位置。相位编码技术就是确定 y 坐标的过程。紧跟在 $\boldsymbol{B}_{Gz}$ 后沿层面的 y 方向加一梯度场 $\boldsymbol{B}_{Gy}$,时间为 t_y,原来 z_1 层面内的核磁矩不再具有相同的旋进频率

$$\omega_y = \gamma(B_0 + yG_y) = \omega_0 + \Delta\omega_y \tag{25}$$

很显然,y 坐标相同的体素具有相同的旋进角速度,y 坐标不同的体素具有不同的旋进角速度。以 9 体素为例,经 t_y 时间后各像素内磁化矢量在各旋进圆锥上处于不同相位 $\varphi = \omega_y t_y$,与 y 成正比。不同 y 处磁化矢量旋过角度不同,即相位不同,这就是空间 y 坐标用相位编码。

C. 频率编码确定各体素的 x 坐标。

通过选层及相位编码,确定了体素的 z 坐标和 y 坐标,但 y 相同的体素还不能区分,G_y 经 t_y 时间撤销后,加入沿 x 方向的梯度场 $\boldsymbol{B}_{Gx}$,磁化矢量旋进角频率

$$\omega_x = \gamma B_0 + xG_x \tag{26}$$

x 不同处旋进角频率不同,则对于 y 相同 x 不同的各体素又进一步区分。实际上频率编码与相位编码没有本质的不同,称为频率编码不过是为了表述的方便。

总结以上,在三维梯度场的作用下,一幅 $n\times n$ 个体素的断层上各体素自旋核的旋进频率和相位都不同,形成二维分布。

但是采集到的 MR 信号是断层内所有体素内自旋核产生信号的总和,要实现重建必须把信号重新按不同的频率和相位分解开,才能得到断层的每一位置自旋核所产生信号的强度。在 MRI 中普遍使用的是通过傅里叶变换进行分解成像。

但是相位空间编码遇到的相当麻烦的问题是相位的区分,因为信号的强度是不同相位的信号经过矢量累加的结果,并不能区分相位,得到以下公式

$$U = \int_{-\infty}^{+\infty} I(y)\exp(i\varphi(y))\mathrm{d}y = \int_{-\infty}^{+\infty} I(y)\exp(i\tau G_y y)\mathrm{d}y \tag{27}$$

这是一个傅里叶变换的公式。这样我们可以采用不同大小的 y 梯度磁场,然后对梯度场大小进行傅里叶反变换即可得到 y 方向的空间分布。

（2）二维核磁共振成像实现

二维核磁共振成像具体实现如图 8 所示。

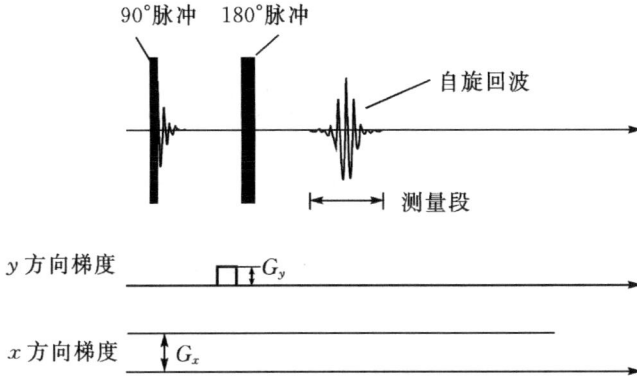

图 2　SE 脉冲序列示意图

　　图中实验采用"90°-180° 自旋回波法"，这样可以增加信号采样的时间，同时可以测量弛豫时间 T_2。实验中 x 梯度 G_x 保持不变，y 方向梯度 G_y 不断改变，并且每改变一次记录一次数据。这样我们可以得到多组数据，如图 9 所示。图中信号描述为 $u(t, G_y)$。我们将信号对 t 作一次傅里叶变换 $\int_0^T u(t, G_y)\exp(-i2\pi ft)dt \Rightarrow U'/(f, G_y)$，得到图 9 中一维频率编码信息。再对 $U'(f, G_y)$ 中的 G_y 作傅里叶变换

$$\int_{G_{yMIN}}^{G_{yMAX}} U'(f, G_y)\exp(-i2\pi K_y G_y)dG_y \Rightarrow U(f, K_y)$$

因为 $f = xG_x$，$K_y = \dfrac{y}{\tau}$，$U(f, K_y)$ 代表 H 原子核的空间分布，如图 10 所示。

　　以上为理论推导，过于抽象，以下采用具体的图文进行说明。

　　图 9 中 G_y 由 -64 变化到 $+64$，然后每组数据对时间作傅里叶变换，得到核磁共振信号的频谱，而频谱在 x 梯度磁场下对应 x 空间位置，如图 9 所示。

　　在每一频率上再对 G_y 作傅里叶变换得到二维谱，这时二维谱图代表样品中原子核的空间分布。图 11 中黑白亮度代表原子核分布的密度。

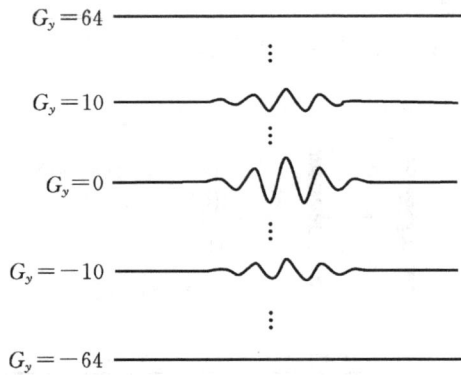

图 9 外磁场 y 方向梯度 G_y 改变时得到 x 空间的信号

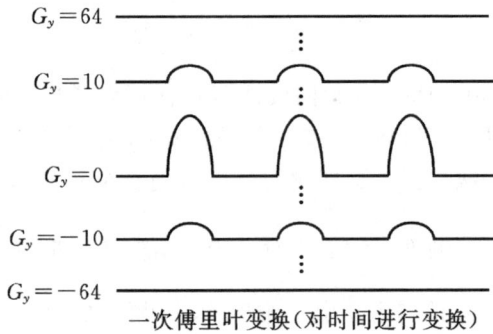

一次傅里叶变换（对时间进行变换）

图 10 傅里叶变换后得到 x 空间的位置分布

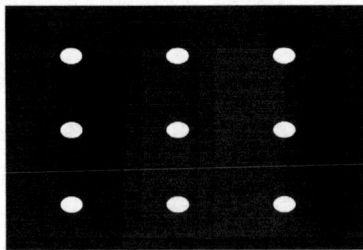

图 11 二维核磁共振图

四、实验内容

1.用水样品观察和测量 FID 信号。

2.用反转恢复法测量几种样品的 T_1。

调节第一脉冲宽度至 180°脉冲的时间宽度,调节第二脉冲宽度至 90°脉冲的时间宽度。点击选择"反转恢复测 T_1"按钮。点击"采集数据",逐次改变脉冲间距,观察第二脉冲的 FID 信号幅度及相位,当脉冲间隔在某一数值时 FID 非常小,就是零值时间,计算 T_1。

3.用自旋回波法测量几种样品的 T_2。

调节第一脉冲宽度至 90°脉冲的时间宽度,调节第二脉冲宽度至 180°脉冲的时间宽度。点击选择"自旋回波测 T_2"按钮。点击"采集数据"。逐次改变脉冲间隔用鼠标对准回波信号软件显示回波时间和回波幅度。记录下数据,用线性拟合计算 T_2。

4.对样品进行二维成像。

设置脉冲序列,用定标样品(三注油孔)进行 SE 序列密度图采集。用不同投影坐标系观察样品,进行扫描,再进行傅里叶变换,得到样品的二维图像。

5.观察 T_1 加权图和 T_2 加权图和化学位移伪影图。

将两种材料的混合样品放入试管(T_1 加权图采用芝麻油和纯水混合,T_2 加权图采用芝麻油和 $1\%CuSO_4$ 水溶液混合),改变 TE 和 TR 采集记录数据,再进行傅里叶变换,得到样品的二维图像。

实验软件使用见仪器说明书。

五、思考题

1.说明纵向弛豫和横向弛豫的物理本质。

2.核磁化矢量 $\boldsymbol{M}$ 的倾角 θ 由什么参数决定? 对 FID 信号有什么影响? 如何确定 $\boldsymbol{M}$ 翻转了 90°或 180°?

3.为什么要对共振信号进行傅里叶变换才能得到样品图像?

4.自旋回波是怎样形成的?

六、参考文献

1.高立模.近代物理实验.天津:南开大学出版社,2006.9.

2.侯淑莲,谢寰彤.医学影像原理与实验.北京:人民卫生出版社,2007.8.

实验 4.3　射频段电子自旋共振(ESR)

泡利(Pauli)在 1924 年提出电子自旋的概念,可以解释某些光谱的精细结构。1944年,原苏联学者扎沃依斯基(Е. К. ЗАБОИСКИИ)首先观察到电子自旋共振现象。

电子自旋共振(ESR)的研究对象是含有未偶电子(或称未配对电子)的物质。通过对这些物质 ESR 谱的研究,可以了解有关原子、分子及离子中未偶电子的状态及其周围环境的信息,从而获得物质结构方面的知识。这一方法具有很高的灵敏度和分辨力,而且在测量过程中不破坏样品的物质结构,因此,在物理、化学、生物学和医学等领域有着广泛的应用。此外,ESR 也是精确测量磁场的重要方法之一。

一、实验目的

1. 了解电子自旋共振的原理;
2. 调节观察 DPPH 的共振信号,并测量信号的线宽等参数。

二、实验仪器

实验装置如图 1 所示,它由 ESR 电源、探测线圈/边限振荡器、示波器、直流电源、电流表、滑线变阻器等组成。

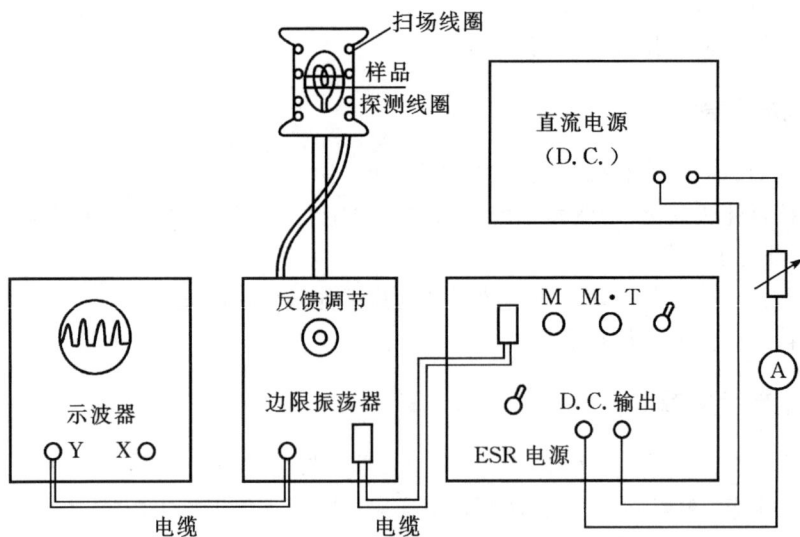

图 1　实验装置图

稳恒磁场和扫场用同一螺线管产生，螺线管直径 $d = 3.18$ cm，长 $l = 7.00$ cm，线圈总匝数为 300 匝。螺线管中部磁感应强度可由下式计算

$$B = 4\pi nI \dfrac{10^{-7}}{\sqrt{1+(\dfrac{d}{l})^2}} \tag{1}$$

式中：n 为螺线管单位长度的匝数，匝/米；I 为电流，A。

ESR 电源供给螺线管 50 Hz 的扫场电流，它也是探测线圈/边限振荡器的电源。边限振荡器的振荡线圈（样品置于其中），其轴线方向与螺线管轴线方向垂直，即使射频磁场 $\boldsymbol{B}_1$ 与螺线管磁场 $\boldsymbol{B}$ 相互垂直。振荡线圈既用于产生也用于接收共振信号。共振信号由示波器进行观察。直流电源供给螺线管直流电流，它与扫场电流进行叠加，以测定共振磁场的大小。

实验样品是 DPPH，它的名称为二苯基苦酸基联氨，它的分子式为 $(C_6H_5)_2N—NC_6H_2(NO_2)_3$，结构式如图 2 所示，其中 —N 原子少一个共价键，即有一个未偶电子。DPPH 一般为多晶体，平均 g_J 值为 2.0036 ± 0.0003，非常接近自由电子的 g_J 值。

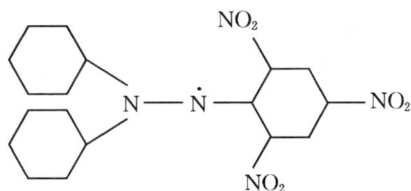

图 2　DPPH 分子式及未偶电子示意图

三、实验原理

ESR 的基本原理与 NMR 相似，下面作简要说明。

按照量子力学原理，电子自旋角动量 $|\,P_s\,| = \sqrt{s(s+1)}\,\hbar$，其中，$s$ 为电子自旋量子数，$s = \dfrac{1}{2}$，$\hbar = h/2\pi$，h 为普朗克常数。电子自旋磁矩 $\boldsymbol{\mu}_s$ 与电子自旋角动量 $\boldsymbol{P}_s$ 的关系式为

$$\boldsymbol{\mu}_s = -\dfrac{g_J e}{2m_e}\boldsymbol{P}_s \tag{2}$$

式中：e 为电子电荷；m_e 为电子质量；g_J 称为朗德因子，对自由电子来说，$g_J = 2.0023$。当电子处于稳恒磁场中时，原来的单个能级将劈裂为两个能级，如图 3 所示。相邻能级的间隔为

$$\Delta E = g_J \mu_B B \tag{3}$$

式中：$\mu_B = -\dfrac{he}{2m_e} = 9.2741 \times 10^{-24}$ J/T，称为玻尔磁子；B 是稳恒磁场的磁感应强度。

根据磁共振原理，如果在与 $\boldsymbol{B}$ 垂直的平面内，施加一个频率为 ν 的交流磁场 $\boldsymbol{B}_1$，当满足条件

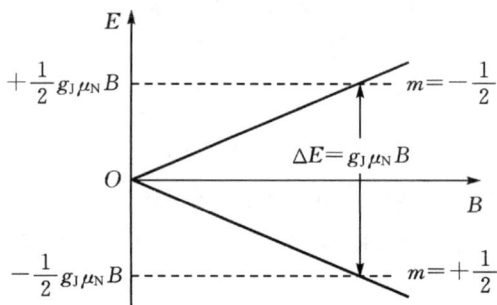

图 3　电子能级分裂示意图

$$h\nu = \Delta E = g_J\mu_B B \tag{4}$$

电子就会吸收磁场 $\boldsymbol{B}_1$ 的能量,从下能级跃迁到上能级,这就是电子自旋共振现象。因角频率 $\omega = 2\pi\nu$,上式可改定为

$$\omega = \frac{g_J\mu_B}{h}B \tag{5}$$

或

$$\frac{e}{m_e} = \frac{2\omega}{g_J B} \tag{6}$$

由电子自旋共振测出 ω 和 B , g_J 为常数,就可求得电子荷质比。

　　因玻尔磁子约为核磁子的 1836 倍,即电子自旋磁矩比核磁矩大三个数量级,在同样磁场作用下,电子塞曼能级之间的间距比核塞曼能级间距大得多。根据玻尔兹曼分布定律,上、下能级间的粒子数差额也大得多。因此,电子自旋共振信号比核磁共振信号强很多。磁感应强度 B 为 0.1～1 T 时,核磁共振发生在射频范围,电子自旋共振则发生在微波频率范围。然而,对于电子自旋共振,即使在较弱的磁场下,例如 1 mT,在射频也能观察到电子自旋共振现象。本实验是在弱磁场下,用较简单的实验装置观察电子自旋共振现象。

四、实验内容和要求

　　1.电子自旋共振信号的观察。

　　按图 1 接线,在射频线圈中放入 DPPH 样品,套上螺线管,即把螺线管沿轴线上推至最高处,接通 ESR 电源和扫场开关。此时,扫场电流频率 $f = 50$ Hz,相应样品处的磁场为

$$B = B_m\sin 2\pi ft$$

增大扫场电流,并适当调节边限振荡器反馈旋钮,当满足电子自旋共振条件时,示

波器上出现 ESR 信号,每一周期最多可出现四次,一般情况下,它们是不等距的,如图 4 所示,B_r 为共振磁场的大小。

调节扫场电流从小至大,记录荧光屏上 ESR 信号的变化,并加以说明。

2. 共振磁场的测量。

为了测定共振发生时磁场的大小,采用直流场与交流场叠加的方法。这可以在 ESR 电源 D. C 端输入一直流电流来实现(见图 1)。此时,螺线管通入直流和交流电流。实验时,直流电流从零开始,一边增大直流,一边减小交流,从示波器上可看到 ESR 信号,有些相互离开,有些相互靠近,甚至合一,最后消失。将上述过程调节到 ESR 信号等距,如图 5 所示。此时,改变交流电流的

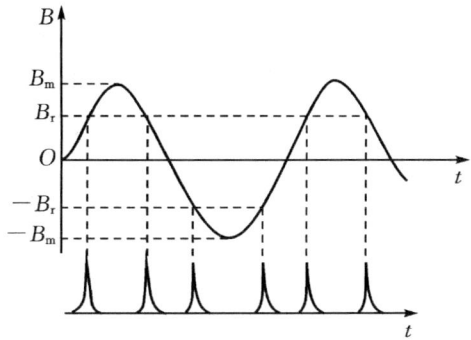

图 4　不等距时的 ESR 信号

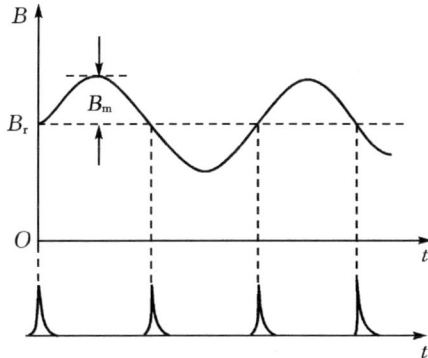

大小,信号间距保持不变,而直流电流的数值就是产生共振磁场所需的电流。

图 5　等间距时的 ESR 信号

由于共振磁场 B_r 值不大,地磁的影响不能忽略,为了减小地磁的影响,可测出直流电流正、反方向共振磁场的电流 I_1 和 I_2,取 $I = \dfrac{1}{2}(I_1 + I_2)$,进行计算。

①调节直流电流由小至大,交流电流由大至小,记录荧光屏上 ESR 信号的变化,并加以说明。

②测定共振磁场的电流 I,并探讨如何使地磁影响最小。

3. 谱线宽度(半高宽度)的测量。

ESR 谱线具有一定的宽度,其与电子在上能级的寿命有关,根据测不准原

理,有

$$\Delta\nu \sim \frac{1}{\tau}$$

式中：$\Delta\nu$ 为谱线宽度；τ 为能级寿命；电子在上能级的寿命缩短,将导致谱级加宽,它反映了粒子间相互作用的信息,是电子自旋共振谱的一个重要参数,因为

$$\Delta\nu = \frac{g_J\mu_B}{h}\Delta B \tag{7}$$

故线宽又可用 ΔB 表示。ΔB 可用下述方法测出。

当示波器显示等距 ESR 信号时,即调制场在过零时发生共振,设 $2t_1$ 为调制场扫过谱线半高宽度的时间,T 为扫场周期,于是谱线半高宽度为

$$\Delta B = 2B_m\sin(2\pi t_1/T) \tag{8}$$

比值 t_1/T 由图 6 定出。B_m 可以这样求得,改变 B_r,使彼此等距的信号两个合并成一个,则 B_r 的改变量即为 B_m。

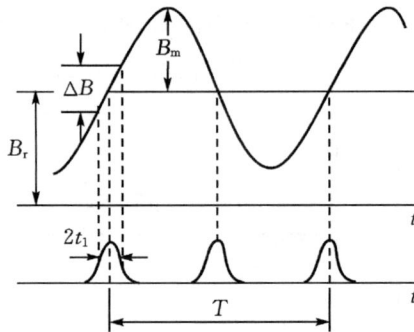

图 6　ESR 信号半高宽及 B_m 测量示意图

测定电子自旋共振时射频频率 ν,记录荧光屏上差频信号随标准高频信号变化的情况,并加以说明。

4.由测量值计算电子荷质比,并讨论误差来源。

5.使用拍频方法,用标准高频信号发生器测定共振频率。

五、思考题

1. 用直流场与交流场迭加法测定 ESR 磁场时,交流扫场起什么作用?

2.试设计另一种测量 ESR 谱线宽度的方法。

3.试比较 ESR 与 NMR 技术的异同点。

实验 4.4　微波段电子自旋共振

电子自旋共振(ESR)谱仪是根据电子自旋磁矩在磁场中的运动与外部高频电磁场相互作用,对电磁波共振吸收的原理而设计的。因为电子本身运动受物质微观结构的影响,所以电子自旋共振成为观察物质结构及其运动状态的一种手段。又因为电子自旋共振谱仪具有极高的灵敏度,并且观测时对样品没有破坏作用,所以电子自旋共振谱仪被广泛应用于物理、化学、生物学、医学和生命科学领域。

一、实验目的

1. 了解微波段电子自旋共振的原理,了解各个微波元件的作用;
2. 测量样品的共振吸收、色散信号,测量电子的朗德因子 g_J。

二、实验仪器

电子自旋共振仪主机、磁铁、示波器、微波系统(包括微波源、隔离器、阻抗调配器、扭波导、直波导、可变短路器及检波器)、Q9 连接线等。实验装置框图如图 1 所示。

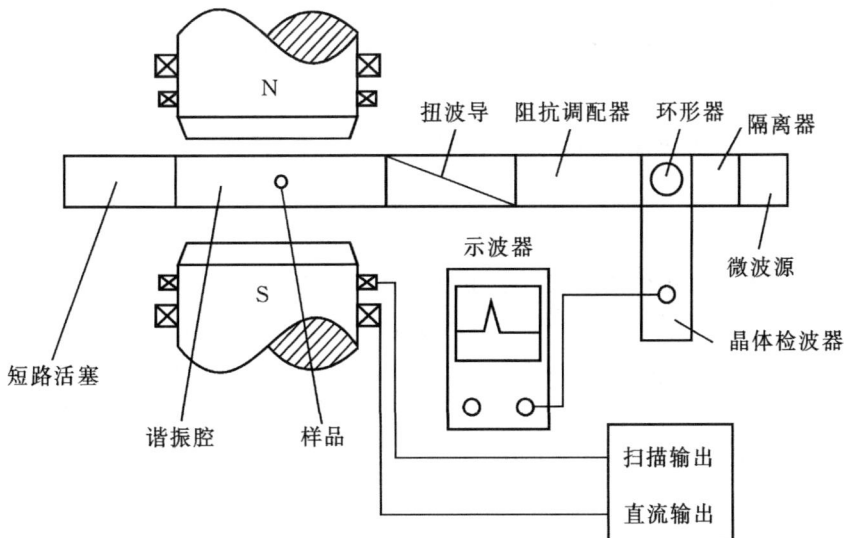

图 1　实验装置图

1. 谐振腔

谐振腔由矩形波导组成,如图 2 所示,A 为谐振腔耦合膜片,B 为可变短路调节器,也被称为短路膜片。

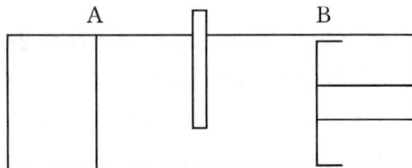

图 2　谐振腔示意图

本实验采用反射式可调矩形谐振腔,它由一段波导管制成,在一个端面上开一个小孔,电磁波从该孔输入,其另一端面是可调的反射短路活塞,使谐振腔长度任意可调。当矩形谐振腔的长度等于微波半波长的整数倍时,腔内将发生谐振,形成稳定的驻波,磁场最强的地方,电场最弱。实验时,样品处于磁场最强处。

2. 固态微波源

固态微波源由体效应管、变容二极管、频率调节、电源输入端组成。微波源供电电压为 12 V,其发射频率为 9.37 GHz。微波源的工作原理见本实验后面的附。

3. 隔离器

隔离器具有单向传输功能,它使微波只能向前传输。

4. 环形器

环形器具有定向传输功能,它使微波向正对的端口往前传输,而使反射回来的微波只能从侧面端口输出。

5. 晶体检波器

晶体检波器用于检测微波信号,由前置的三个螺钉调配器、晶体管座和末端的短路活塞三部分组成。其核心部分是跨接于矩形波导宽壁中心线上的点接触微波二极管(也叫晶体管检波器),其管轴沿 TE_{10} 波的最大电场方向,它将拾取到的微波信号整流(检波)。若微波信号是连续波,整流后的输出为直流。输出信号由与二极管相连的同轴线中心导体引出,接到相应的指示器,如直流电表、示波器。

6. 扭波导

扭波导可改变波导中电磁波的偏振方向(对电磁波无衰减),主要作用是便于机械安装(因为磁铁产生磁场方向为水平方向,而磁铁产生磁场必须垂直于矩形波导的宽边,而前面的微波源、双 T 调配器以及频率计的宽边均为水平方向)。

7. 短路活塞

短路活塞是接在传输系统终端的单臂微波元件,它对入射微波功率几乎全部反射而不吸收,从而在传输系统中形成纯驻波状态。它是一个可移动金属短路面的矩形波导,也称可变短路器,其短路面的位置可通过螺旋来调节并可直接读数。

8. 阻抗调配器

阻抗调配器(双 T 调配器)是双臂波导元件,调节 E 面 H 面的短路活塞可以改变波导元件的参数。它的主要作用是改变微波系统的负载状态,将系统调节至匹配状态、容性负载、感性负载等不同状态。在微波顺磁共振中主要作用是观察吸收、色散信号。

双 T 调配器调节方法:在驻波不太大的情况下,先调谐 E 臂活塞,使驻波减至最小,然后再调谐 H 臂活塞,就可以得到近似的匹配(驻波比 $s<1.10$),如果驻波较大,则需要反复调谐 E 臂和 H 臂活塞,才能使驻波比降低到很小的程度(驻波比 $s<1.02$)。

三、实验原理

具有未成对电子的物质置于静磁场 $\boldsymbol{B}$ 中,由于电子的自旋磁矩与外部磁场相互作用,导致电子的基态发生塞曼能级分裂,当在垂直于静磁场方向上所加横向电磁波的量子能量等于塞曼分裂所需的能量,即满足共振条件 $\omega = \gamma \cdot B$ 时,未成对电子发生能级跃迁。

布洛赫(Bloch)根据经典理论力学和部分量子力学的概念推导出 Bloch 方程。费曼(Feynman)、弗农(Vernon)、赫尔沃斯(Hellwarth)在推导二能级原子系统与电磁场作用时,从基本的薛定谔方程出发得到与 Bloch 方程完全相同的结果,从而得出 Bloch 方程适用于一切能级跃迁的理论,此理论被称为 FVH 表象。

原子核具有磁矩

$$\boldsymbol{\mu} = \gamma \cdot \boldsymbol{L} \tag{1}$$

式中:γ 称为旋磁比;$\boldsymbol{L}$ 表示自旋的角动量。

原子核在磁场中受到力矩

$$\boldsymbol{M} = \boldsymbol{\mu} \cdot \boldsymbol{B} \tag{2}$$

根据力学原理 $\dfrac{\mathrm{d}\boldsymbol{L}}{\mathrm{d}t} = \boldsymbol{M}$,可以得到

$$\frac{\mathrm{d}\boldsymbol{\mu}}{\mathrm{d}t} = \gamma \cdot \boldsymbol{\mu} \times \boldsymbol{B} \tag{3}$$

考虑到弛豫作用,其分量式用 Bloch 方程表示为

$$\begin{cases} \dfrac{\mathrm{d}\mu_x}{\mathrm{d}t} = \gamma(B_y\mu_z - B_z\mu_y) - \dfrac{\mu_x}{T_2} \\[2mm] \dfrac{\mathrm{d}\mu_y}{\mathrm{d}t} = \gamma(B_z\mu_x - B_x\mu_z) - \dfrac{\mu_y}{T_2} \\[2mm] \dfrac{\mathrm{d}\mu_z}{\mathrm{d}t} = \gamma(B_x\mu_y - B_y\mu_x) - \dfrac{\mu_z}{T_1} \end{cases} \tag{4}$$

式中：T_1，T_2 分别表示纵向和横向弛豫时间。其稳态解为

$$\begin{cases} \chi' = \dfrac{\gamma \cdot B_1 \cdot T_2^2 (\gamma \cdot B_z - \omega_0)}{1 + (\gamma \cdot B_z - \omega_0)^2 \cdot T_2^2 + \gamma^2 \cdot B_1^2 \cdot T_1 \cdot T_2} \\[3mm] \chi'' = \dfrac{\gamma \cdot B_1 \cdot T_1}{1 + (\gamma \cdot B_z - \omega_0)^2 \cdot T_2^2 + \gamma^2 \cdot B_1^2 \cdot T_1 \cdot T_2} \end{cases} \tag{5}$$

式中：B_1 为微波磁场；B_z 为外加静磁场在 z 轴的分量；$\omega_0 = \gamma \cdot B$，$B$ 为外加静磁场。

　　吸收信号和色散信号如图 3 所示。

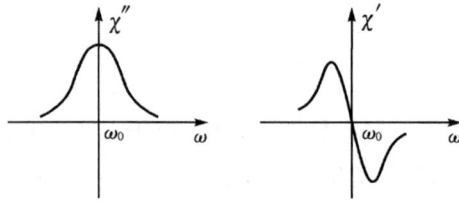

图 3　吸收信号和色散信号示意图

　　实验中，通过示波器可以观察到共振信号、李萨如图形及色散图，又因为共振信号发生的条件为圆频率 $\omega = \gamma \cdot B$，所以已知磁场及共振频率，就可以求出旋磁比，进而由

$$\gamma = -g_J \cdot \frac{e}{2m_e} \tag{6}$$

可以求出朗德因子。

四、实验步骤及内容

　　1. 先把三个支架放到适当的位置，再将微波系统放到支架上，调节支架的高低，使得微波系统水平放置，最后把装有 DPPH 样品（二苯基苦酸基联氨，分子式为 $(C_6H_5)_2N\!-\!NC_6H_2(HO_2)_5$）的试管放在微波系统的样品插孔中。

　　2. 将微波源与主机后部微波源的电源接头相连，再将电子自旋共振仪面板上的直流输出与磁铁上的一组线圈的输入相连，扫描输出与磁铁面板上的另一组线圈相连，最后将检波输出与示波器的输入端相连。

3.打开电源开关,将示波器调至直流挡;将检波器的输出调至直流最大,再调节短路活塞,使直流输出最小;将示波器调至交流挡,并调节直流调节电位器,使得输出共振信号等间距。

4.Q9 连接线一端接电子自旋共振仪主机面板右下 X-OUT 端,另一端接示波器 CH1 通道,调节短路活塞,观察李萨如图形。

5.在环形器和扭波导之间加装阻抗调配器,然后调节检波器和阻抗调配器上的旋钮观察色散信号波形。

6.计算电子的朗德因子 g_J。

用特斯拉计测定磁铁磁感应强度 B。微波频率 $f = 9.37\,\mathrm{GHz} = 9.37 \times 10^9\,\mathrm{Hz}$。

五、思考题

1.简述 ESR 的物理原理。

2.电子自旋共振和核磁共振有什么异同?

3.为什么微波段电子自旋共振可以忽略地磁场的影响,而射频段不可以?

六、参考资料

1.吴思诚,王祖铨.近代物理实验 I.北京:北京大学出版社,1999.

2.杨福家.原子物理学.北京:高等教育出版社,2000.

附:固态微波信号源的工作原理

固态微波信号源的核心是耿氏(Gunn)二极管振荡器,也称为体效应二极管振荡器,或者称为固态源。

耿氏二极管主要是基于 n 型砷化镓的导带双谷——高能谷和低能谷结构。1963 年耿氏在实验中观察到,在 n 型砷化镓样品的两端加上直流电压,当电压较小时样品电流随电压的增高而增大;当电压超过某一临界值 V_{th} 后,随着电压的增高电流反而减小(这种随着电场的增加电流下降的现象称为负阻效应);电压继续增大($V > V_b$),则电流趋向于饱和,如图 4 所示,这说明 n 型砷化镓样品具有负阻特性。

砷化镓的负阻特性可以用半导体能带理论解释,如图 5 所示,砷化镓是一种多能谷材料,其中具有最低能量的主谷和能量较高的临近子谷具有不同的性质,当电子处于主谷时有效质量 m^* 较小,则迁移率 μ 较高;当电子处于子谷时有效质量 m^* 较大,则迁移率 μ 较低。在常温且无外加磁场时,大部分电子处于电子迁移率高而有效质量低的主谷,随着外加磁场的增大,电子平均漂移速度也增大;当外加电场大到足够使主谷的电子能量增加 0.36 eV 时,部分电子转移到子谷,在那里迁

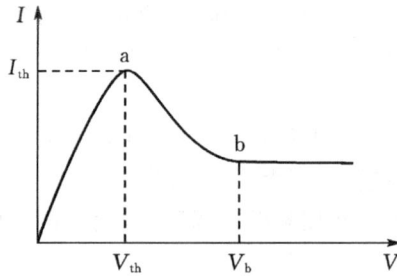

图 4 耿氏二极管的电流-电压特性

移率低而有效质量较大,其结果是随着外加电压的增大,电子的平均漂移速度反而减小。

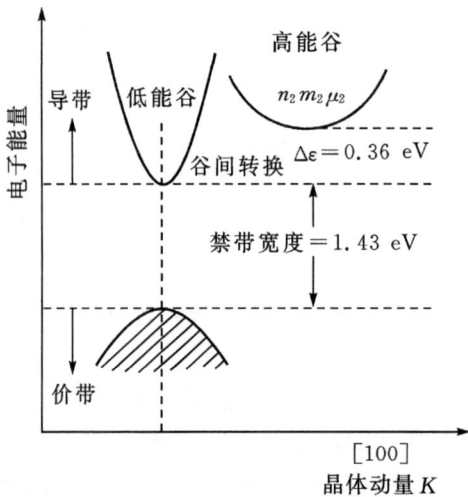

图 5 砷化镓的能带结构

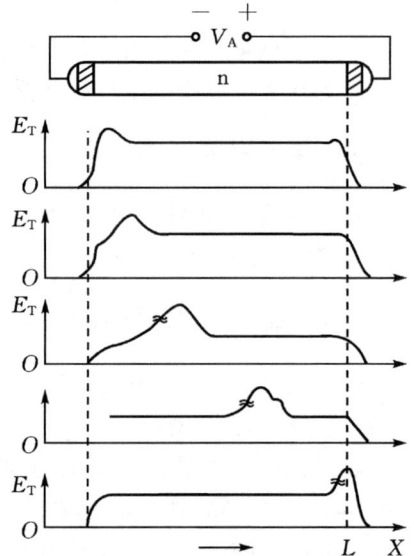

图 6 耿氏管中畴的形成、传播和消失过程

图 6 所示为一耿氏二极管示意图。在管两端加电压,当管内电场 E 略大于 E_T (E_T 为负阻效应起始电场强度)时,由于管内局部电量的不均匀涨落(通常在阴极附近),在阴极端开始生成电荷的偶极畴,偶极畴的形成使畴内电场增大而使畴外电场下降,从而进一步使畴内的电子转入高能谷,直至畴内电子全部进入高能谷,畴不再长大。此后,偶极畴在外电场作用下以饱和漂移速度向阳极移动直至消失。而后整个电场重新上升,再次重复相同的过程,周而复始地产生畴的建立、移动和消失,构成电流的周期性振荡,形成一连串很窄的电流,这就是耿氏二极管振荡

原理。

耿氏二极管的工作频率主要由偶极畴的渡越时间决定,实际应用中,一般将耿氏二极管装在金属谐振腔中做成振荡器,通过改变腔体内的机械调谐装置可以在一定范围内改变耿氏二极管的工作频率。

实验 4.5　　光泵磁共振

20 世纪 50 年代初期,法国科学家卡斯特莱(A. Kastler)提出采用光抽运技术(光泵),即用圆偏振光来激发原子,打破原子在能级间的热平衡,造成能级上粒子集聚差数,使得在低浓度下有较高的共振强度。这时再以相应频率的射频场激励原子磁共振,并采用光探测法,使探测信号灵敏度有很大提高。这个方法的出现不仅使微观粒子结构的研究前进了一步,而且在激光、量子标频和精测弱磁场等方面也有重要突破。1966 年,卡斯特莱由于发现和发展了研究原子中核磁共振的光学方法(既光泵磁共振)而获诺贝尔物理学奖。

一、实验目的

1. 加深对原子超精细结构、光跃迁及磁共振的理解;
2. 掌握以光抽运为基础的光检测磁共振方法;
3. 测定铷原子超精细结构塞曼子能级的朗德因子。

二、仪器与用具

光泵磁共振实验装置、射频信号发生器、示波器、频率计等。

三、实验原理

1. 铷(Rb)原子基态及最低激发态的能级

铷是一价的碱金属,它的价电子处于第 5 壳层,主量子数 $n=5$,轨道量子数 $L=0,1,\cdots,n-1$,电子自旋量子数 $S=1/2$。由电子的自旋与轨道运动相互作用($L-S$ 耦合)发生能级分裂,形成原子的精细结构(如图 1)。电子总角动量的量子数 $J=L+S,L+S-1,\cdots,|L-S|$。对于铷原子的基态,$L=0,S=1/2$,故 $J=1/2$;其最低激发态,$L=1,S=1/2$,故 $J=\dfrac{1}{2}$ 和 $\dfrac{2}{3}$。在 5p 与 5s 能级之间产生的跃迁是铷原子光谱主线系第一条线,为双线,在铷灯的光谱中强度特别大。$5^2p_{1/2}$ 到 $5^2s_{1/2}$ 的跃迁产生的谱线为 D_1 线,波长是 7947 Å;$5^2p_{3/2}$ 到 $5^2s_{1/2}$ 的跃迁产生的谱线为 D_2 线,波

长是 7800 Å。

原子的价电子在 $L\text{-}S$ 耦合中,总角动量 P_J 与原子的电子总磁矩 μ_J 的关系为

$$\mu_J = -g_J \frac{e}{2m} P_J \tag{1}$$

其中

$$g_J = 1 + \frac{J(J+1) - L(L+1) + S(S+1)}{2J(J+1)} \tag{2}$$

就是著名的朗德(Longde)因子,J,L 和 S 是量子数;m 是电子质量;e 是电子电量。

原子核也具有自旋和磁矩,核自旋量子数用

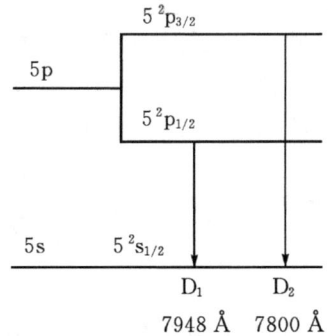

图 1　铷原子精细结构的形成

I 表示。核磁矩与原子的电子总磁矩之间相互作用造成能级的附加分裂,称为超精细结构(如图 2)。铷元素在自然界主要有两种同位素 ^{87}Rb 和 ^{85}Rb 两种同位素 ^{87}Rb 和 ^{85}Rb 核的自旋量子数 I 是不同的。核自旋角动量 P_I 与电子总角动量 P_J 耦合成 $P_F(P_F = P_I + P_J)$,耦合后的总量子数 $F = I+J,\cdots,|I-J|$,^{87}Rb 的 $I = 3/2$,^{85}Rb 的 $I = 5/2$,故 ^{87}Rb 基态的 F 等于 1 和 2;^{85}Rb 基态的 F 等于 2 和 3。

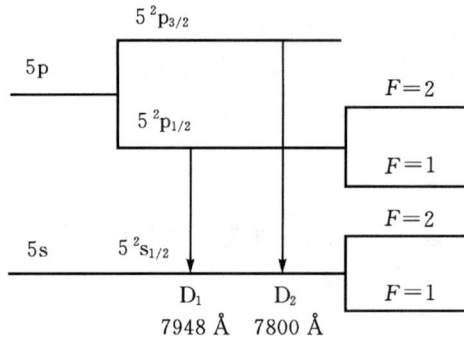

图 2　铷原子 $I\text{-}J$ 耦合超精细结构能级

整个原子的总角动量 P_F 与总磁矩 μ_F 之间的关系可写为

$$\mu_F = -g_F \frac{e}{2m} P_F \tag{3}$$

$$g_F = g_J \frac{F(F+1) + J(J+1) - I(I+1)}{2F(F+1)} \tag{4}$$

式中:g_F 是对应 μ_F 和 P_F 的朗德因子。

原子处于弱磁场中,由于原子总磁矩与磁场的相互作用使原子的超精细结构

能级产生塞曼分裂(弱场时为反常塞曼效应),形成塞曼子能级。这些能级用磁量子数来表示,$M_F = F$, $F-1$, $\cdots$, $-F$,即分裂成$(2F+1)$个能量间隔基本相等的塞曼子能级。μ_F 和 B 相互作用能量表示为

$$E = -\mu_F \cdot B = g_F M_F \mu_B B \tag{5}$$

外磁场为 B 时相邻塞曼子能级间距为

$$\Delta E = g_F \mu_B B \tag{6}$$

式中:μ_B 为玻尔磁子;F 表示原子总角动量量子数,$F = I+J$,$\cdots$,$|I-J|$。

可以看出 ΔE 与 B 成正比,当外电场为零时,各塞曼子能级将重新简并为原来能级。

2. 圆偏振光对铷原子的激发与光抽运效应

气态铷原子受左旋圆偏振光 $D_1 \sigma^+$ 照射时,光跃迁的选择定则是

$$\Delta F = 0, \pm 1, \quad \Delta M_F = +1$$

用左旋圆偏振光 $D_1 \sigma^+$ 入射时,对于 ^{87}Rb 来说,粒子在 $5^2 s_{1/2}$ 向 $5^2 p_{1/2}$ 跃迁,需服从 $\Delta M_F = +1$ 的条件,这样基态 $M_F = +2$ 能级上的粒子跃迁概率为 0。而由于粒子从 $5^2 p_{1/2}$ 返回 $5^2 s_{1/2}$ 的过程是自发跃迁,$\Delta M_F = 0, \pm 1$ 的各跃迁都是可能的,如图 3 所示。当经过多次跃迁和自发跃迁后,大量原子被抽运到基态 $F=2$、$M_F = +2$ 的子能级上,形成原子在各能级间的非平衡分布,称为偏极化。类似情形可用右旋偏振光 $D_1 \sigma^-$ 照射,最后原子都分布在 $F=2$, $M_F = -2$ 的子能级上。有了偏极化就可以得到较强的磁共振信号。对于 ^{85}Rb,则原子抽运到 $M_F = +3$ 的子能级上。

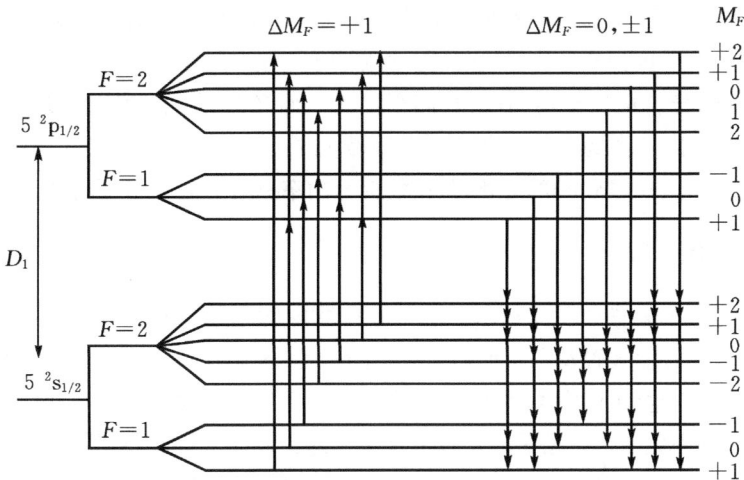

图 3　铷原子跃迁和辐射示意图

3. 弛豫过程

光抽运引起原子系统能级分布偏极化,使系统处于非平衡分布状态,在没有外加因素干扰时,这个系统将趋于热平衡,此过程称为弛豫过程。弛豫过程的机制比较复杂,但在光抽运的情况下,铷原子与容器壁碰撞是失去偏极化的主要原因。通常在铷样品泡内充入适量的惰性气体,惰性气体密度比样品泡中铷蒸气的原子密度大 5~7 个数量级,可大大减小铷原子与容器壁碰撞的机会。惰性气体分子磁矩非常小,可认为它们与铷原子碰撞时不影响这些原子在能级上的分布,合理控制其温度,从而能保持铷原子有较高的偏极化。

4. 塞曼子能级之间的磁共振和光探测

铷原子在弱磁场中,相邻塞曼子能级间的能量差为 $\Delta E = g_F \mu_B B$ 。因光抽运而使 ^{87}Rb 原子分布偏极化达到饱和以后,铷蒸气不再吸收 $D_1 \sigma^+$ 光,从而使透过铷样品泡的 $D_1 \sigma^+$ 光增强。在垂直于产生塞曼分裂的磁场 B 的方向上加一频率为 ν 的射频磁场,当满足磁共振条件

$$h\nu = \Delta E = g_F \mu_B B \tag{7}$$

时,在塞曼子能级间产生感应跃迁,称为磁共振。$M_F = +2$ 能级上的大量原子跃迁到 $M_F = +1$,以后又从 $M_F = +1$ 跃迁到 $M_F = 0, -1, -2$ 等各子能级上。这样,磁共振消除了原子分布的偏极化。如此,粒子的偏极化程度降低,再次发生光抽运,最终形成光抽运与磁共振的动态平衡。

照射在样品上的 $D_1 \sigma^+$ 光起到了两个作用:一方面起到光抽运作用;另一方面透过样品的光兼作探测光,即一束光起到了抽运与探测两个作用。对磁共振信号进行光探测是很有意义的,因为塞曼子能级的磁共振跃迁信号很微弱,特别是对于密度非常低的气体样品的信号就更加微弱,直接观测很困难。而光探测技术利用磁共振时伴随着 $D_1 \sigma^+$ 光强的变化,巧妙地将一个频率低的射频光子(1~10 MHz)的变化转换成一个频率高的光频量子(10^8 MHz)的变化,从而使信号功率提高了 7~8 个数量级。

四、实验装置

实验的总体装置如图 4 所示。图 5 是光磁共振实验装置主体结构示意图。光源由高频振荡器、控温装置及铷光谱灯组成。凸透镜、偏振片和 1/4 波片用来形成 $D_1 \sigma^+$ 圆偏振光。吸收池(主体中央)由内充铷蒸气和缓冲气体的样品泡、射频线圈和恒温槽组成。样品泡两侧与入射光平行方向装有一对射频线圈,以激发磁共振。由于样品温度过高,会增加铷原子与容器壁的碰撞几率,引起退极化;温度过低又使铷蒸气密度过小,减小信号幅度,所以将样品泡置于恒温槽内,保持最佳温度。光电探测器内装有光电池和前置放大器。由铷原子吸收泡透过的光经透镜汇聚到硅光电池上,由它将

接收到的变化的透射光强转换成电信号,放大滤波后由示波器显示。

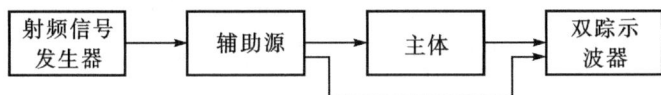

图 4 光泵磁共振实验总体装置方框图

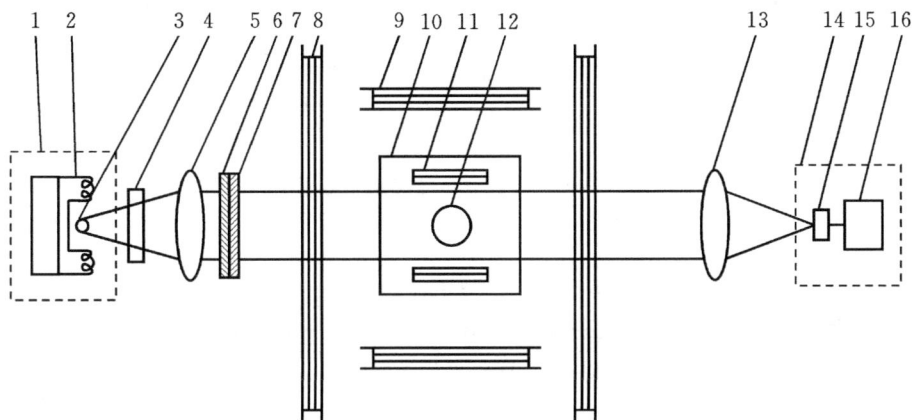

图 5 光泵磁共振实验装置主体单元示意图

1—铷光谱灯;2—高频振荡器;3—铷灯泡;4—干涉滤波片;5—凸透镜(准直用);6—偏振片;7—1/4波片;8—水平磁场线圈;9—垂直磁场线圈;10—恒温槽;11—射频线圈;12—铷样品泡;13—凸透镜;14—光电探测器;15—光电池;16—放大器

五、实验步骤及内容

1.仪器的调节

①打开电源,按下"预热"键,将温度控制在 $40\sim60$ ℃之间;

②借助指南针,调节导轨,使主体装置的光轴与地磁场水平分量平行,以消除地磁场水平分量。(注意:调节指南针方向时,应该调节扫场的幅度旋扭和方向按键)

2. 光抽运信号的观察

观察光抽运信号时常采用方波扫场。将方波加到扫场线圈上,出现磁场的一瞬间,基态各塞曼子能级上的粒子数接近热平衡,各子能级上有大致相等的粒子数。因此,这一瞬间有占总粒子数 7/8 的粒子可吸收 $D_1\sigma^+$ 光,吸收光最强,透过光最弱。随着粒子逐渐被抽运到 $M_F=+2$ 子能级上,能吸收 $M_F=+2$ 光的粒子减少,吸收光减弱,透过铷样品泡的光逐渐增强。当 $M_F=+2$ 子能级上粒子数达到饱和,不再有粒子吸收 $M_F=+2$ 光,透过光强达最大值且保持不变。当外磁场过零并反向时,塞曼子能级发生简并且重新分裂,能级简并时失去了偏极化。能级再分裂后,各塞曼子能级上的粒子数又大致相等,对 $D_1\sigma^+$ 光的吸收又达最大值。这样周而复始,通过检测透过样品的光强变化,就能观察到光抽运信号,如图6所示。由于地磁场水平分量使得扫场方波不对称,地磁场垂直分量使外磁场无法回零。

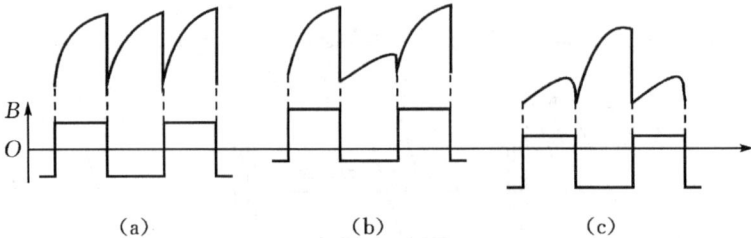

图 6　不同垂直磁场时的光抽运信号

(a)水平扫场 $B_{//}=0$ 在方波中心;(b)$B_{//}=0$ 接近方波最低值;(c)$B_{//}=0$ 接近方波最高值

3. 磁共振信号的观察及 g_F 因子的测量

利用三角波扫场,加射频磁场。先给水平线圈加一定电压 V,即加一定的水平磁场 B。B 与 V 的关系由亥姆霍兹关系给出

$$B=\frac{16\pi NV}{5^{3/2}rR}\times10^{-7} \tag{8}$$

式中:N 为线圈匝数;r 为线圈有效半径;V 为直流电压;R 为线圈绕线电阻。

当射频频率 ν 与磁场 B 满足共振条件式(7)时,铷原子分布的偏极化被破坏,形成新的光抽运。固定频率,改变磁场值的大小可以分别获得[87]Rb 和[85]Rb 的磁共振,如图7。利用式(7)和(8)可以测出 g_F 因子。注意区分共振信号与光抽运信号。这里应注意,B 由三部分组成,即水平线圈产生的磁场、扫场线圈产生的磁场和地磁场水平方向的磁场。

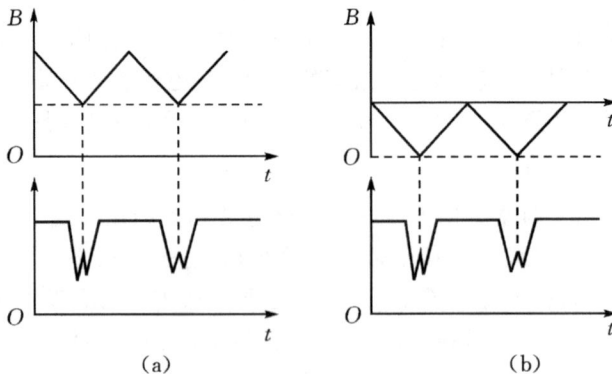

图 7　磁共振信号图像

(a)正向磁共振信号;(b)反向磁共振信号

六、思考题

1. 如何区分磁共振信号与光抽运信号？

2. 为什么当磁场通过零点时,原子中已形成的偏极化会消失？

3. 光抽运过程为什么要采用单一的左旋圆偏振光或单一的右旋圆偏振光？ 为什么不用自然光、线偏振光或椭圆偏振光？

4. 本实验如何探测磁能级之间的磁共振信号？ 与直接测量磁能级之间的磁共振跃迁信号相比,这种方法为什么大大地提高了探测灵敏度？

第5章　超声波类实验

实验 5.1　超声光栅

人耳能听到的声波频率在16 Hz到20 kHz范围内。超过20 kHz的声波称为超声波。光通过受超声波扰动的介质时会发生衍射现象,这种现象称为声光效应。利用声光效应测量超声波在液体中传播速度是声光学领域具有代表性的实验。

一、实验目的

1. 了解超声波的产生方法及超声光栅的原理;
2. 测定超声波在液体中的传播速度。

二、实验仪器

分光计,超声光栅盒,钠光灯,数字频率计,高频振荡器。

三、实验原理

将某些材料(如石英、铌酸锂或锆钛酸铅陶瓷等)的晶体沿一定方向切割成晶片,在其表面上加以交流电压,在交变电场作用下,晶片会产生与外加电压频率相同的机械振动,这种特性称为晶体的反压电效应。把具有反压电效应的晶片置于液体介质中,当晶片上加的交变电压频率等于晶片的固有频率时,晶片的振动会向周围介质传播出去,就得到了最强的超声波。

超声波在液体介质中以纵波的形式传播,其声压使液体分子呈现疏密相同的周期性分布,形成所谓疏密波,如图1(a)所示。由于折射率与密度有关,因此液体的折射率也呈周性变化。若用 N_0 表示介质的平均折射率,t 时刻折射率的空间分布为

$$N(y,t) = N_0 + \Delta N \cos(\omega_s t - K_s y)$$

式中:ΔN 是折射率的变化幅度;ω_s 是超声波的角频率;K_s 是超声波的波数,它与超声波波长 λ_s 的关系为 $K_s = 2\pi/\lambda_s$。图1(b)是某一时刻折射率的分布,这种分布状

态将随时间以超声波的速度 v_s 向前推进。

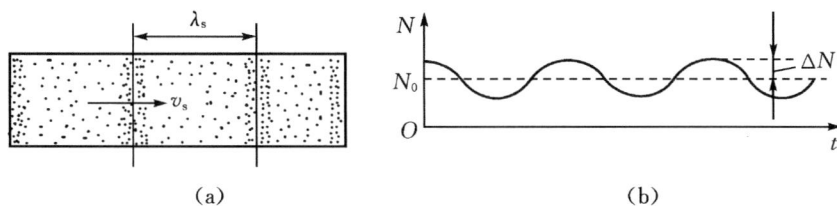

图（a）与图（b）

图 1　密度和折射率呈周期分布

(a)液体分子呈疏密相间的周期性分布；(b)折射率的周期性分布

如果在超声波前进的方向上垂直放置一表面光滑的金属反射器,那么,到达反射器表面的超声波将被反射而沿反向传播。适当调节反射器与波源之间的距离则可获得一共振驻波(纵驻波)。设入射波与反射波分别沿 y 轴正方向传播,它们的表达式为

$$\xi_1 = A\cos(\omega_s t - K_s y)$$
$$\xi_2 = A\cos(\omega_s t + K_s y)$$

其合成波为

$$\xi = \xi_1 + \xi_2 = A\cos(\omega_s t - K_s y) + A\cos(\omega_s t + K_s y)$$

利用三角关系可以求出

$$\xi = 2A\cos(K_s y)\cos(\omega_s t)$$

此式就是驻波的表达式。其中 $\cos\omega_s t$ 表示合成以后液体媒质中各点都在各自的平衡位置附近做同周期的简谐振动,但各点的振幅为 $|A\cos K_s y|$,即振幅与位置 y 有关,振幅最大发生在 $|\cos K_s y| = 1$ 处,对应的 $y = n\pi/K_s = n\lambda_s/2$ ($n = 0,1,2,3,\cdots$)这些点称为驻波的波腹,波腹处的振幅为 $2A$,相邻波腹间距离为 $\lambda_s/2$ 。振幅最小发生在 $|\cos K_s y| = 0$ 处,此时 $y = (2n+1)\lambda_s/4$,这些点称为波节,如图 2 中 a、b、c、d 均为节点,相邻波节间的距离也为 $\lambda_s/2$ 。可见,驻波的波腹与波节的位置是固定的,不随时间变化。对于驻波的任意一点 a,在某一时刻 $t = 0$ 时,它两边的质点都涌向节点,使节点附近成为质点密集区;半周期后,节点两边的质点又向左右散开,使波节附近成为稀疏区。在同一时刻,相邻波节附近质点密集和稀疏情况正好相反。与此同时,随着液体密度的周期变化,其折射率也呈周期变化,密度相等处其折射率也相等,这时折射率的空间分布为

$$N(y,t) = N_0 + 2\Delta N \sin K_s y \cos \omega_s t$$

从式中可以看出,液体中各点的折射率是按正弦规律分布的,当光从垂直于超声波的传播方向透过超声场后,会产生衍射,这一现象如同光栅衍射,所以超声波作用

的这一部分介质可看成是一个等效光栅,称为超声光栅,光栅常数为两个相邻等密度处的间距,即超声波的波长 λ_s。

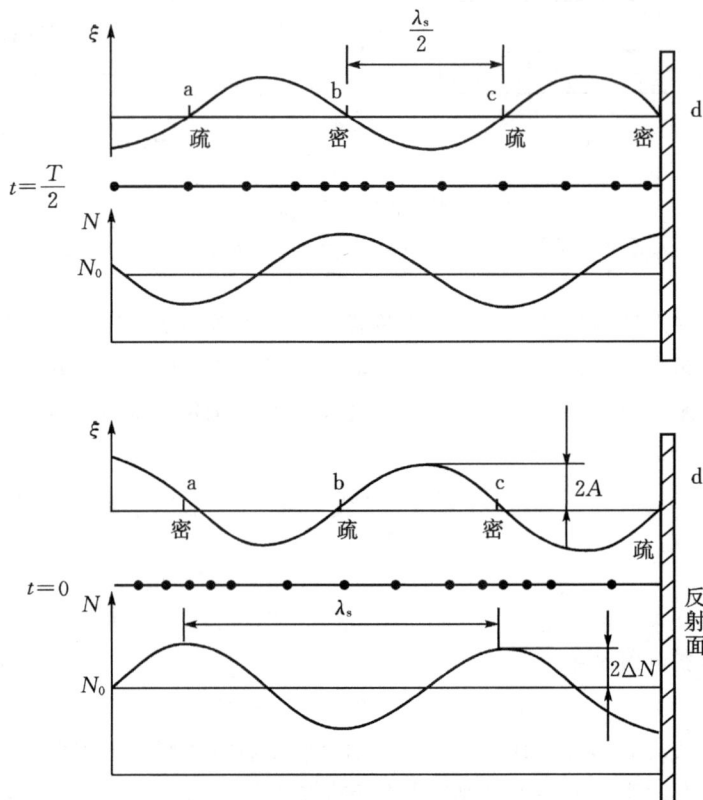

图 2 $t=0$ 和 $t=T/2$ 时刻振幅、折射率及质点的疏密分布

按照超声频率的高低和受声光作用超声场长度的不同,声光作用可分为两种类型:拉曼-奈斯衍射和布拉格衍射。本实验采用拉曼-奈斯衍射,如图 3 所示。平行光垂直入射光栅时,将产生多级衍射光,且各级衍射极大(即衍射光强度为最大的位置)对称地分布在零级极大位置的两侧。设第 k 级衍射极大对应的衍射角为 θ_k,则有

$$\lambda_s \sin\theta_k = k\lambda \quad (k = 0, \pm 1, \pm 2, \pm 3, \cdots)$$

式中:λ 为光波波长。超声波在介质中传播的速度为

$$v_s = \lambda_s f$$

式中:f 为振荡电源的频率。

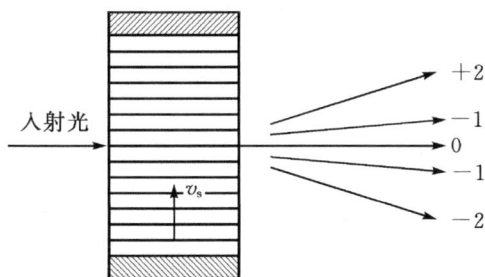

图 3　拉曼-奈斯衍射

　　超声光栅实验的原理如图 4 所示。在超声光栅盒中的压电晶体两端加高频电压,压电晶体在交变电场作用下发生周期性的压缩伸长,即产生机械振动。当外加交变电场频率达到压电晶体的固有频率时,晶体会发生共振现象,这时机械振动的振幅达到最大值。超声波从晶体表面发射经过待测介质(如水)后在超声光栅盒的反射器上反射,适当调节压电晶体与反射器之间的距离,在液体中入射波与反射波叠加形成驻波,构成超声光栅。

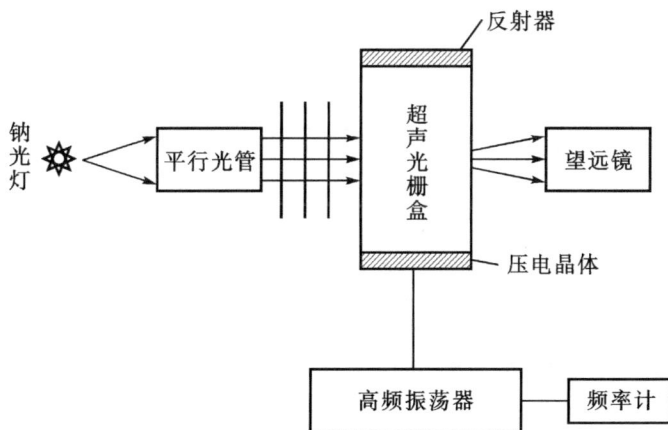

图 4　实验原理图

四、实验内容与步骤

　　1.调节分光计到正常测量状态。

　　2.按照图 4 将线路连接好,在超声光栅盒中加入适量的水;将超声光栅盒放在分光计的载物台上,使超声波的传播方向与入射波垂直。

3.确定高频电压的频率。适当调节高频电压的频率,微微调节压电晶体与反射器之间的距离,以便观察最佳的衍射条纹。

4.测量高频电压频率和衍射条纹的衍射角,并测出待测液体的温度。

五、数据表格和数据处理

1.衍射条纹的衍射角的测量。

	m	θ_{-m}	θ_{+m}	$\theta_m = \dfrac{\theta_{-m} - \theta_{+m}}{2}$	ν_s/MHz	$v_s = \dfrac{m\lambda\nu_s}{\sin\theta_m}$	$\Delta v_s = v_s - \overline{v_s}$
左游标							
右游标							
液体温度/℃					$\overline{v_s} =$	$\Delta v_s =$

2.求出该温度下液体中的平均声速。

3.根据纯水中声速与温度的关系:$v(T) = 1557 - 0.0245\,(74 - T)^2\ \text{m/s}$,求出实验室温度下水中声速的经验值,并与实验值比较,求出误差。

六、思考题

1.超声光栅与一般的平面刻线光栅有何异同?

2.产生拉曼-奈斯衍射的实验条件是什么? 如何保证光速垂直入射?

实验 5.2　超声波测量及超声探伤

超声波是频率在 $2\times10^4 \sim 10^{12}$ Hz 的声波,它广泛存在于自然界和日常生活中,如老鼠、海豚的叫声中都含有超声波成分;蝙蝠利用超声波导航和觅食;金属片撞击和小孔漏气也能发出超声波。

人们对超声波的研究始于 1830 年,F. Savart 第一次人工产生了频率为 2.4×10^4

Hz 的超声波;1912 年泰坦尼克号邮轮事件后,科学家提出利用超声波预测冰山;1916
年第一次世界大战期间,P. Langevin 领导的研究小组开展了水下潜艇超声侦察的
研究,为声纳技术奠定了基础;1927 年,R. W. Wood 和 A. E. Loomis 发表超声波
能量作用实验报告,奠定功率超声基础;1929 年前苏联学者 Sokolov 提出利用超
声波的良好穿透性来检测不透明物体内部缺陷,以后美国科学家 Firestone 使超声
波无损检测成为一种实用技术。

　　超声波测试把超声波作为一种信息载体,它已在海洋探查与开发、无损检测与
评价、医学诊断等领域发挥着不可取代的独特作用。例如,在海洋应用中,超声波
可以用于探测鱼群或冰山、潜艇导航或传送信息、地形地貌测绘和地质勘探等。在
检测中,利用超声波检验固体材料内部的缺陷、材料尺寸测量、物理参数测量等。
在医学领域,可以利用超声波进行人体内部器官的组织结构扫描(B 超诊断)和血
流速度的测量(彩超诊断)等。

一、实验目的

1.了解超声波产生的原理和波形;
2.理解超声波声速与固体弹性常数的关系;
3.掌握超声波声速等参数的测量方法;
4.掌握超声波探伤技术。

二、实验仪器

　　超声波发射和接收主机,超声波探头(直探头、斜探头、可变角探头),实验样
品,示波器等。

三、实验原理

　　能够产生超声波的方法很多,常用的有压电效应方法、磁致伸缩效应方法、静
电效应方法和电磁效应方法等。我们把能够实现超声能量与其他形式能量相互转
换的器件称为超声波换能器。一般情况下,超声波换能器既能用于发射又能用于
接收。

　　在本专题实验中,我们采用压电效应实现超声波信号与电信号的转换,即采用
压电换能器,它是利用压电材料的压电效应实现超声波的发射和接收的。

1.压电效应

　　某些固体物质,在压力(或拉力)的作用下产生变形,从而使物质本身极化,在
物体相对的表面出现正、负束缚电荷,这一效应称为压电效应。

物质的压电效应与其内部的结构有关。如石英晶体的化学成分是 SiO_2,它可以看成由 $+4$ 价的 Si 离子和 -2 价 O 离子组成。晶体内,两种离子形成有规律的六角形排列,如图 1 所示。其中三个正原子组成一个向右的正三角形,正电中心在三角形的重心处。类似,三个负原子对(六个负原子)组成一个向左的三角形,其负电中心也在这个三角形的重心处。晶体不受力时,两个三角形重心重合,六角形单元是电中性的。整个晶体由许多这样的六角形构成,也是电中性的。

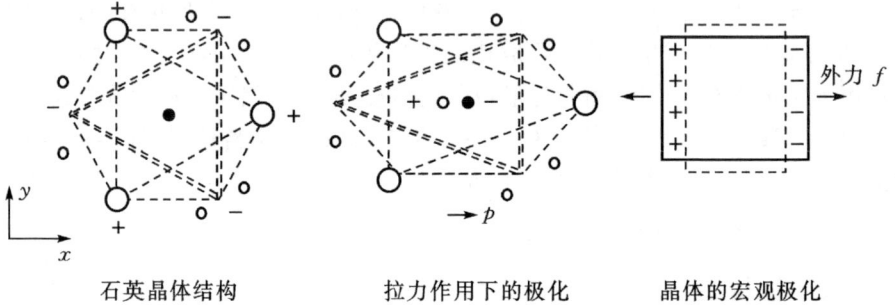

石英晶体结构   拉力作用下的极化   晶体的宏观极化

图 1 石英晶体的压电效应

当晶体沿 x 方向受一拉力,或沿 y 方向受一压力,上述六角形沿 x 方向拉长,使得正、负电中心不重合。尽管这时六角形单元仍然是电中性的,但是正负电中心不重合,产生电偶极矩 $\boldsymbol{p}$。整个晶体中有许多这样的电偶极矩排列,使得晶体极化,左右表面出现束缚电荷。当外力去掉,晶体恢复原来的形状,极化也消失。(许多大学物理教材都有关于电极化理论的介绍,可参阅)

由于同样的原因,当晶体沿 y 方向受拉力,或沿 x 方向受压力,正原子三角形和负原子三角形都被压扁,也造成正、负电中心不重合。但是这时电偶极矩的方向与 x 方向受拉力时相反,晶体的极化方向也相反。这就是压电效应产生的原因。

当外力沿 z 轴方向(垂直于图 1 中的纸面方向),由于不造成正负电中心的相对位移,所以不产生压电效应。由此可见,石英晶体的压电效应是有方向性的。

当一个不受外力的石英晶体受电场作用,其正负离子向相反的方向移动,于是产生了晶体的变形。这一效应是逆压电效应。

还有一类晶体,如钛酸钡($BaTiCO_3$),在室温下即使不受外力作用,正负电中心也不重合,具有自发极化现象。这类晶体也具有压电效应和逆压电效应,它们多是由人工制成的陶瓷材料,又叫压电陶瓷。本实验中超声波换能器采用的压电材料就是压电陶瓷。

2.脉冲超声波的产生及其特点

用作超声波换能器的压电陶瓷被加工成平面状,并在正反两面分别镀上银层作为电极,被称为压电晶片。当给压电晶片两极施加一个电压短脉冲时,由于逆压电效应,晶片将发生弹性形变而产生弹性振荡,振荡频率与晶片的声速和厚度有关,适当选择晶片的厚度可以得到超声频率范围的弹性波,即超声波。在晶片的振动过程中,由于能量的减少,其振幅也逐渐减小,因此它发射出的是一个超声波波包,通常称为脉冲波,如图 2 所示。超声波在材料内部传播时,与被检对象相互作用发生散射,散射波被同一压电换能器接收,由于压电效应,振荡的晶片在两极产生振荡的电压,电压被放大后可以用示波器显示。

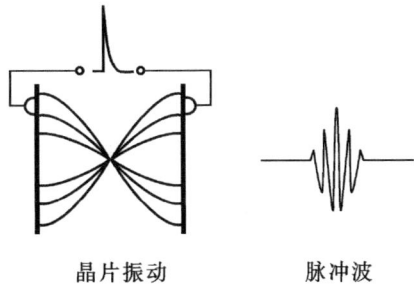

晶片振动　　　　　脉冲波

图 2　脉冲波的产生

图 3(a)为超声波在试块中传播的示意图。图 3(b)为示波器接收到的超声波信号,其中,t_0 为电脉冲施加在压电晶片的时刻,t_1 是超声波传播到试块底面又反射回来,被同一个探头接收的时刻。因此,超声波在试块中传播到底面的时间为

$$t = (t_1 - t_0)/2$$

如果试块材质均匀,超声波声速 c 一定,则超声波在试块中的传播距离为

$$S = ct$$

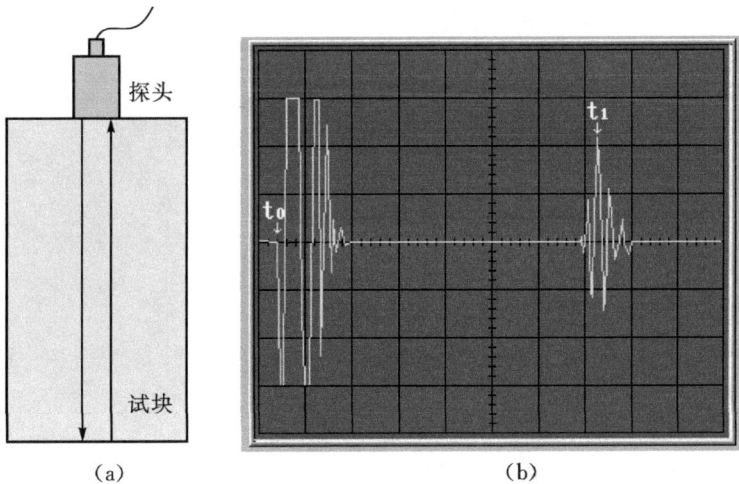

（a）　　　　　　　　　　　　　　（b）

图 3　脉冲超声波在试块中的传播及示波器的接收信号

3.超声波波型及换能器种类

如果晶片内部质点的振动方向垂直于晶片平面,那么晶片向外发射的就是超声纵波。超声波在介质中传播的波型取决于介质承受的作用力类型以及对介质激发超声波的方式。通常有如下三种波型:

纵波波型:当介质中质点振动方向与超声波的传播方向一致时,此超声波为纵波波型。任何固体介质当其体积发生交替变化时均能产生纵波。

横波波型:当介质中质点的振动方向与超声波的传播方向相垂直时,此种超声波为横波波型。由于固体介质除了能承受体积变形外,还能承受切变变形,因此,当有剪切力交替作用于固体介质时均能产生横波。横波只能在固体介质中传播。

表面波波型:是沿着固体表面传播的具有纵波和横波的双重性质的波。表面波可以看成是由平行于表面的纵波和垂直于表面的横波合成,振动质点的轨迹为一椭圆,在距表面1/4波长深处振幅最强,随着深度的增加很快衰减。实际上,离表面一个波长以上的地方,质点振动的振幅已经很微弱了。

在实际应用中,我们经常把超声波换能器称为超声波探头。实验中,常用的超声波探头有直探头和斜探头两种,其结构如图4所示。探头通过保护膜或斜楔向外发射超声波;吸收背衬的作用是吸收晶片向背面发射的声波,以减少杂波;匹配电感的作用是调整脉冲波的波形。

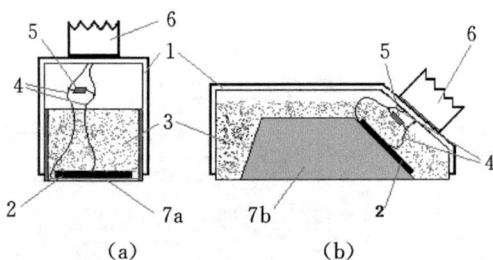

图 4　直探头和斜探头的基本结构
(a)直探头;(b)斜探头

1—外壳;2—晶片;3—吸收背衬;4—电极接线;5—匹配电感;6—接插头;7a—保护膜;
7b—斜楔

4.超声波声速与材料弹性模量的关系

一般情况下,采用直探头产生纵波,斜探头产生横波或表面波。对于斜探头,晶片受激发产生超声波后,声波首先在探头内部传播一段时间后才到达试块的表面,这段时间我们称为探头的延迟。对于直探头,一般延迟较小,在测量精度要求不高的情况下,可以忽略不计。

在各向同性的固体材料中,根据应力和应变满足的胡克定律,可以求得超声波传播的特征方程

$$\nabla^2 \Phi = \frac{1}{c^2} \frac{\partial^2 \Phi}{\partial t^2} \tag{1}$$

式中:Φ 为势函数;c 为超声波传播速度。

在气体介质中,声波只是纵波。在固体介质内部,超声波可以按纵波或横波两种波型传播。无论是材料中的纵波还是横波,其速度可表示为

$$c = \frac{d}{t} \tag{2}$$

式中:d 为超声波传播距离;t 为超声波传播时间。

对于同一种材料,纵波波速和横波波速的大小一般不一样,但是它们都由弹性介质的密度、杨氏模量和泊松比等弹性参数决定,即影响这些物理常数的因素都对超声波传播速度有影响。相反,利用测量超声波速度的方法可以测量材料有关的弹性常数。

在外力作用下,固体长度沿力的方向产生变形。变形时的应力与应变之比就定义为杨氏模量,一般用 E 表示。

固体在应力作用下沿纵向有一正应变(伸长),沿横向就将有一个负应变(缩短),横向应变与纵向应变之比被定义为泊松比,记做 σ,它也是表示材料弹性性质的一个物理量。

在各向同性固体介质中,各种波型的超声波声速为

纵波声速:
$$c_L = \sqrt{\frac{E(1-\sigma)}{\rho(1+\sigma)(1-2\sigma)}} \tag{3}$$

横波声速:
$$c_S = \sqrt{\frac{E}{2\rho(1+\sigma)}} \tag{4}$$

式中:E 为杨氏模量;σ 为泊松比;ρ 为材料密度。

相应地,通过测量介质的纵波声速和横波声速,利用以上公式可以计算介质的弹性常数。计算公式如下

杨氏模量:
$$E = \frac{\rho c_S^2 (3T^2 - 4)}{T^2 - 1} \tag{5}$$

泊松系数:
$$\sigma = \frac{T^2 - 2}{2(T^2 - 1)} \tag{6}$$

式中:$T = \dfrac{c_L}{c_S}$,c_L 为介质中纵波声速;c_S 为介质中横波声速;ρ 为介质的密度。

(1)声速的直接测量方法

根据公式(2),当利用确定反射体(界面或人工反射体)测量声速时,我们只需要测量该反射体的回波时间,就可以计算得到声速。而对于单个的反射体,得到的反射波如图 5 所示。能够直接测量的时间包含了超声波在探头内部的传播时间 t_0,即探头的延迟。对于任何一种探头,其延迟只与探头本身有关,而与被测的材料无关。因此,首先需要测量探头的延迟,然后才能利用该探头直接测量反射体回波时间。

①直探头延迟测量,直接读数。

②斜探头延迟测量。参照图 5 把斜探头放在试块上,并使探头靠近试块正面,使探头的斜射声束能够同时入射在如图 6 所示的 R_1 和 R_2 圆弧面上。适当设置超声波实验仪衰减器的数值和示波器的电压范围与时间范围。在示波器上同时观测到两个弧面的回波 B_1 和 B_2。测量它们对应的时间 t_1 和 t_2。由于 $R_2 = 2R_1$,因此斜探头的延迟为

$$t = 2t_1 - t_2 \tag{7}$$

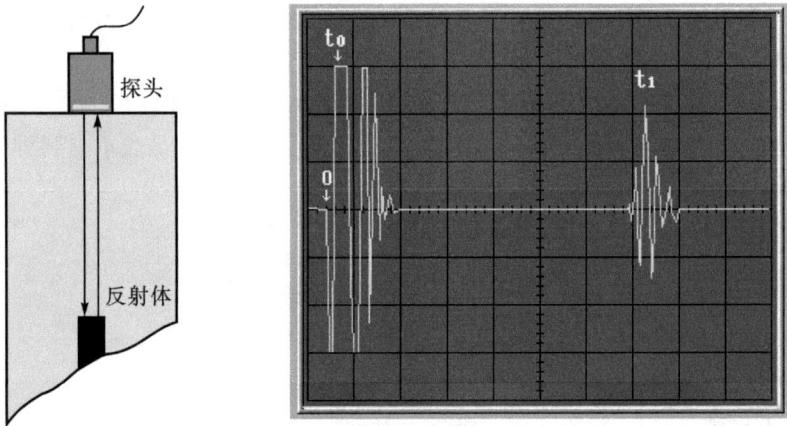

图 5   纵波延迟测量

③斜探头入射点测量。在确定斜探头的传播距离时,通常还要知道斜探头的入射点,即声束与被测试块表面的相交点,用探头前沿到该点的距离表示,又称前沿距离。

参照图 6 把斜探头放在试块上,使探头靠近试块正面,探头的斜射声束入射在 R_2 圆弧面上。左右移动探头,使回波幅度最大(声束通过弧面的圆心)。这时,用钢板尺测量探头前沿到试块左端的距离 L,则前沿距离为

$$L_0 = R_2 - L \tag{8}$$

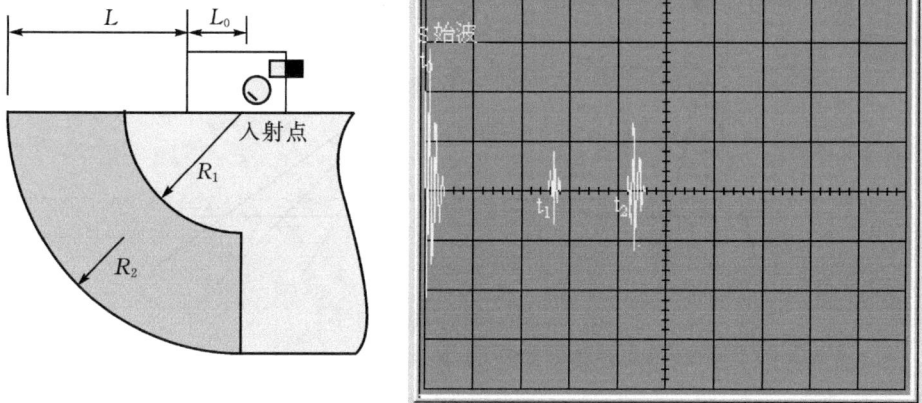

图 6　斜探头延迟和入射点测量

（2）声速的相对测量方法

如果被测试块有两个确定的反射体，那么通过测量两个反射体回波对应的时间差，再计算出试块的声速。这种方法称为声速的相对测量方法。

对于直探头，可以利用均匀厚度底面的多次反射回波中的任意两个回波进行测量。

对于斜探头，则利用 CSK-IB 试块的两个圆弧面的回波进行测量。

5. 声束扩散角的测量

超声探头发射能量的指向性与探头的几何尺寸和波长有直接的关系。一般来讲，波长越小，频率越高，指向性越好；尺寸越大，指向性越好。

在实际应用中，通常我们用偏离中心轴线后振幅减小一半的位置表示声束的边界。如图 7 所示，在同一深度位置，中心轴线上的能量最大，当偏离中线到位置 A、A' 时，能量减小到最大值的一半。其中 θ 角定义为探头的扩散角。θ 越小，探头方向性越好，定位精度越高。

如图 8 所示，利用直探头分别找到 B Φ1 通孔对应的回波，移动探头使回波幅度最大，并记录该点的位置 x_0 及对应回波的幅度；然后向左边移动探头使回波幅度减小到最大振幅的一半，并记录该点的位置 x_1；同样的方法记录下探头右移时回波幅度下降到最大振幅一半对应点的位置 x_2；则直探头扩散角为

$$\theta = 2\arctan\frac{\mid x_2 - x_1 \mid}{2L} \tag{9}$$

对于斜探头，首先必须测量出探头的折射角 β，然后利用与测量直探头同样的方法，按下式计算斜探头的扩散角近似为

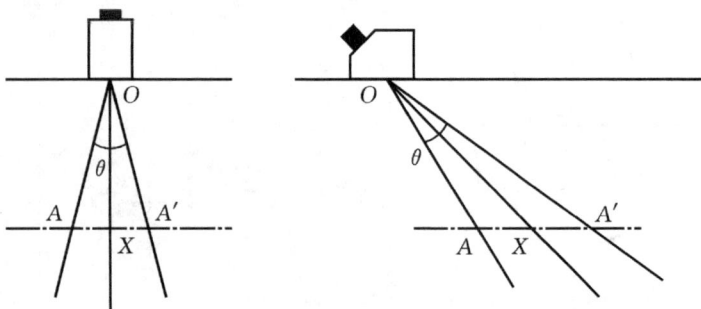

图 7 超声波探头的指向性

(a)直探头；(b)斜探头

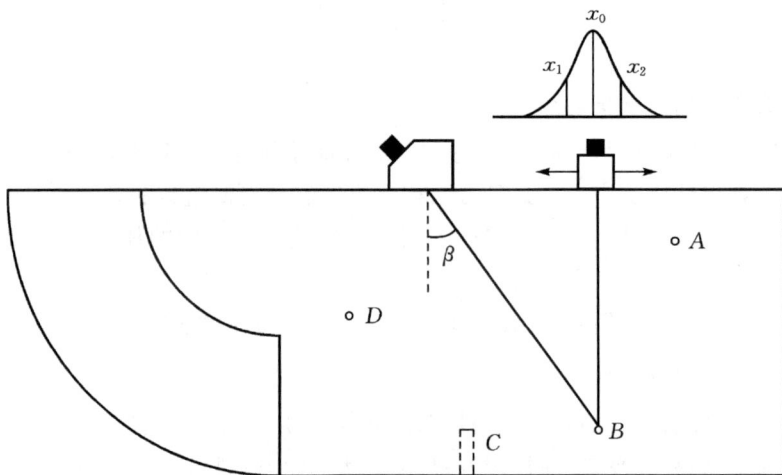

图 8 探头扩散角的测量

$$\theta = 2\arctan\left[\frac{\mid x_2 - x_1 \mid}{2L}\cos^2\beta\right] \tag{10}$$

6.超声探伤

(1)用直探头探测缺陷深度

在超声波探测中,可以利用直探头来探测较厚工件内部缺陷的位置和当量大小。把探头按图 9 位置放置,观察其波形。示波器中底波是工件底面的反射回波。

对底面回波和缺陷波对应时间(深度)的测量,可以采用绝对测量方法,也可以采用相对测量方法。利用绝对测量方法时,必须首先测量(或已知)探头的延迟和被测材料的声速,具体方法请参看直探头延迟和声速的绝对测量方法。利用相对测量方法时,必须有与被测材料同材质试块,并已知该试块的厚度。

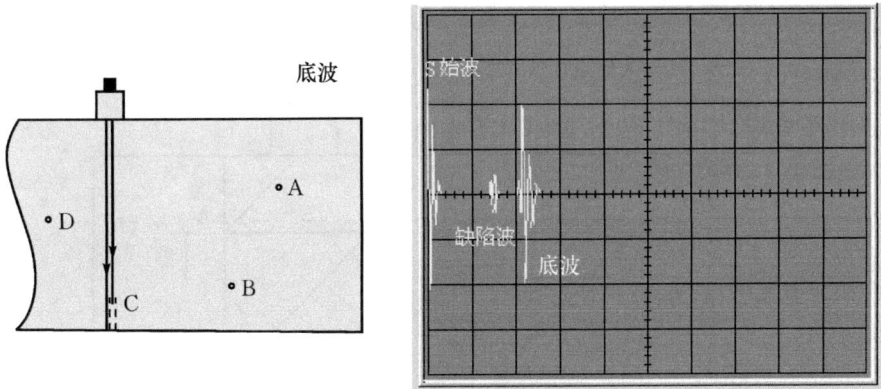

图 9　直探头探测缺陷深度

(2)用斜探头测量缺陷的深度和水平距离

利用斜探头进行探测时,如果测量得到超声波在材料中传播的距离为 S,则其深度 H 和水平距离 L 为

$$H = S \cdot \tan\beta \tag{11}$$

$$L = S \cdot c\tan\beta \tag{12}$$

式中:β 是斜探头在被测材料中的折射角。

要实现对缺陷进行定位,除了必须测量(或已知)探头的延迟、入射点外,还必须测量(或已知)探头在该材质中的折射角和声速。通常我们利用与被测材料同材质的试块中两个不同深度的横孔对斜探头的延迟、入射点、折射角和声速进行测量。

参看图 10,A、B 为试块中的两个横孔,让斜探头先后对正 A 和 B,测量得到它们的回波时间 t_A、t_B,探头前沿到横孔的水平距离分别为 x_A、x_B,已知它们的深度为 H_A、H_B,则有:

$$S = x_B - x_A \tag{13}$$

$$H = H_B - H_A \tag{14}$$

折射角:

$$\beta = \arctan\left(\frac{S}{H}\right) \tag{16}$$

声速:

$$c = \frac{H}{(t_B - t_A)\cos\beta} \tag{17}$$

延迟:

$$t_0 = t_B - \frac{H_B}{c \cdot \cos\beta} \tag{18}$$

前沿距离:

$$L_0 = H \cdot \tan\beta - x_B \tag{19}$$

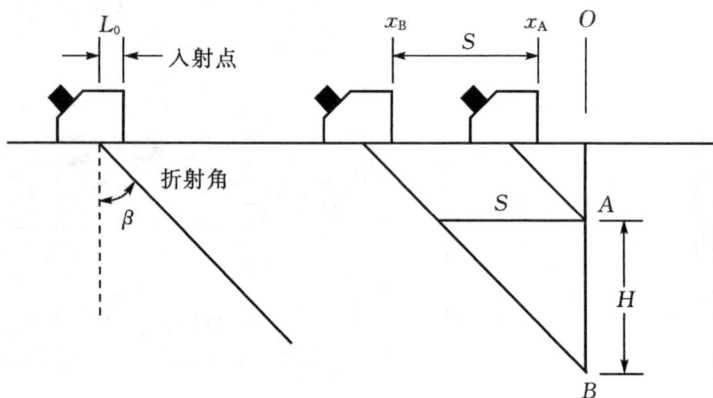

图 10　斜探头参数测量

四、实验内容与要求

1. 测量超声波的中心频率；

2. 利用直探头测量铝试块的纵波声速：分别利用直接法和相对法测量，多次测量，求平均值。

3. 利用斜探头测量铝试块的横波声速：分别利用直接法和相对法测量，多次测量，求平均值。

4. 计算铝试块的杨氏模量和泊松系数：与理论值比较，分析误差产生原因。

5. 测量超声波探头声束扩散角；

6. 分别用直探头和斜探头测量铝试块的缺陷位置。

五、思考题

1. 为什么利用斜探头入射到圆弧面上后，只看到横波而没有纵波？

2. 利用铝试块测量得到斜探头的延迟和入射点与用钢试块测量同一探头的延迟和入射点，结果是否一样？为什么？

铝试块参数表(仅供参考)

纵波声速	6.27 mm/μs	横波声速	3.10 mm/μs	表面波声速	2.90 mm/μs
杨氏模量	6.94×10^{10} N・m^{-2}	泊松系数	0.33	材质密度	2.7 g/cm^3

第 6 章　X 射线类实验

实验 6.1　X 射线在单晶上的衍射

X 射线是德国科学家伦琴(W. C. Röntgen)于 1895 年在研究阴极射线管时发现的,是人类 20 世纪初揭开微观世界序幕的"三大发现"之一。正是因为这一具有划时代意义的重大发现,伦琴于 1901 年被授予第一届诺贝尔物理学奖。此后不到 20 年的时间里,先后有 5 届诺贝尔物理学奖授予研究 X 射线方面的工作的学者,由此可见,X 射线的研究成果在当时占有非常重要的地位。

X 射线可用来帮助人们进行医学诊断和治疗,也可用于工业上的非破坏性材料的检查;在基础科学和应用科学领域内,则被广泛用于晶体结构分析、化学分析和原子结构的研究。有关 X 射线的实验非常丰富,其内容十分广泛而深刻。

X 射线(X-ray),又被称为伦琴射线或 X 光,和可见光线一样,也是电磁波谱上的一个波段(见图 1),较之可见光,它的波长更短,介于紫外线和 γ 射线之间,约 0.01~10 nm。波长小于 0.01 nm 的称为超硬 X 射线,在 0.01 ~ 0.1 nm 范围内的称为硬 X 射线,0.1 ~ 1 nm 范围内的称为软 X 射线。硬 X 射线与波长长(能量小)的伽马射线范围部分重叠,二者的区别在于辐射源,而不是波长:X 射线产生于高能电子的动能损失,伽马射线则来源于原子核衰变。

X 射线具有可见光所具有的性质:反射、折射、偏振和干涉等,但由于其强大的穿透能力,不可能通过透镜改变其传播方向,所以不能像可见光一样使其会聚、发散。

在实验室中,X 射线由 X 光管产生。X 光管是具有阴极和阳极的真空石英管,其结构如图 2 所示:阴极①用钨丝制成,通电加热后可发射电子;阳极靶材②通常采用铜、铁、钼等金属。工作时,在阴极和阳极之间加以高压,电子加速后撞击靶原子而产生 X 射线。铜块③和螺旋状热沉④用来散发撞击过程所产生的高温,⑤为管脚。

从产生机制上来讲,X 射线管产生的 X 射线分为两种:连续光谱和标识光谱。经高压加速的电子与阳极靶的原子碰撞时,失去自己的能量,其中部分以光子的形

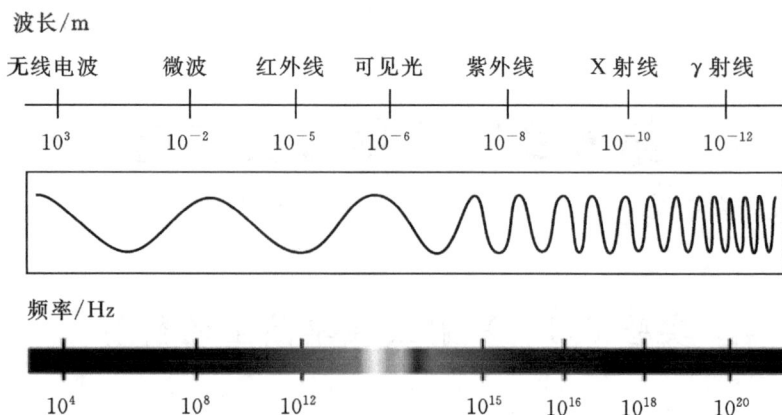

波长/m

| 无线电波 | 微波 | 红外线 | 可见光 | 紫外线 | X 射线 | γ 射线 |

10^3　　10^{-2}　　10^{-5}　　10^{-6}　　10^{-8}　　10^{-10}　　10^{-12}

频率/Hz

10^4　　10^8　　10^{12}　　　　10^{15}　　10^{16}　　10^{18}　　10^{20}

图 1　电磁波谱

式辐射,产生 X 光子。由于阴极温度较高,单位时间内发射电子数量巨大,且大多数电子要经历多次碰撞,产生能量各不相同的 X 光子,因此出现连续 X 射线谱。

标识光谱的产生则与阳极靶材的原子结构密切相关。电子以能量最低原理和泡利不相容原理分布于各个能级。经高压加速的高速电子轰击阳极时,将靶原子的内层电子击出,在低能级上产生空位,系统处于不稳定激发态,高能级上的电子会向低能级上的空位跃迁,填补空缺,同时以光子的形式辐射出 X 射线,产生波长确定的标识光谱。每种元素各有一套特定的标识光谱,反映了各自原子壳层的结构特征。

④热沉
③铜块
②钼靶
①接地阴极
⑤管脚

图 2　X 光管结构图

一、实验目的

1. 观察钼(Mo)阳极 X 射线特征谱线在单晶 NaCl 上的布拉格反射;

2. 测量钼(Mo)阳极 X 射线特征谱线 K_α 和 K_β 的波长;

3. 验证布拉格反射定理;

4. 验证 X 射线的波动性。

二、实验原理

1913 年,布拉格父子意识到晶体中规则分布的原子或离子,可以看作平行晶

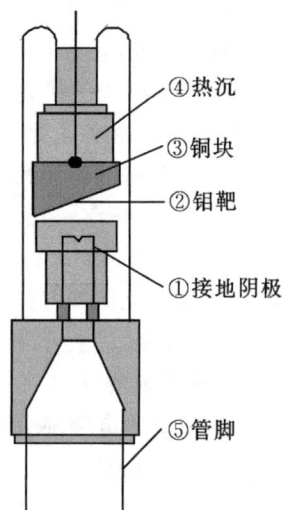

面上晶格元素的排列,把晶体放在平行的 X 射线下,如果其有波动性,那么晶面中的每一个元素都会充当"散射点"的角色,以球面波形式散射 X 射线。按照惠更斯原理,这些球面波相互叠加,形成反射的波阵面。在这种模型下,波长保持不变,X 射线的方向垂直于满足条件"入射角＝反射角"的两个波阵面。

不同晶面上反射的 X 射线,在光程差 Δ 等于波长 λ 的整数倍时,产生相长干涉

$$\Delta = n \cdot \lambda \qquad n = 1, 2, 3, \cdots \qquad (1)$$

如图 3 所示,两个相距为 d 的相邻晶面对入射角为 θ 的 X 射线在入射和反射方向上的光程差分别为 Δ_1 和 Δ_2,且有

$$\Delta_1 = \Delta_2 = d \cdot \sin\theta$$

总的光程差

$$\Delta = 2d \cdot \sin\theta \qquad (2)$$

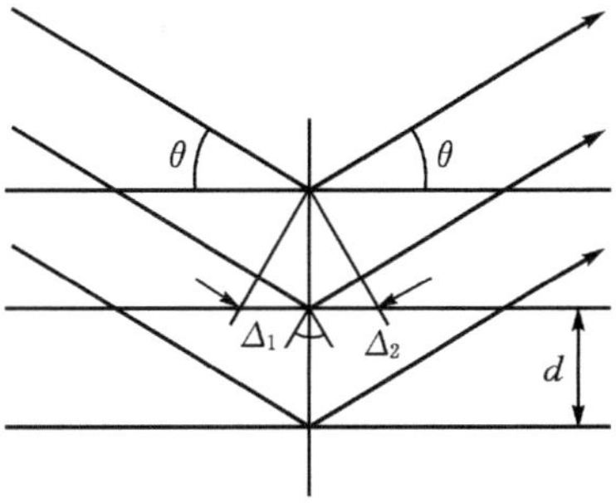

式(1)和(2)给出了布拉格反射定理

图 3　X 射线在晶面上的反射示意图

$$n \cdot \lambda = 2d \cdot \sin\theta \qquad (3)$$

在这个实验中,我们通过研究晶面平行于立方晶格表面的 NaCl 晶体对 X 射线的衍射,验证布拉格反射定理。面心立方 NaCl 晶体的晶面间距 d 是其晶格常数 a_0 的一半

$$2d = a_0 = 564.02 \text{ pm}$$

实验是用带有测角器的 X 光机进行的,相对于入射光方向转动 NaCl 晶体,用 G－M 计数器(端窗计数器)来检测反射光方向上的 X 射线强度,计数器总是以两倍于晶体的角度转动(耦合模式),如图 4 所示。

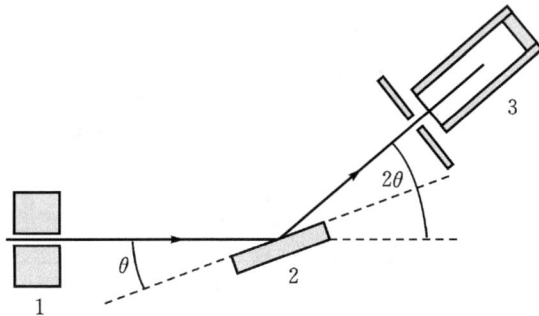

图 4　单晶上 X 射线衍射原理示意图
1—准直器;2—晶体;3—计数器

X 射线由连续的韧致辐射和分立的钼(Mo)阳极特征谱线(源于 Mo 原子 K_α 和 K_β 跃迁)组成,特征谱线特别适合于研究布拉格定理,其参数列表如表 1 所示。

表 1 钼阳极 X 射线特征谱线的能量、频率和波长

	E/keV	ν/EHz	λ/pm
K_α	17.443	4.2264	71.080
K_β	19.651	4.8287	63.095

表 2 给出了特征谱线在 NaCl 晶体（$d = 282.01\ \mathrm{pm}$）上 1~3 级衍射的掠射角。

表 2 钼阳极 X 射线特征谱线在 NaCl 晶体上的 3 级衍射角

n	$\theta(\mathrm{K}_\alpha)$	$\theta(\mathrm{K}_\beta)$
1	7.24°	6.42°
2	14.60°	12.93°
3	22.21°	19.61°

三、实验内容与步骤

1. 实验仪器介绍

由于下面实验都是使用德国 LEYBOLD 公司的教学型 X 光机，所以在这里统一介绍该仪器的使用。

图 5 为德国 LEYBOLD 公司的教学型 X 光机操作面板。

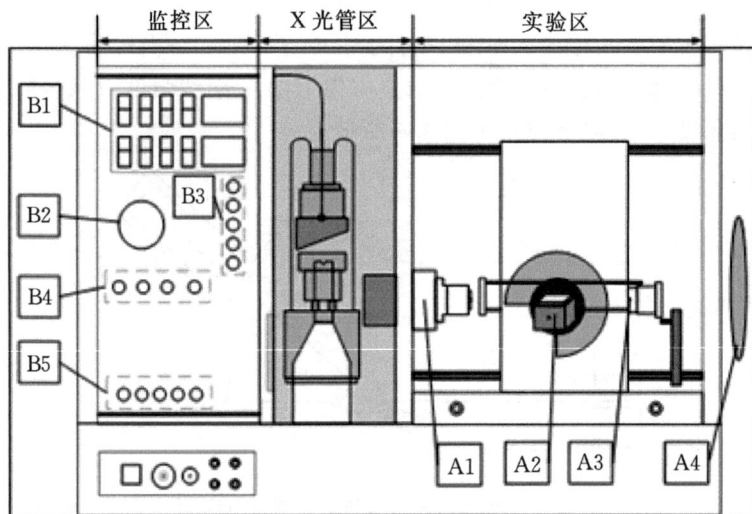

图 5 X 射线实验仪

该仪器分为三大部分:实验区、X 光管区和监控区。

实验区正面装有两扇含铅玻璃门,保护人体不受 X 射线的辐射伤害,而且为保证操作者的安全,一旦玻璃门打开,X 光管上的高压就会立即断开。实验区主要工作部件有:

准直器(A1)——使得 X 光管所产生的面光源形成一束平行光束,其前、后端可套上各种箔片滤波器;

安放晶体样品的靶台(A2);

传感器(A3)——装有 G-M 计数管(其计数率与所测 X 射线的强度成正比),用以探测 X 射线的强度。由于本仪器 X 射线强度不大,计数管的计数率较低,相对不确定度较大,因此延长计数管测量时间、增大总的强度计数,能够减少其相对不确定度;靶台和传感器可以转动,可以通过测角器测出它们各自的转角;

荧光屏(A4)——用以在暗环境下观察 X 射线所产生的荧光,通常从外侧用盖板保护着,观察时需卸下。

监控区包括各种参数调节、显示部件:

液晶显示窗(B1)——显示 G-M 计数管的计数率和其他工作参数;

"ADJUST"旋钮(B2)——用来调节和设置各个参数;

设置按键区(B3)——分别用来选择设置管电压(U)、发射电流(I)、采样时间间隔(Δt)、角步幅($\Delta \beta$)和测量角度上下限(β-LIMITS),需与"ADJUST"结合使用进行具体参数设置;

扫描模式选择区(B4)包括:

"SENSOR"键——可以手动(ADJUST)或自动(β-LIMITS)设置传感器的角位置,结果显示于液晶显示窗下一行;

"TARGET"键——用来手动(ADJUST)或自动(β-LIMITS)设置靶台角位置;

"COUPLED"(耦合模式)键——能以传感器转角:靶转角 = 2:1 模式手动(ADJUST)或自动(β-LIMITS)设置转角关系,液晶显示窗中显示靶角位置,通常用于布拉格反射配置的实验中;

"ZERO"为置零按键——将靶台和传感器的转角置零,有必要的话,零点位置需要手动校准;

工作状态控制区(B5):

"RESET"键——按下此键,靶台和传感器转角归零,所有设置参数置为缺省值,X 光管高压关闭;

"REPLAY"键——将最后测得的实验数据再次传输至 PC;

"SCAN(ON/OFF)"键——控制测量系统的开关,按下后,X 光管开始工作、测角器自动开始扫描、数据传输至计算机；

"◁》）"键——用于声音提示；

"HV(ON/OFF)"——可以用来直接打开或关闭 X 管高压，上部有指示灯提示。

2.仪器的机械调零

X 光机中，测角器的零点位置（靶台和传感器）非常重要，这个系统误差会直接影响整个实验结果的准确程度，因此每次进行布拉格反射实验前都应进行机械调零。

机械调零的主要原理：已知某标准单晶材料的布拉格反射一级衍射角度数值 θ，分别调节靶、传感器角度，寻找使布拉格反射计数率最大的位置，然后以耦合模式将靶台反向旋转 θ 角度，即得到测角器系统零点，设置此点为"零"位。对 NaCl 单晶样品，已知其一级衍射角 $\theta_{K_\alpha} = 7.2°$，具体调节步骤如下：

①将 NaCl 单晶样品固定在靶台上，设置管电压 $U = 35.0$ kV，管电流 $I = 1.00$ mA；

②按"COUPLED"键，调节"ADJUST"旋钮，设置靶角为 7.2°；

③按高压按钮"HV(ON/OFF)"，产生 X 射线；

④选"SENSOR"键，手动调节"ADJUST"，寻找 K_α 线的计数率最大位置；

⑤选"TARGET"键，手动调节"ADJUST"，寻找 K_α 线的计数率最大位置；

⑥重复进行④、⑤，直至找到计数率的最大位置；

⑦按"HV(ON/OFF)"，关闭高压；

⑧选"COUPLED"键，调节"ADJUST"旋钮，反向转动 7.2°（角度可能为负值）；

⑨同时按下"TARGET""COUPLED""β - LIMITS"，测角器会有归零动作，此时的位置即为测量系统的零点位置，系统已经被强制归零了。

3.注意事项

①本仪器符合监管的各项规定，仪器内部采取了保护和屏蔽措施，使得其外部辐射剂量小于 1 mSv/h，与自然环境辐射强度处于同一数量级。

②使用前应检查仪器是否损坏，以保证含铅玻璃门侧滑打开时，高压断开。

③打开 X 光管区时，应检查换气装置是否正常工作，避免其过热。

④测角器系统仅由步进电机定位支撑，注意不要阻挡靶台和传感器臂的运动，不要强行用外力转动它们。

⑤NaCl 单晶易碎、易吸湿，且单片价格昂贵，操作时务必小心，轻拿轻放，避免机械撞击，用完后应及时收起，存储于干燥环境。操作时必须戴一次性手套。

4. 本实验中仪器设置

图 6 中给出了本实验仪器的设置情况,具体搭建步骤如下:

①将准直器安装到准直器支架(a)上,注意导槽方向;

②将测角器安装到导杆(d)上,移动其使得靶中心距准直器狭缝的距离 s_1 约为 5 cm,连接测角器的扁平电缆(c);

③拿下端窗口计数器的盖子,将计数器插入传感器支架(e),将计数管连线插入标记着"GM Tube"的插口;

④调整传感器支架(b)的长度,使得靶中心距传感器顶端狭缝距离 s_2 约为 6 cm;

⑤安装靶支架(f);

⑥松开螺钉(g),将 NaCl 晶体平放在靶台上,小心抬起平台,使得样品与侧面固定刻线贴紧,然后小心拧紧螺钉(g),整个过程中,应注意轻扶螺钉防止靶台掉落;

⑦必要时,设置测角器系统的零点(见 X 光机使用说明);

⑧用 9 芯 V. 24 电缆连接 X 光机 RS-232 输出至 PC 机(COM1 或 COM2),计算机上需安装有"X-ray Apparatus"软件。

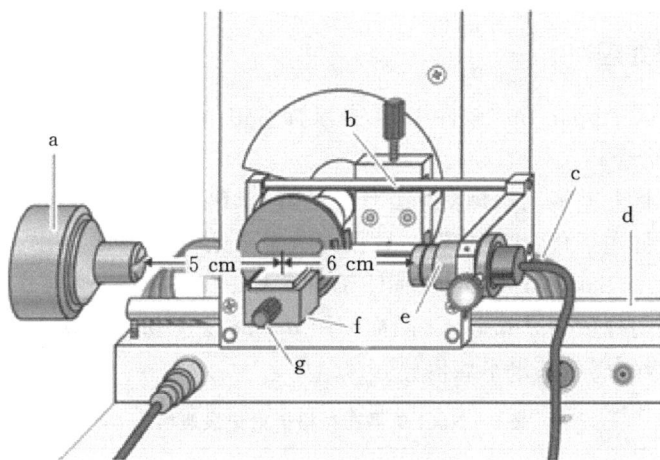

图 6　布拉格衍射仪器搭建图

5. 实验步骤

①在计算机上运行"X-ray Apparatus"程序,检查确认 X 光机连接正常,按 F4 键或点击 ⬜ 清除已有数据;

②在 X 光机上设置:工作电压 $U = 35.0$ kV,发射电流 $I = 1.00$ mA,测量时间间隔 $\Delta t = 10$ s,角步幅 $\Delta\beta = 0.1°$;

③按"COUPLED"键，确保传感器和靶台转角的 2 倍耦合关系，按"β-LIMITS"键设置靶转角下限为 2°，上限为 25°；

④按"SCAN"键开始测量，数据传输至 PC；

⑤数据采集结束后，按 F2 或点击 🖫 保存数据文件。

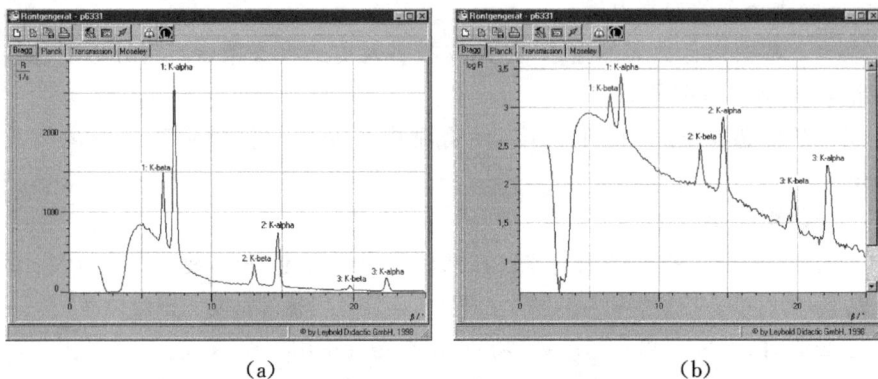

(a)　　　　　　　　　　　　(b)

图 7　X 射线在 NaCl 单晶上的三级布拉格衍射谱

(a)计数率 R 线性表示；(b)计数率 R 对数表示

四、数据处理

①在"X-ray Apparatus"软件中，单击鼠标右键，在弹出窗口中选择"Calculate Peak Center"命令；

②使用鼠标左键拖动选择整个要计算的峰，求出其中心位置 β 及宽度 σ，计算结果显示于软件左下角"状态栏"中，数据记录表格见表 3，也可以用"Alt＋T"或鼠标右键窗口命令"Set Marker"将其标注于图线上；

③用测量的掠射角 θ 和 NaCl 晶面间距 $d=282.01$ pm，计算 Mo 特征谱线波长，计算不同级别测量结果平均值。

表 3　NaCl 单晶布拉格衍射记录表格

n	K_α		K_β	
	$\theta/(°)$	λ/pm	$\theta/(°)$	λ/pm
1				
2				
3				
$\bar{\lambda}/\text{pm}$				

注意：

更精确地说，Mo 元素的特征谱线 K_α、K_β 是多个相互独立的谱线组成的，可以在更高阶（n 值更大）的衍射中观察到，表 1 中给出的是这些子结构的加权平均值。

实验 6.2　X 射线能谱与管电压和发射电流的关系

一、实验目的

1. 利用 X 射线在 NaCl 晶体上的第 1 级布拉格衍射观察记录钼（Mo）阳极 X 光管射线能量谱；

2. 加深理解 X 射线能量谱是由连续的轫致辐射谱和阳极材料的特征谱线组成；

3. 研究轫致辐射谱和特征谱随管电压和发射电流变化的规律。

二、实验原理

X 射线是高速运动的电子在物质中急剧减速而形成的。按照传统的电动力学理论，这种能量小于 50 keV 的减速过程产生的电磁辐射方向垂直于加速的方向，在 X 射线管中即垂直于撞击阳极材料的电子束的方向。由于历史原因，X 射线的分量——轫致辐射在其发现之初以德语"bremsstrahlung"而命名，说明了这个减速过程。轫致辐射产生一个连续的能量谱，有确定的最大频率上限 ν_{max}（对应于最小波长 λ_{min}）。

如果发射电子的能量超过某一个临界值，特征谱线就会出现——这是一系列叠加在连续轫致辐射谱上的相互独立的谱线，这些谱线源于高速电子深入到阳极材料的原子壳层，与最里层轨道电子碰撞而将其激发，外层的电子向下跃迁，填补留下的空隙，同时辐射 X 射线。这种机制所产生的 X 射线与阳极材料性质有关。不同于其外层轨道电子激发产生可见光，固体材料在 X 射线范围发射出独立、清晰的谱线，谱线位置与发射原子的化学势或材料的集聚形态无关。

图 1 中给出了产生 X 射线特征谱线的原子轨道模型：每个轨道具有特定的束缚能，从里到外分别用字母 K，L，M，N 等标注，电子能够依据量子定则在轨道间跃迁，这些跃迁根据方向决定是吸收或者发射出辐射。可以看出，跃迁至 K 轨道的辐射发生时，所产生的一系列分立谱线被分别标注为 K_α，K_β，K_γ 等，从 K_α 开始，跃迁能量逐渐增大（对应的波长减小）。

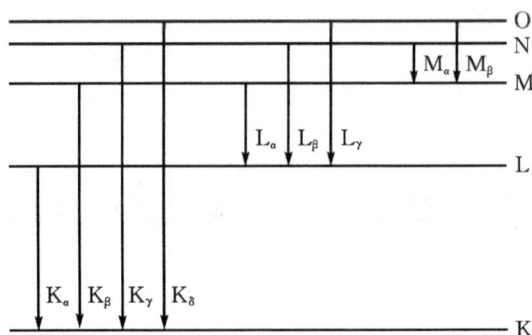

图 1　原子能级结构示意图

本实验记录钼阳极 X 射线的能谱，装有 NaCl 晶体的测角器和 G‐M 计数管以布拉格配置形式一起组成光谱仪，晶体和计数管相对于入射 X 射线方向以 2 倍耦合关系转动（见图 2）。

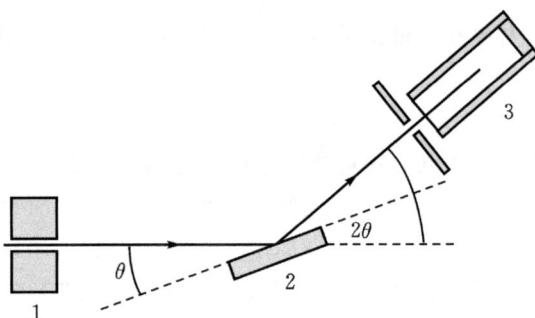

图 2　X 射线在晶体上的衍射示意图
1—准直器；2—晶体；3—计数器

按照布拉格反射定理，第 1 级衍射的散射角对应于波长

$$\lambda = 2d \cdot \sin\theta \tag{1}$$

式中：$d = 282.01$ pm 是 NaCl 的晶面间距。

加之电磁辐射适用如下关系

$$\nu = c/\lambda \tag{2}$$

式中：ν 为频率；c 为光速。且

$$E = h \cdot \nu \tag{3}$$

式中：E 为能量；h 为普朗克常数。

式(3)给出了 X 射线的能量。本光谱仪可以得到辐射能量谱的波长或频率。

本实验研究 X 光管中管电压 U 和发射电流 I 对辐射能量谱的影响。高压 U

在阴极和阳极材料之间加速电子,如图 3 所示,阴、阳极之间的发射电流 I 可以通过改变阴极加热电压 U_K 来进行控制。

三、实验内容与步骤

1. 仪器设置

本实验中仪器以布拉格反射形式设置,具体搭建步骤见实验 6.1。

2. 实验步骤

(1)改变管电压

①在计算机上运行"X-ray Apparatus"程序,检查确认 X 光机连接正常,按 F4 键或点击 ⊡ 清除已有数据;

图 3　X 光管结构示意图

②在 X 光机上设置:发射电流 $I=1.00$ mA,测量时间间隔 $\Delta t=10$ s,角步幅 $\Delta\beta=0.1°$;

③按"COUPLED"键,确保传感器和靶转角的 2 倍耦合关系;

④按"β-LIMITS"键,设置靶转角下限为 2.5°,上限为 12.5°;

⑤设置管电压 $U=15.0$ kV,按"SCAN"键开始测量,传输数据至 PC;

⑥分别设置管电压 $U=20$ kV,25 kV,30 kV 和 35 kV,测量其对应的第 1 级布拉格衍射图,不同管电压所对应的曲线记录在同一幅图上(见图 4);

⑦"X-ray Apparatus"软件默认显示的是计数率 R 与靶转角 β 的关系,要显示为 $R-\lambda$ 形式,在软件中按 F5 或点击 ⊠,打开"Settings"对话框,选择输入 NaCl 晶面间距。

⑧实验完成后,点击 ⊡ 或按 F2 键,保存实验数据。

(2)改变发射电流

①点击 ⊡ 或按 F4 键清除已有数据,设置管电压 $U=35$ kV。

②设置发射电流 $I=0.40$ mA,按"SCAN"键进行测量;

③分别设置发射电流 $I=0.60$ mA,0.80 mA 和 1.00 mA,在同一幅图上记录不同发射电流下的布拉格衍射曲线(见图 5);

④在"Settings"对话框中选择 NaCl 晶面间距,将显示曲线横坐标转换为 λ;

⑤保存实验数据。

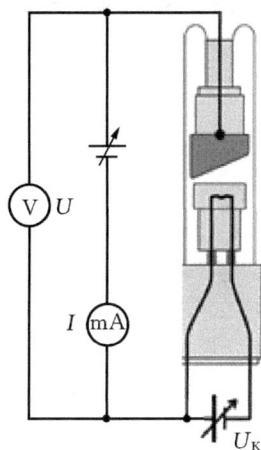

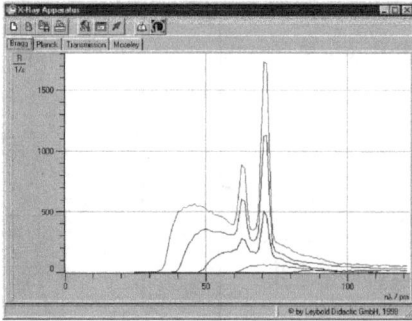 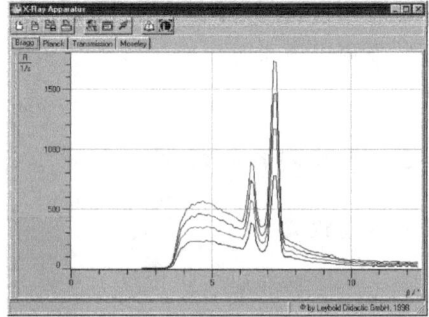

图 4　不同管电压下的 X 射线能谱　　图 5　不同发射电流下的 X 射线能谱
（管压从下向上分别为 15,20,25,30,35 kV）　（发射电流从下向上分别为 0.4,0.6,0.8,1.0 mA）

四、数据处理

（1）改变管电压

①在"X-ray Apparatus"软件中,按 F2 或点击 📄 打开所保存的实验数据;

②单击鼠标右键,选择"Calculate Peak Center"命令,点鼠标左键拖动选取数据,计算各个峰值中心点位置,结果显示于软件左下角"状态栏"中;

③记录管电压为 25 keV、30 keV 和 35 keV 时衍射峰中心位置(填于表 1 中),计算其平均值。

表 1　不同管电压下 Mo 阳极 X 射线特征谱线的波长

U/keV	$\lambda(K_\alpha)$/pm	$\lambda(K_\beta)$/pm
25		
30		
35		
$\bar{\lambda}$		

（2）改变发射电流

①在"X-ray Apparatus"软件中按 F2 或点击 📄 打开所保存的实验数据;

②单击鼠标右键,选择"Calculate Peak Center"命令,点鼠标左键拖动选取数据,计算各个峰值中心点位置;

③记录各曲线中峰值中心点位置数据于表 2,计算其平均值;

表 2　不同发射电流钼阳极 X 射线特征谱线的波长

I/mA	$\lambda(K_\alpha)$/pm	$\lambda(K_\beta)$/pm
0.4		
0.6		
0.8		
1.0		
$\bar{\lambda}$		

④单击鼠标右键,选择"Display Coordinates"命令,移动鼠标,记录各条曲线上特征谱线峰值点 $R(K_\alpha)$ 及 $R(K_\beta)$、韧致辐射极大值点 R_C 的计数率数值 R（填于表 3 中）；

⑤绘制各谱线计数率与发射电流(R-I)关系曲线。

表 3　特征谱线峰值及韧致辐射极大值处的计数率

I/mA	$R(K_\alpha)$/(1/s)	$R(K_\beta)$/(1/s)	R_C/(1/s)
0.4			
0.6			
0.8			
1.0			

实验 6.3　钼阳极 X 射线特征谱线的精细结构

一、实验目的

1. 通过钼阳极 X 射线在单晶 NaCl 上的第 5 级布拉格反射谱研究其特征谱线的精细结构；

2. 测定钼元素特征谱 K_α、K_β 及 K_γ 谱线；

3. 解析 K_α 谱线的双线结构,测定其双线结构的波长间隔。

二、实验原理

我们已经知道,钼阳极 X 射线特征谱 K_α 和 K_β 线都是双线结构,可以通过其在 NaCl 单晶上的高阶布拉格衍射谱观测出来,然而它们的物理本质是不一样的。

K_β 是由纯 K_β 线(M 壳层到 K 壳层的原子跃迁)和 K_γ 线(N 壳层到 K 壳层的原子跃迁)组成的,两条谱线的波长差为 1.17 pm(见表 1),所以只能在高阶衍射谱上分辨开来。

表 1　钼特征谱 K_α、K_β 及 K_γ 线跃迁能量、波长和相对强度

	E/keV	λ/pm	相对强度
K_α	17.44	71.08	1.000
K_β	19.60	63.26	0.170
K_γ	19.97	62.09	0.027
$K_\beta K_\gamma$ 双线	19.65	63.09	

K_α 的精细结构源于 L 壳层的精细结构,即电子的自旋轨道特性。在 X 射线谱上,L 壳层实际上是由三个子层 L_I、L_{II} 和 L_{III} 组成,这些子层向 K 壳层的跃迁要遵从选择定则

$$\Delta l = \pm 1, \Delta j = 0, \pm 1 \tag{1}$$

式中:Δl 为跃迁中轨道角动量 l 的变化量,Δj 为总角动量 j 的变化量。这样一来,只有两种从 L 壳层到 K 壳层的跃迁:$K_{\alpha 1}$ 和 $K_{\alpha 2}$(见图 1)。表 2 中给出了钼元素这两条谱线的参考值,可以看出,K_α 双线的波长间隔 $\Delta\lambda = 0.43$ pm。

表 2　钼元素 K_α 的波长及相对强度

	λ/pm	相对强度
$K_{\alpha 1}$	70.93	1.000
$K_{\alpha 2}$	71.36	0.525

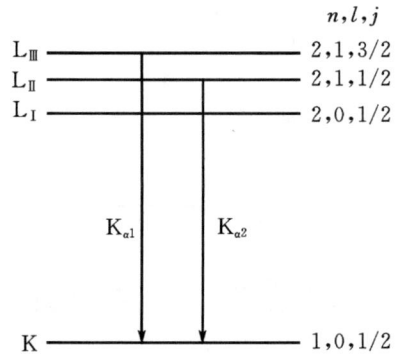

图 1　特征谱 K_α 的精细结构

本实验通过布拉格反射在 NaCl 晶体上的高阶衍射解析出钼 X 光谱的精细结构。

按照布拉格反射定理,入射光特征谱线的波长和掠射角存在下列关系时,接收到的反射光强度最大

$$n\lambda = 2d\sin\theta \tag{2}$$

式中:n 为衍射阶数;$d = 282.01$ pm 为 NaCl 晶面间距。

可以看出,双线的波长间距 $\Delta\lambda$ 决定布拉格衍射时双线之间的角间距 $\Delta\theta$

$$\Delta\theta = n\Delta\lambda/(2d\cos\theta) \tag{3}$$

注意要区分角间距 $\Delta\theta$ 和峰角宽度 $\delta\theta$ 间的差异,后者较小时才能观察到独立

分开的双线结构(见图 2),角宽度由计数管前端小缝宽度、距晶体的距离和入射 X 射线束的发散角决定,在较高阶的衍射中保持恒定。K_α 的双线结构可以在 $n=5$ 阶的衍射图样中分辨出来。

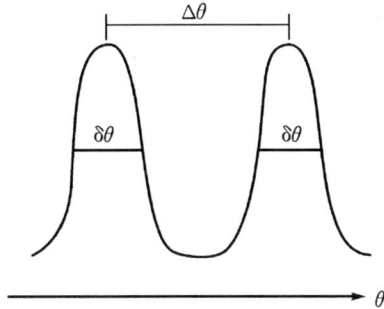

图 2　双峰结构的角间隔 $\Delta\theta$ 与角宽度 $\delta\theta$

三、实验内容与步骤

1. 仪器设置

本实验中仪器以布拉格反射形式设置,具体搭建步骤见"布拉格反射"实验。

2. 实验步骤

①在计算机上运行"X-ray Apparatus"程序,检查确认 X 光机连接正常,按 F4 键或点击 🗋 清除已有数据;

②在 X 光机上设置:管电压 $U=35.0$ kV,发射电流 $I=1.00$ mA,角步幅 $\Delta\beta=0.1°$;

③按"COUPLED"键,确保传感器和靶转角的 2 倍耦合关系;

第 1 级衍射:

①按"β-LIMITS"键,设置靶转角下限为 5.5°,上限为 8.0°,按"Δt",设置单位角步幅采样时间间隔 $\Delta t=10$ s;

②按"SCAN"键开始测量,传输数据;

③测量完成后,点击 🖳 钮或按 F5 键打开"Setting"对话框,输入 NaCl 晶面间距,主界面窗口显示 X 射线计数率和波长的关系(见图 3)。

④点击 🖳 钮或按 F2 键,保存实验数据。

第 5 级衍射:

①按"β-LIMITS"键,设置靶转角下限为 32.5°,上限为 40.5°;

②按"Δt",设置单位角步幅采样时间间隔 $\Delta t = 400$ s；

注意：由于高阶衍射的计数率很低，需要设置较长的测量时间才能得到满意的测量精度，本实验总测量时间为 9 小时。

③按"SCAN"键开始测量，传输数据；

④测量完成后，点击 ▨ 或按 F5 键打开"Setting"对话框，输入 NaCl 晶面间距，主界面窗口显示 X 射线计数率和波长的关系（见图 4）。

⑤点击 ▨ 钮或按 F2 键，保存实验数据。

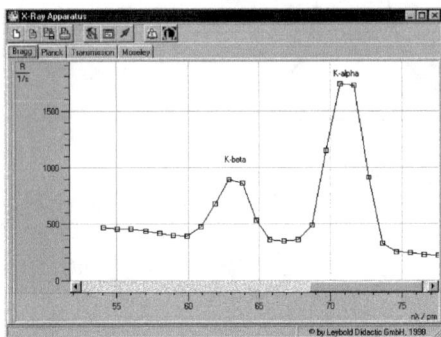

图 3　X 射线在 NaCl 晶体上的一级衍射谱　　图 4　X 射线在 NaCl 晶体上的五级衍射谱

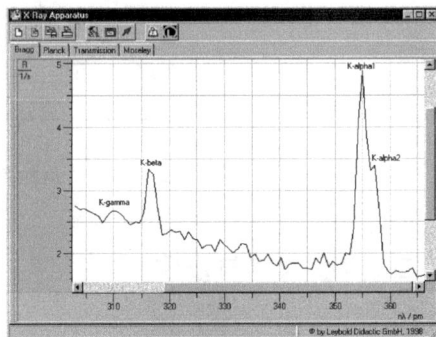

四、数据处理

1. 在"X-ray Apparatus"软件中，单击鼠标右键，弹出功能窗口，选择"Display Coordinates"命令；

2. 移动鼠标至衍射谱峰值处，在软件左下角"状态栏"中读取对应的波长值，数据记录表格见表 3、表 4，也可以用"Alt＋T"或鼠标右键窗口命令"Set Marker"将其标注于图上。

表 3　第 1 级衍射谱测量结果

	测量值 λ/pm	参考值 λ/pm	相对误差 （％）
K_α		71.08	
$K_\beta + K_\gamma$		63.09	

表 4　第 5 级衍射谱测量结果

	测量值 $5\lambda/\mathrm{pm}$	测量值 λ/pm	参考值 λ/pm	相对误差 （％）	双线线宽 $\Delta\lambda/\mathrm{pm}$	线宽参考值 $\Delta\lambda/\mathrm{pm}$
$K_{\alpha 1}$			70.93			0.43
$K_{\alpha 2}$			71.36			
K_{β}			63.26			1.17
K_{γ}			62.09			

注意：严格地说，K_{β} 和 K_{γ} 线也存在表明 M 和 N 壳层的精细结构，然而这种分裂非常微弱，以至于使用本 X 光机不能观察到它们的存在。表 1 中给出的是它们各自精细结构谱线的加权平均值（使用相对强度作为权重）。

实验 6.4　用杜恩-亨特关系测定普朗克常数

一、实验目的

1. 确定钼阳极 X 光管在不同管电压 U 下韧致辐射谱的波长下限 $\lambda_{\min}$；
2. 验证杜恩-亨特关系；
3. 测定普朗克常数。

二、实验原理

X 射线的韧致辐射谱是连续的，但有一个确定的波长下限 $\lambda_{\min}$（见图 1），会随着管电压的增大而减小。1915 年，美国科学家杜恩（W. Duane）和亨特（F. L. Hunt）发现了波长下限和管电压之间的反比关系

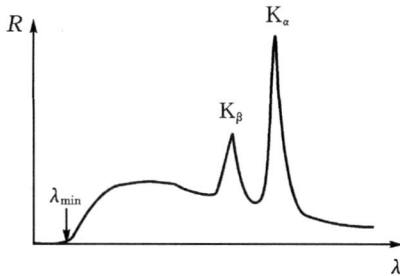

图 1　X 光管带波长下限 $\lambda_{\min}$ 的韧致辐射谱和特征谱

$$\lambda_{\min} \sim \frac{1}{U} \tag{1}$$

杜恩–亨特关系可以用基本的量子理论予以解释：电磁波的波长 λ 和频率 ν 之间以下式相关联

$$\lambda = \frac{c}{\nu} \tag{2}$$

$c = 2.9979 \times 10^8$ m/s，波长下限 $\lambda_{\min}$ 对应于所发射 X 光量子的频率上限 $\nu_{\max}$，即最大能量

$$E_{\max} = h \cdot \nu_{\max} \tag{3}$$

式中：h 为普朗克常数。X 光量子的最大能量是在阳极材料中完全获取了高速电子的动能

$$E = eU \tag{4}$$

基本电荷 $e = 1.6022 \times 10^{-19}$ C。综合以上各式

$$\nu_{\max} = \frac{e}{h} \cdot U \tag{5}$$

$$\lambda_{\min} = \frac{h \cdot c}{e} \cdot \frac{1}{U} \tag{6}$$

公式(6)即杜恩–亨特关系。比例系数中 c 和 e 已知，可以求出普朗克常数。

三、实验内容与步骤

1. 仪器设置

本实验中仪器以 NaCl 晶体布拉格反射形式设置，具体搭建方法见实验 6.1。

2. 实验步骤

①运行"X-ray Apparatus"程序，检查确认 X 光机连接正常，按 F4 键或点击 🗋 清除已有数据；

②在 X 光机上设置：管电压 $U = 2.2$ kV，发射电流 $I = 1.00$ mA，测量时间间隔 $\Delta t = 30$ s，角步幅 $\Delta \beta = 0.1°$；

③按"COUPLED"键，确定传感器和靶转角的 2 倍耦合关系，再按"β-LIMITS"键，设置靶转角下限为 5.2°，上限为 6.2°；

④按"SCAN"键开始测量，传输数据至 PC；

⑤按照表 1 给出参数，分别设置管电压 $U = 24$ kV，26 kV，28 kV，30 kV，32 kV，34 kV 和 35 kV，重复测量其布拉格衍射局部图，不同管电压所对应的曲线记录在同一幅图上。

表 1　建议设置的测量参数及计算结果

U/kV	I/mA	$\Delta t/\text{s}$	$\beta_{\min}/(°)$	$\beta_{\max}/(°)$	$\Delta\beta/(°)$	$\Delta\lambda_{\min}/\text{pm}$
22	1.00	30	5.2	6.2	0.1	
24	1.00	30	5.0	6.2	0.1	
26	1.00	20	4.5	6.2	0.1	
28	1.00	20	3.8	6.0	0.1	
30	1.00	10	3.2	6.0	0.1	
32	1.00	10	2.5	6.0	0.1	
34	1.00	10	2.5	6.0	0.1	
35	1.00	10	2.5	6.0	0.1	

⑥要显示 R 与波长 λ 的关系,按 F5 或点击 ,打开"Settings"对话框,选择输入 NaCl 晶面间距参数;

⑦实验完成后,点击 或按 F2 键,保存数据。

四、数据处理

1. 确定不同管电压下的韧致辐射波长下限 $\lambda_{\min}$

在实验结果所记录的每一条布拉格衍射局部曲线(见图 2)上,进行如下操作:

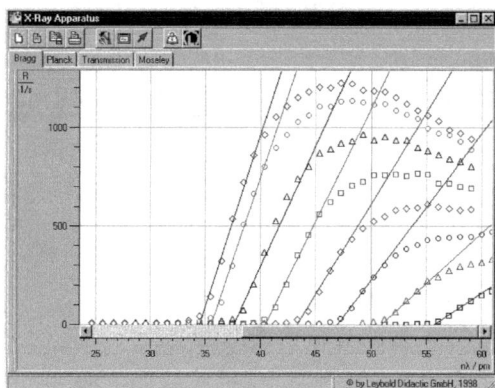

图2　不同管电压下局部 X 射线衍射图及其线性拟合

①点击鼠标右键,在弹出窗口中选择"Best-fit Straight Line"命令;

②在曲线上用鼠标左键拖动选取韧致辐射边缘计数率开始上升部分的数据点,进行最佳线性拟合,计算出对应的 $\lambda_{\min}$,计算结果显示于左下角"状态栏"中;

③点击 或按 F2 键,保存结果。

2.验证杜恩-亨特关系,测定普朗克常数

①进一步计算,在软件中点击"Planck"选项,前述步骤中所得的管电压与 $\lambda_{\min}$ 数据已保存在这里(见图 3);

②单击鼠标右键,选择弹出窗口命令"Calculate Straight Line through Origin",点鼠标左键选取所有数据点,对其进行过原点的最佳线性拟合,拟合结果的斜率 A 显示于左下角"状态栏"中,同时计算出普朗克常数 h。

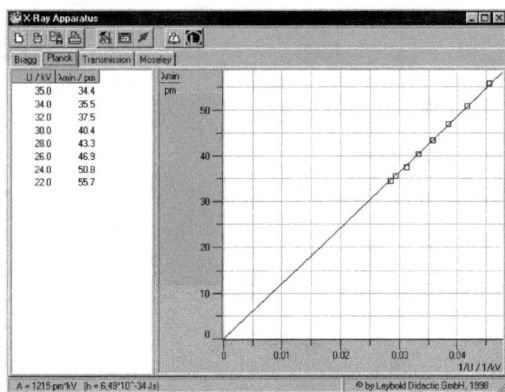

图 3   利用杜恩-亨特关系求普朗克常数

文献值 $h = 6.626 \times 10^{-34}$ J·s,对实验结果进行评价。

实验 6.5   边缘吸收:X 射线滤波

一、实验目的

1.记录钼阳极 X 射线经 Zr 箔滤波前、后的能谱;

2.比较滤波前、后的 X 射线特征谱线的强度。

二、实验原理

X 射线穿过物质时,X 光量子被吸收和散射,造成强度衰减,而且吸收效应往往占主导地位。这是由于原子被电离,释放出内层(如 K 层)电子,这种情况在 X 光量子能量 E 大于壳层束缚能 E_K 时发生,光量子的能量

$$E = \frac{h \cdot c}{\lambda} \qquad (1)$$

式中:h 为普朗克常数;c 为光速。定义透射率 T

$$T = \frac{R}{R_0} \qquad (2)$$

式中:R 为衰减后的强度;R_0 为衰减前的强度。

这种情况下,在某个波长 λ_K 附近,材料的透射率 T 随 X 射线波长 λ 的变化急剧增加(见图 1)。

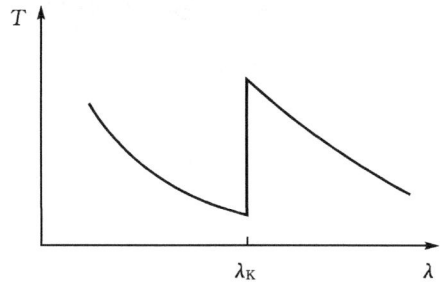

图 1　透射率随波长变化原理示意图

$$\lambda_K = \frac{h \cdot c}{E_K} \qquad (3)$$

这种透射率的突然变化被称为边缘吸收(edge absorption),这里是指 K 吸收边限。

我们必须区分 K 吸收边限与 X 射线被材料吸收后激发产生新的特征谱线 K_α 和 K_β 之间的差异

$$\lambda(K_\alpha) = \frac{h \cdot c}{E_K - E_L} \quad , \quad \lambda(K_\beta) = \frac{h \cdot c}{E_K - E_M} \qquad (4)$$

式中:E_K、E_L、E_M 分别是 K、L、M 层电子能量。可以看出,λ_L 小于 $\lambda(K_\alpha)$ 和 $\lambda(K_\beta)$,这三个量都与吸收(或发射)原子的原子序数 Z 有关。表 1 中列出了 $Z = 40 \sim 42$ 几种元素的 $\lambda(K)$,$\lambda(K_\alpha)$ 和 $\lambda(K_\beta)$。

表 1　几种元素的 λ_K,$\lambda(K_\alpha)$ 和 $\lambda(K_\beta)$ 波长数值

元素	Z	λ_K / pm	$\lambda(K_\alpha)$ / pm	$\lambda(K_\beta)$ / pm
Zr	40	78.74	70.05	68.88
Nb	41	74.77	66.43	65.31
Mo	42	71.08	63.09	61.99

从表 1 可以看出,Mo 元素的 K_β 线波长小于 Zr 元素的 K 吸收边限 λ_K,而 K_α 线刚刚超过。那么 Mo 管 X 射线通过 Zr 箔时,特征谱线 K_α 会轻微地衰减,而 K_β 会被强烈地吸收,也就是说,使用 Zr 箔后,钼阳极 X 射线特征谱线被过滤了,得到近似"单色"X 射线,如图 2 所示。

本实验测量钼阳极 X 射线在使用 Zr 箔过滤器前后的能谱,采用布拉格反射配置的测角器和 G - M 计数器记录 X 射线强度随波长的变化。

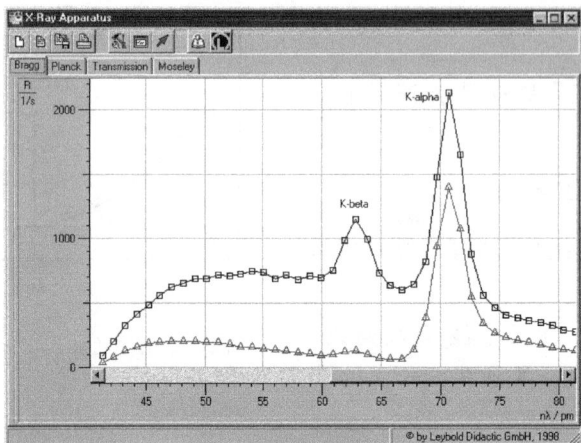

图 2　使用 Zr 箔过滤器前后 Mo 管 X 射线衍射谱(40~80 pm)

三、实验内容与步骤

1. 仪器设置

本实验中仪器以 NaCl 晶体布拉格反射形式设置,具体搭建步骤见"布拉格反射"实验。

2. 实验步骤

①运行"X-ray Apparatus"程序,检查确认 X 光机连接正常,按 F4 键或点击

清除已有数据;

②设置管电压 $U=30$ kV,发射电流 $I=1.00$ mA,角步幅 $\Delta\beta=0.1°$;

③按"COUPLED"键,确定传感器和靶转角的 2 倍耦合关系,再按"β-LIM-ITS"键,设置靶转角下限为 4.2°,上限为 8.3°;

④设置采样时间间隔 $\Delta t=5$ s;

⑤按"SCAN"键开始测量,传输数据至 PC;

⑥测量完成后,在 G-M 计数管基座前端安装上 Zr 箔过滤器,按"SCAN"再次进行测量;

⑦点击　或按 F2 键,保存结果。

⑧要显示强度-波长分布,在软件中按 F5 或点击　,打开"Settings"对话框,选择输入 NaCl 参数。

四、数据处理

1.在"X-ray Apparatus"软件"Bragg"视图中,单击鼠标右键,弹出处理命令窗口,选择"Calculate Integer";

2.用鼠标左键拖动选择各个特征谱线峰值范围,强度积分结果显示于左下角状态栏中,记入表 2;

表 2　特征谱强度积分及 K_β 线相对比例

	$R_i(K_\alpha)/(1/s)$	$R_i(K_\beta)/(1/s)$	V
不加 Zr 箔			
加 Zr 过滤			

3.计算 K_β 线在总特征谱强度所占比例,$V = R_i(K_\beta)/(R_i(K_\alpha) + R_i(K_\beta))$;

4.在软件中点击"Transmission"选项,显示透射率 T 随波长 λ 变化曲线。

实验 6.6　莫斯利定理测定里德堡常数

一、实验目的

1.测量钼阳极 X 射线经 Zr,Mo,Ag 和 In 元素透射后的 K 吸收边限;

2.验证莫斯利定理;

3.测定里德堡常数。

二、实验原理

我们已经知道,X 射线穿透物质时会发生边缘吸收效应,导致在吸收边限 λ_K 附近会发生透射率突变(见实验 6.5"边缘吸收:X 射线滤波"实验原理)。

1913 年,英国物理学家莫斯利(H. Moseley)测量了多种元素的 K 吸收边限,得到以他名字命名的定理

$$\sqrt{\frac{1}{\lambda_K}} = \sqrt{R} \cdot (Z - \sigma_K) \tag{1}$$

式中:R 为里德堡常数;Z 为吸收元素原子序数;σ_K 为 K 壳层屏蔽系数。

使用公式

$$\lambda_K = \frac{h \cdot c}{E_K} \tag{2}$$

式中:E_K 为吸收元素 K 层束缚能;h 为普朗克常数;c 为光速。可以得到

$$E_K = h \cdot c \cdot R \cdot (Z - \sigma_K)^2 \qquad (3)$$

这个方程与玻尔原子模型预测是一致的:穿过原子外壳层的 X 光量子被 K 层电子吸收而激发过程中,原子核的电荷 $Z \cdot e$ 被部分屏蔽,只有 $(Z - \sigma_K) \cdot e$ 的电荷作用于被电离的电子。

本实验利用测量原子序数为 40~50 之间元素的 K 吸收边限来验证莫斯利定理,在这个范围内,屏蔽系数 σ_K 基本与原子序数无关(见图 1),公式(1)可以写成如下以原子序数 Z 为自变量的线性形式

$$y = a \cdot Z + b \qquad (4)$$

通过直线的斜率 a 和截距 b 可以求出里德堡常数 R 和屏蔽系数 σ_K

$$R = a^2, \sigma_K = -\frac{b}{a} \qquad (5)$$

本实验采用 NaCl 单晶布拉格反射配置的测角器和 G-M 计数器测量透射率 T 随 X 射线波长的变化规律。

图 1 $\sqrt{E_K/(hcR)}$ 随原子序数 Z 变化曲线
• —为文献值;—为 $Z=30\sim60$ 的最佳线性拟合直线

三、实验内容与步骤

1. 仪器设置

本实验中仪器以 NaCl 晶体布拉格反射形式设置,具体搭建步骤见"布拉格反射"实验。

2. 实验步骤

①运行"X-ray Apparatus"程序,检查确认 X 光机连接正常,按 F4 键或点击 清除已有数据;

②设置管电压 $U=35$ kV,发射电流 $I=1.00$ mA,角步幅 $\Delta\beta=0.1°$;

③按"COUPLED"键,确定传感器和靶转角的 2 倍耦合关系,再按"β-LIMITS"键,设置靶转角下限为 $3.7°$,上限为 $7.5°$;

④设置采样时间间隔 $\Delta t=5$ s;

⑤按"SCAN"键开始测量,传输数据至 PC;

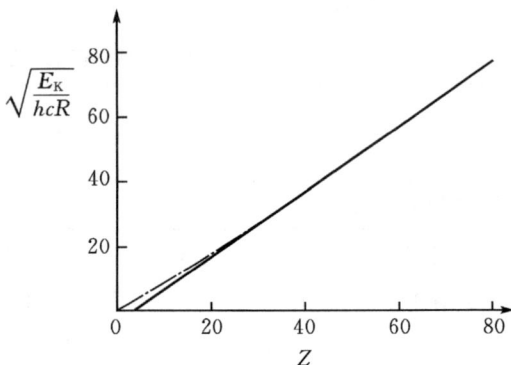

⑥测量完成后,在 G－M 计数管基座前端安装上 Zr 箔过滤器,按"SCAN"再次进行测量;

⑦分别用 Mo 箔、Ag 箔和 In 箔代替 Zr 箔,重复测量,所有测量数据曲线保存在同一副图上;

⑧点击 或按 F2 键,保存实验结果。

⑨要显示强度-波长关系,在软件中按 F5 或点击 ,打开"Settings"对话框,选择输入 NaCl 参数。

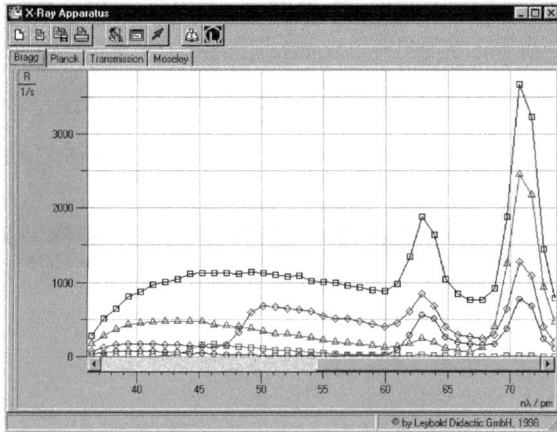

图 2　使用 Zr,Mo,Ag,In 过滤器前后 Mo 管 X 射线衍射谱(36～74 pm)
(图中曲线从上至下分别为使用过滤器前、使用 Zr、Ag、In、Mo 过滤器后 Mo 管 X 射线衍射谱)

四、数据处理

1. 在软件中点击"Transmission"选项,显示视图从衍射谱转换为透射谱(见图3);

2. 点击鼠标右键,在弹出命令窗口中选择"Draw K-Edges";

3. 在透射谱上用鼠标左键选取每条曲线 K 边限数据点(图3);

4. 点击"Moseley"选项,在 Z 列中输入相应的原子序数值(Zr:40,Mo:42,Ag:47,In:49)(见图4);

5. 在此视图上点击鼠标右键,选择窗口命令"Best-fit Straight Line",然后用鼠标左键拖动选取要进行拟合的数据点,计算结果(里德堡常数 R 和屏蔽系数 σ_K)显示于软件左下角"状态栏"中。

利用文献值 $R=1.097373$ m^{-1},$\sigma_K=3.6$(中等重原子核),对实验结果进行评价。

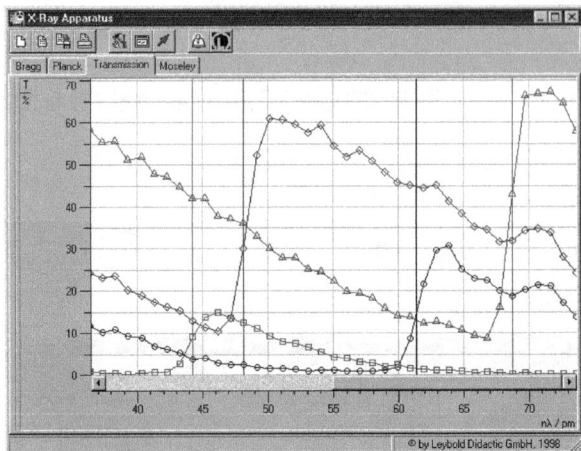

图 3　波长范围 36～74pm 的透射谱(从右到左为 Zr,Mo,Ag,In)

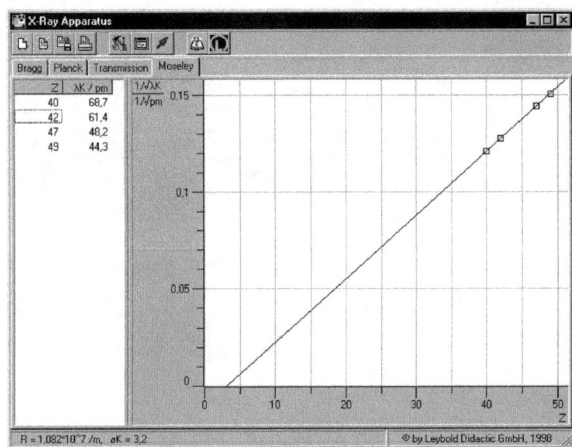

图 4　为验证莫斯利定理而进行的数据处理

实验 6.7　康普顿效应:研究散射 X 光量子的能量损失

一、实验目的

1.测量经铝板散射前后钼阳极 X 射线对 Cu 箔的透射强度 T_1 和 T_2;

2.测定 X 射线在散射过程中所产生的波长偏移;

3.将测量值与康普顿散射理论计算值进行比较。

二、实验原理

1.康普顿效应

1923 年,美国科学家康普顿(A. H. Compton)观察到 X 射线经散射体散射后波长发生偏移,他利用 X 射线的量子性质对这一现象进行了解释。他认为这是 X 光量子与散射材料的电子碰撞而产生的,在这个过程中,X 光量子的能量发生改变,作为动能传输给电子。X 光子的能量为

$$E = h \cdot c/\lambda \tag{1}$$

式中:h 为普朗克常数;c 为光速;λ 为波长。

在碰撞过程中,能量和动量是守恒的。碰撞前,电子可以看作是静止的(见图1),碰撞后获得速度 v,X 光量子的波长在碰撞前后记为 λ_1 和 λ_2,考虑相对论效应,能量守恒为

$$\frac{hc}{\lambda_1} + m_0 \cdot c^2 = \frac{h \cdot c}{\lambda_2} + \frac{m_0 \cdot c^2}{\sqrt{1-(v/c)^2}} \tag{2}$$

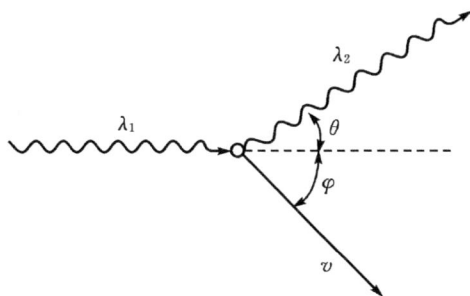

图 1　X 光量子在静止电子上的康普顿散射

式中:m_0 为电子的质量。X 光量子的动量为

$$p = h/\lambda \tag{3}$$

碰撞过程动量守恒

$$\frac{h}{\lambda_1} = \frac{h}{\lambda_2} \cdot \cos\theta + \frac{m_0}{\sqrt{1-(v/c)^2}} \cdot v \cdot \cos\varphi \tag{4}$$

式中:θ,φ 为碰撞角度。由式(2)和(4)可以得到 X 光量子在碰撞前后波长的变化量

$$\lambda_2 - \lambda_1 = \frac{h}{m_0 \cdot c}(1-\cos\theta) \tag{5}$$

其中常数

$$\frac{h}{m_0 \cdot c} = 2.43 \text{ pm} \tag{6}$$

称为康普顿波长 λ_C，它相当于具有静止电子能量的光量子的波长。

2. 验证波长偏移

验证波长偏移的方法是由 R. W. Pohl 提出的，将透过铜箔的未散射 X 射线与用铝散射体进行散射的透射率进行比较，通过研究已经知道：经过铜箔的透射率 T_{Cu} 与入射 X 射线的波长密切相关（见图 2），所以康普顿散射所引起的 X 射线波长偏移将显现为透射率（或计数率）的变化。

X 射线通过铜箔的透射率与波长的关系可以通过下式进行估算

$$T_{Cu} = e^{-a \cdot \left(\frac{\lambda}{100}\right)^n} \tag{7}$$

式中：$a = 7.6$；$n = 2.75$；λ 的单位为 pm。

本实验首先测量 X 射线在铝散射体上的计数率 R_0（无衰减），然后分别将铜箔置于散射体的前、后，记录其计数率 R_1、R_2（见图 3）。由于计数率数值较小，必须考虑实验室环境的背景计数率 R，透射率为

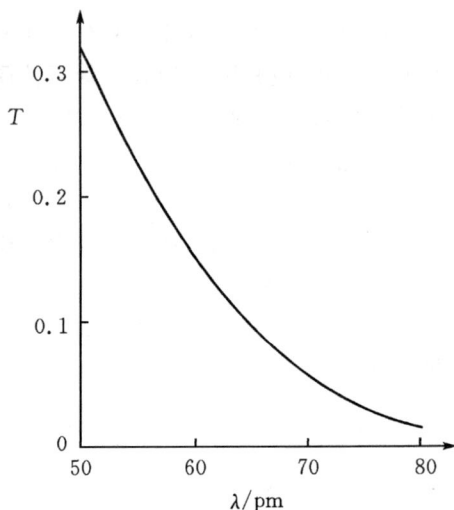

图 2 波长为 50～80 pm X 射线在铜箔(0.07 mm)中的透射率
(LEYBOLD DIDACTIC 实验室)

$$T_1 = \frac{R_1 - R}{R_0 - R} \tag{8}$$

和

$$T_2 = \frac{R_2 - R}{R_0 - R} \tag{9}$$

使用公式(7)，可以计算未散射 X 射线的"平均"波长 λ_1 和散射后的"平均"波长 λ_2

$$\Delta\lambda = \lambda_2 - \lambda_1 \tag{10}$$

$$= 100 \left[\left(\frac{\ln(R_0 - R) - \ln(R_2 - R)}{a} \right)^{\frac{1}{n}} - \left(\frac{\ln(R_0 - R) - \ln(R_1 - R)}{a} \right)^{\frac{1}{n}} \right]$$

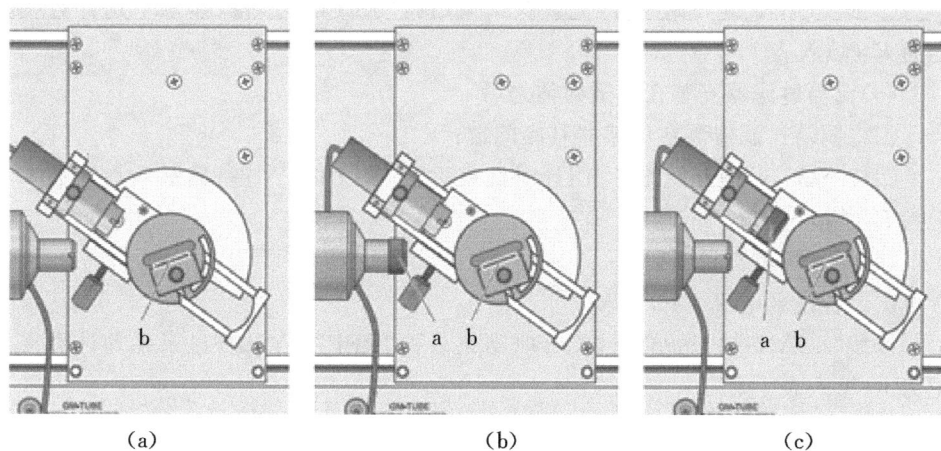

图 3　康普顿散射测量 X 射线波长偏移实验装置图

(a)无铜箔；(b)铜箔 a 置于铝散射体 b 之前；(c)铜箔 a 置于铝散射体 b 之后

三、实验内容与步骤

1. 仪器设置

实验仪器设置如图 3 所示，步骤如下：

①取下准直器，在其靠近 X 光管一侧安装 Zr 过滤器（滤去 K_β 线）；

②装上带有 Zr 过滤器的准直器；

③调节准直器和靶台之间的距离为约 5 cm，靶台和 G－M 管前端距离约 4 cm；

④将康普顿效应附件——铝散射体安装在靶台上，夹紧；

⑤按"TARGET"键，用"ADJUST"旋钮手动调节靶角至 20°；

⑥按"SENSOR"键，用"ADJUST"旋钮手动调节传感器角至 145°。

2. 实验步骤

设置管电压 $U=30$ kV，发射电流 $I=1.00$ mA，设置角步幅 $\Delta\beta=0.0°$。

(1)无铜箔过滤器

①设置采样时间间隔 $\Delta t=60$ s；

②按"SCAN"键开始测量，测量时间倒计时结束后，按"REPLAY"键，显示平均计数率，记为 R_0（填入表 1）。

(2)铜箔过滤器置于铝散射体之前

①将铜箔过滤器装在准直器上；

②增加采样时间间隔至 $\Delta t=600$ s；

③按"SCAN"键开始测量,倒计时结束后按"REPLAY"键,显示平均计数率,记为 R_1(填入表 1)。

(3)铜箔过滤器安装在铝散射体之后

①将铜箔过滤器装在传感器基座前端;

②按"SCAN"键开始测量,倒计时结束后按"REPLAY"键,显示平均计数率,记为 R_2(填入表 1)。

(4)测量环境背景辐射

①设置发射电流 $I=0$ mA;

②按"SCAN"键开始测量,倒计时结束后按"REPLAY"键,显示平均计数率,记为 R(填入表 1)。

四、数据处理

分别使用公式(7)～(10),对测量数据进行计算(结果填入表 1)。

表 1   X 射线康普顿效应实验记录、结果计算表

	$\Delta t/s$	$R/(1/s)$	T		λ/pm	$\Delta\lambda/pm$
无铜箔(R_0)	60		T_1		λ_1	
铜箔前置(R_1)	600					
铜箔后置(R_2)	600		T_2		λ_2	
背景辐射(R)	600					

根据康普散射理论,散射角 $\theta=145°$ 时,$\Delta\lambda=4.42$ pm。请对实验结果进行分析评价。

第7章 半导体技术类实验

实验7.1 半导体激光器的电学和光学性能测试

半导体激光器是指以半导体材料为工作物质的激光器,又称半导体激光二极管(LD),是 20 世纪 60 年代发展起来的一种激光器。半导体激光器的工作物质有几十种,例如砷化镓(GaAs)、硫化镉(CdS)等;激励方式主要有电注入式、光泵式和高能电子束激励式三种。从最初的低温(77 K)下运转发展到室温下连续工作,从同质结发展到单异质结、双异质结、量子阱(单、多量子阱)等多种形式,半导体激光器因其波长的扩展、高功率激光阵列的出现,以及可兼容的光纤导光和激光能量参数微机控制的出现而迅速发展,其中尤以大功率半导体激光器方面取得的进展最为突出。半导体激光器的体积小、重量轻、成本低、波长可选择,其应用遍布临床、加工制造、军事领域。

一、实验目的

1. 学习半导体激光器发光原理;
2. 了解半导体激光器平均输出光功率与注入驱动电流的关系;
3. 掌握半导体激光器 P-I-V 曲线的测试方法;
4. 掌握半导体发光器件光谱的测量方法;
5. 理解 90% 功率光谱宽度和光谱宽度(FWHM)的意义。

二、实验仪器

半导体测试仪、半导体耦合光纤激光器、光谱仪、积分球、温控电源等。

三、实验原理

1. 半导体激光器发光原理

半导体发光器件是以一定的半导体材料作为工作物质而产生受激发射作用的器件,其工作原理是:通过一定的激励方式,在半导体物质的能带(导带与价带)之间,或者半导体物质的能带与杂质(受主或施主)能级之间,实现非平衡载流子的粒子数反转,当处于粒子数反转状态的大量电子与空穴复合时,便产生受激发射作用。

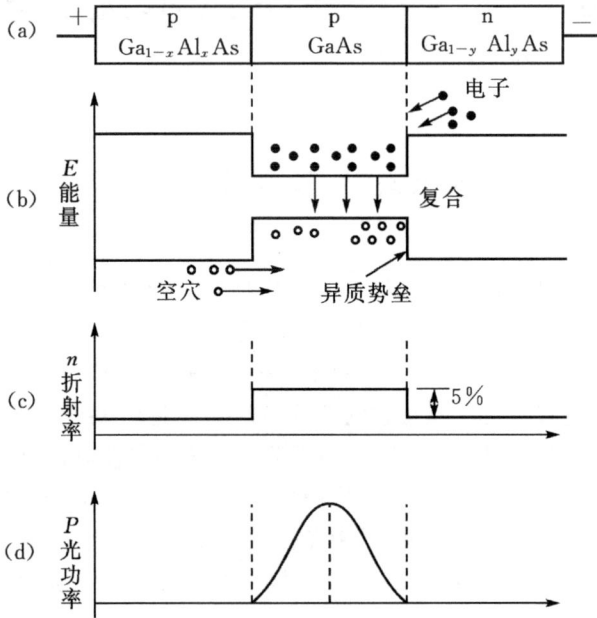

图 1　激光器工作原理

(a)双异质结构;(b)能带;(c)折射率分布;(d)光功率分布

图 1 显示了激光器工作原理。由于限制层的带隙比有源层宽,施加正向偏压后,p 层的空穴和 n 层的电子注入有源层。p 层带隙宽,导带的能态比有源层高,对注入电子形成了势垒,注入到有源层的电子不可能扩散到 p 层。同理,注入到有源层的空穴也不可能扩散到 n 层。这样,注入到有源层的电子和空穴被限制在有源层内形成粒子数反转分布,这时只要很小的外加电流,就可以使电子和空穴浓度增大而提高量子效率。另一方面,有源层的折射率比限制层高,产生的激光被限制在有源区内,因而电/光转换效率很高,输出激光的阈值电流很低,很小的散热体就可以在室温下连续工作。

P-I-V 特性是半导体激光器的最重要的特性。包括阈值电流 I_{th}、输出功率 P_o、工作电流 I_o、工作电压 V_o、斜率效率 E_s、光电效率 E_p 等,当注入电流增加时,输出光功率也随之增加,在达到 I_{th} 之前半导体激光器输出荧光,到达 I_{th} 之后输出激光。

2. LD 的 V-I 特性

LD 伏安(V-I)特性即电压-电流特性,由于 LD 的核心是 pn 结芯片,因此它的伏安特性曲线和普通二极管的伏安特性曲线相似。以 LED 为例,图 2 给出了某种发光二极管的伏安特性曲线。

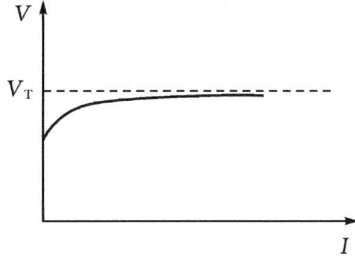

图 2　LD/LED V-I 特性曲线

从图中可以看出,在正向电压小于某一值时,电流极小,二极管不发光;当电压超过某一值后,正向电流随电压迅速增加,二极管发光。我们将这一电压称为阈值电压或开门电压。

3. LD 的 P-I 特性

在结构上,由于 LD 有光学谐振腔,因此 LD 的功率与电流的 P-I 关系特性曲线与一般的半导体器件(如 LED)有很大的差别。对于半导体激光器来说,当正向注入电流较低时,增益小于 0,此时半导体激光器只能发射荧光;随着电流的增大,注入的非平衡载流子增多,使增益大于 0,但尚未克服损耗,在腔内无法建立起一定模式的振荡,这种情况被称为超辐射;当注入电流增大到某一数值时,增益克服损耗,半导体激光器输出激光,此时的注入电流值定义为阈值电流 I_{th}。

由图 3 可以看出,注入电流较低时,LD 输出功率随注入电流缓慢上升。当注入电流达到并超出阈值电流后,输出功率陡峭上升。我们把陡峭部分外延,将延长线和电流轴的交点定义为阈值电流 I_{th}。根据其 P-I 曲线可以求出 LD 的外微分量子效率 η_D,其具有如下关系

$$P = (I_f - I_{th}) \cdot V \cdot \eta_D \tag{1}$$

式中:I_f 为注入电流,因此在曲线中,曲线的斜率表征的就是外微分量子效率。

4. 半导体 LD/LED 器件发光所覆盖的光谱范围

III-V 族化合物,以 GaAs 和 InP 为基底,通过 Al、In 等材料按不同比例添加进行外沿生长(AlGaAs、InGaAsP)使材料形成异质结、量子阱结构,在紫外光到近红外范围内波长可调,应用范围较广。本实验就围绕该系半导体发光材料的发光

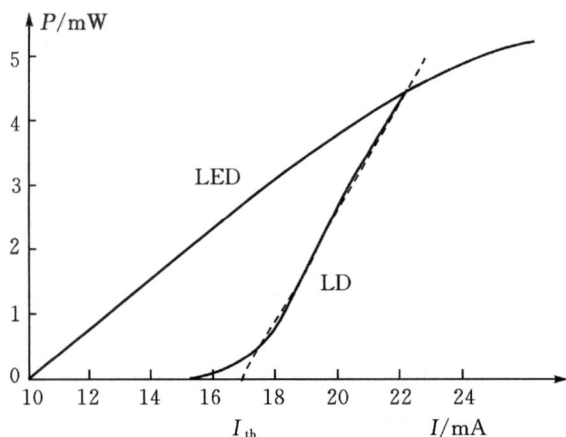

图 3　LD/LED　P-I 特性曲线

光谱特性展开研究。

　　光谱是复色光经过色散系统(如棱镜、光栅)分光后,被色散开的单色光按波长(或频率)大小而依次排列的图案,全称为光学频谱。光波是由原子内部运动的电子产生的。各种物质的原子内部电子的运动情况不同,所以它们发射的光波也不同。图 4 显示了 III - V 族化合物(半导体 LD/LED)器件发光所覆盖的光谱范围。

　　光谱按光谱表观形态不同,可分为线光谱、带光谱和连续光谱。LD/LED 光谱均为连续光谱。LD、LED 光谱曲线如图 5 所示。

　　其中,LD 光谱曲线谱线宽度窄,单色性好;LED 谱线宽度宽,覆盖光谱范围大。从光谱曲线上可以读出的常用参数有:中心波长、峰值波长、光谱宽度(FWHM)和 90％功率光谱宽度(FW90％E)。其中,光谱宽度(FWHM,Full Width at Half Maximum)也称半峰全宽,亦称半宽度,指光谱波长达到峰值波长一半处的光谱宽度,即在光谱曲线上通过峰值波长的中点作平行于横轴的直线,此直线与光谱曲线相交两点之间的距离。90％功率光谱宽度(FW90％E)指占总体光能量 90％的主要光谱区的光谱宽度。

　　5.光纤光谱仪和积分球的原理

　　参看实验 2.10。

四、实验内容

　　1.连接好设备,并开启控温,将温度控制在 25℃,并设置阈值电流。

　　2.点击"开始测试"按钮,系统便会开始实时记录数据并绘制温控电源座上固定的半导体激光器的 P-I-V 曲线,将曲线结果和相关参数显示在软件左侧光电

波长/nm

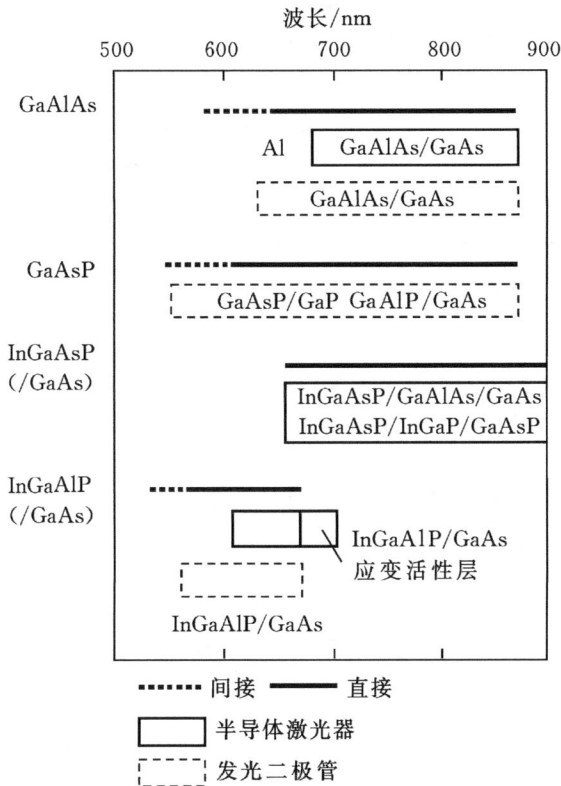

图 4　III - V 族化合物器件光谱范围

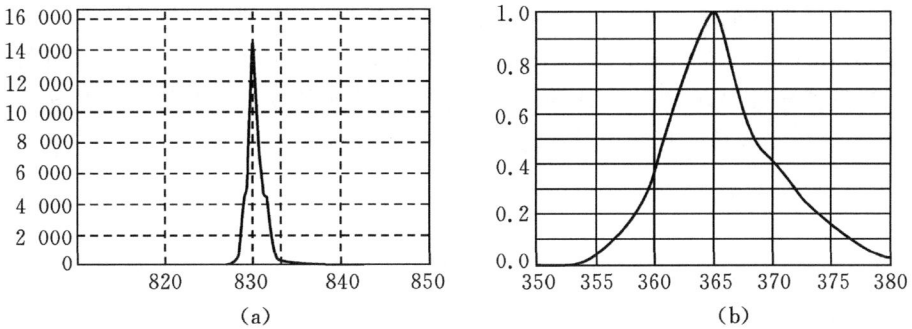

图 5　LD/LED 光谱曲线

(a)LD 光谱曲线；(b)LED 光谱曲线

参数界面上。

　　3.连接积分球和光谱仪。将积分球与光谱仪用金属套双 SMA - 905 接头的光纤连接;将光谱仪与电脑用 USB 线连接;将积分球的航空插头接在半导体激光测试系统前面板较小的航空插座上;将待测试半导体激光器光纤接口接在积分球上的光源输入口上。

4.点选软件界面中间区域"光谱参数"界面中间位置"光谱"前面的复选框。软件的任务栏会显示正在连接光谱仪,等光谱仪连接完成后,点选"开始测量","光谱参数"界面就会显示测量出的光谱曲线和相关参数。

5.改变半导体的温度设置,从 15°开始,每隔 2°测量一次,记录并观察光谱中心波长随温度的变化。

注意:

1.不能在很短时间内多次点击"开始测试",否则程序进程耗光内存资源使电脑出现短暂死机,或者彻底死机。

2.一般情况下,光谱参数曲线的常量的最大值在 10000～50000 之间比较合适,如果不在这个范围则需要改变曲线图界面下边的"积分时间",将最大常量的值调整到这个范围之内。

实验 7.2　锗的带隙宽度测量

物质能带间的间隔叫带隙(用 E_g 表示)或禁带,其大小称作带隙宽度。禁带不允许有电子存在。半导体的费米能级位于满带与空带之间的禁带内,此时紧邻着禁带的满带称为价带,而上面的空带称为导带。如果由于某种原因将价带顶部的一些电子激发到导带底部,在价带顶部就相应地留下一些空穴,从而使导带和价带都变得可以导电了。所以半导体的载流子有电子和空穴两种。半导体的带隙宽度较小(1 eV 量级或小于 1 eV),而人类掌握的技术很容易就可以把半导体价带的电子激发到导带中,而使半导体导电。目前科学技术的发展主要依赖于半导体的发展,而决定半导体的性质的重要参数就是它的带隙宽度。

一、实验目的

1.测量未掺杂单晶锗在加热、以恒流通过时的电压降,计算其电导率 σ;
2.测定锗的带隙宽度。

二、实验仪器

锗单晶样品,恒流源,电流表,电压表,加热装置,计算机接口,计算机,测量软件。

三、实验原理

在电场 E 作用下,电流密度 j 可用欧姆定律来表示

$$j = \sigma E \tag{1}$$

式中:比例因子 σ 称作电导率,其数值在很大程度上取决于材料,所以通常用它对材料进行分类。例如半导体,在低温下不导电,在高温时却具有较大的电导率。这是由半导体材料的特殊的能带结构造成的。

价带是在基态时完全或部分填充的最高能带,它和紧邻的未填充能带——导带之间的区域,在未掺杂的半导体中没有电子填充的,被称为"禁带"。随着温度升高,越来越多的电子在热运动激发下从价带跃迁至导带,它们离开后在价带中所形成的"空位"也会像带正电荷的粒子一样运动,也会像电子一样对电流密度有所贡献,如图 1。

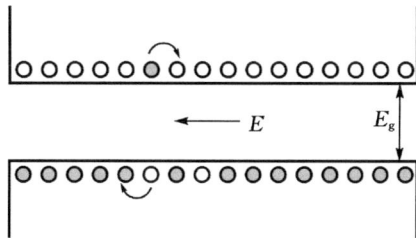

图 1　半导体的能带结构

由电子从价带激发到导带所形成的电导称为"本征电导"。由于在热平衡条件下,价带中的空穴数和导带中的电子数相等,本征电导中的电流密度可以写作

$$j_i = (-e) \cdot n_i \cdot v_n + e \cdot n_i \cdot v_p \tag{2}$$

式中:e 为基本电荷;n_i 为电子和空穴的浓度;v_n、v_p 分别为电子和空穴的漂移速度。

电子和空穴的平均漂移速度正比于电场强度 E

$$v_n = -\mu_n \cdot E, \ v_p = -\mu_p \cdot E \tag{3}$$

式中:μ_n、μ_p 为电子和空穴的迁移率。这里迁移率取正值,可得

$$j_i = e \cdot n_i \cdot (v_n + v_p) \cdot E \tag{4}$$

与(1)式比较,可得出电导率

$$\sigma_i = e \cdot n_i \cdot (v_n + v_p) \tag{5}$$

上式中除了基本电量 e,其他量都依赖于温度 T,本征电导的浓度为

$$n_i = (N \cdot P)^{\frac{1}{2}} \cdot e^{-\frac{E_g}{2kT}} \tag{6}$$

式中:k 为玻尔兹曼常数;E_g 为半导体的带隙宽度;N、P 分别为

$$N = 2\left(\frac{2\pi \cdot m_n \cdot kT}{h^2}\right)^{\frac{3}{2}}, P = 2\left(\frac{2\pi \cdot m_p \cdot kT}{h^2}\right)^{\frac{3}{2}} \tag{7}$$

表示导带和价带中有效的态密度,其中 h 为普朗克常数,m_n 为电子有效质量,m_p 为空穴有效质量。迁移率也依赖于温度,在低掺杂情况下有

$$\mu \propto T^{-\frac{3}{2}}$$

考虑到指数函数的优势,电导率可以近似地表示为

$$\sigma_i = \sigma_0 \cdot e^{-\frac{E_g}{2kT}} \tag{8}$$

或

$$\ln\sigma_i = \ln\sigma_0 - \frac{E_g}{2kT} \tag{9}$$

从公式(8)可见,对确定的带隙宽度 E_g,未掺杂锗的电导率是温度 T 的函数,如果作 $\log \sigma \sim 1/T$ 曲线,拟合求出其直线斜率 A,则可得到带隙宽度 E_g。实验中,在恒流条件下,对未掺杂锗晶体有

$$I = j \cdot b \cdot c \tag{10}$$

式中:b 为晶体的宽度;c 为晶体的厚度。

晶体两端电压降

$$U = E \cdot a \tag{11}$$

式中:a 为晶体的长度。

综合(1)、(10)、(11)式,有

$$\sigma = \frac{a}{b \cdot c} \cdot \frac{I}{U} \tag{12}$$

注意:

锗为易碎晶体,接插导线时,应注意保护;

锗晶体电阻较大,电流流过时发热大,要求最大流经电流不能超过 4 mA。

四、实验步骤

1.将温度传感器的输出连到数据接口盒 CASSY 的 A 口,电压降的输出连至 B 口;

2.CASSY 通过 9 芯 V24 电缆连到 PC 机的串口(COM1 或 COM2);

3.在计算机上,运行"CASSY　Lab"程序,检查 CASSY 是否连好;

4.在弹出窗口"Setting"的"CASSY"中,单击"Update Setup";

5.单击通道 A,设置 UA1,零点"Left",选择测量范围"0...3V",对通道 B 进行同样设置;

6.在"Display"中设置:

```
x-axis      UA1      x
y-axis      UB1      y
```

7. 单击"Display Measuring Parameters",选择测量参数"Automatic Recording",采样间隔"Meas. Interv.：2s";

8. 打开 12 V 加热电源、恒流电路电源开关,在仪器面板上设置恒流 $I=2$ mA。

9. 在仪器面板上按"HEATER"开始加热,同时在程序中单击 (或 F9)开始记录数据：

在"Voltage UA1"窗口检查 UA1 电压值是否随晶体温度的升高而增大；

在 UB1 的电压小于 1 V 时,单击"Voltage UB1"窗口,改变测量范围至"0...1 V"；

一旦 UB1 小于 0.3V 时,改变其测量范围至"0...0.3V"。

10. 当仪器面板上的 LED 灯灭时,单击 (或按 F9)停止采集数据；

11. 关闭加热电源、恒流电路电源开关。

五、数据处理

通过以上实验步骤,根据所采集得到的 UB1 - UA1 数据作图。

在软件中操作,对 UA1,UB1 进行变换,可直接求出锗的带隙宽度,步骤如下：

1. 在"Setting"窗口(按 F5 调出)选择"Parameter/Formula/FFT",创建两个新的量：

```
Quantity      Temperature        Conductivity
Formula       UA1 * 100＋273.15    4/UB1
Symbol        T                  &s
Unit          K                  1/&Wm
from          290                0
to            440                200
Decimals      1                  2
```

2. 在"Display"创建新的图表：

```
x-axis      T    1/x
y-axis      σ    log y
```

变换成 $\log \sigma$ - $1/T$ 曲线。

3. 在图形上单击右键,弹出功能窗口,选择"Fit function"→"Best-fit straight line"(最佳线性拟合),点鼠标左键选择用于拟合的数据区间,拟合结果(斜率、截距)显示于状态栏左下角位置,并置于粘贴板中,可用右键"Set Marker"标注于图线上,打印结果。

4. 在 $\log \sigma - 1/T$ 图中拟合,求出其直线斜率 A,由公式(9),直线的斜率为

$$A = -\frac{1}{\ln 10} \cdot \frac{E_g}{2k} \tag{13}$$

式中:$k = 1.3807 \times 10^{-23}$ J·K^{-1},可求出带隙宽度。

文献引用值:

$$E_g(0 \text{ K}) = 0.74 \text{ eV}, \ E_g(300 \text{ K}) = 0.67 \text{ eV}$$

注意:

锗为易碎晶体,接插导线时,应注意保护;

锗晶体电阻较大,电流流过时发热大,要求最大流经电流不能超过 4 mA。

第8章 材料制备类实验

实验 8.1 射频磁控溅射镀膜

薄膜技术是现代材料技术和微电子技术领域中的关键技术之一,它可以将各种材料组合在一起,合成新型的具有优异特性的复杂材料体系,因此在科学研究、工业生产以及日常生活中都有十分广泛的用途。

薄膜沉积的过程就是将一种材料(薄膜材料)转移到另一种材料(基片)的表面,并与基片表面紧密结合的过程。这个过程包括源蒸发、迁移和凝聚三个环节。源的作用是提供成膜的材料;迁移是指利用不同的物理与化学方法,使原子脱离源表面,这个过程通常是在真空或惰性气体中进行的,也有在反应气体(氧气、氮气等)中进行的;凝聚是源材料原子与基片表面相互作用的复杂过程,即吸附、成核及核长大等。根据成膜的方法和基本原理,薄膜的制备方法分为物理气相沉积和化学气相沉积。本实验采用的磁控溅射和蒸发镀膜都属于物理气相沉积。

一、实验目的

1. 了解磁控溅射法制膜的基本原理;
2. 掌握射频磁控溅射镀膜仪的使用方法。

二、实验仪器

DHRM-1型射频磁控溅射镀膜装置,真空系统,冷却系统,气源。

三、实验原理

磁控溅射是在真空室中,利用低压气体辉光放电现象,使处于等离子状态下的离子轰击靶表面,并利用环状磁场控制辉光放电,使溅射出的粒子沉积在基片上。

1. 二极直流溅射

图 1 是二极直流溅射系统镀膜室示意图。其中,溅射靶作为阴极,是需要溅射的材料,基片处为阳极。阳极可以接地,也可以是处于浮动电位或处于一定的正或

负电位。阴极相对于阳极有数千伏的电压。在对系统预抽真空以后,向镀膜室充入适当压力的惰性气体(例如 Ar),作为气体放电的载体,气体压力一般在 $0.1 \sim 10$ Pa 范围内。在阳极和阴极间所加的高压作用下,极间的惰性气体原子被大量电离。电离过程使 Ar 原子电离为 Ar^+ 离子和可以独立运动的电子。其中,电子飞向阳极,带正电的 Ar^+ 离子在高压电场的加速作用下,高速飞向作为阴极的靶材,与靶材发生碰撞,释放出其能量。Ar^+ 离子高速撞击靶材的结果是,使大量的靶原子获得了相当高的能量而脱离靶材的束缚,飞向基片。在这种溅射过程中,同时还可能伴随有其他粒子,如二次电子、离子、光子等从阴极发射出来。

由放电形成的惰性气体正离子朝着阴极(靶材)方向加速,并且这些正离子和由其产生的快速中性粒子以它们在阴极电压降区域获得的几乎一样的速度到达阴极,和阴极相碰撞。在这些能量离子和中性粒子的轰击下,靶材原子从其表面溅射出来,被溅射出来的靶材原子冷凝在阳极(基片)上,形成薄膜。

所以,二极直流溅射法制备薄膜就是利用带有电荷的离子在电场中加速后具有一定动能的特点,将离子引向欲被溅射的靶电极,在离子能量合适的情况下,入射的离子在与靶表面原子的碰撞过程中将靶表面的原子溅射出来。这些被溅射出来原子带有一定的动能,并且会沿着一定的方向射向基片,从而实现在基片上沉积薄膜。

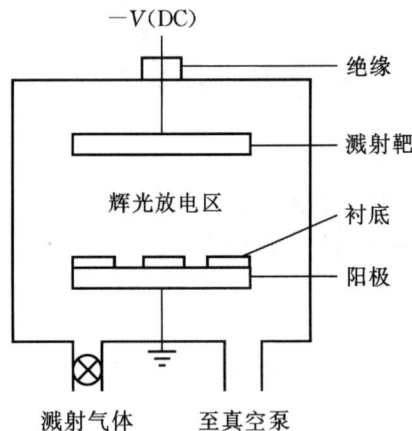

图1 二极直流溅射系统镀膜室示意图

2.磁控溅射

磁控溅射技术本质上是磁控模式下进行的二极溅射,是磁控原理与二极溅射技术的结合,它对阴极溅射中电子使基片温度上升快的缺点加以改良,在被溅射的靶极(阴极)之间加一个正交磁场和电场,电场和磁场方向相互垂直。

　　磁控溅射工作原理如图 2 所示。磁控溅射系统在阴极靶材的背后放置 $100\sim$ 1000 G 磁体,真空室充入 $0.1\sim10$ Pa 惰性气体(如 Ar)作为气体放电的载体。在高压作用下,Ar 原子电离成为 Ar^+ 离子和电子,产生等离子辉光放电。电子 e 在电场 E 作用下,在飞向基片的过程中与氩原子发生碰撞,使其电离出一个 Ar^+ 和新的电子。电子 e 飞向基片,Ar^+ 在电场加速下飞向阴极靶,并以高能量撞击靶表面,使靶材发生溅射。从靶面发出的二次电子首先在阴极暗区受到电场加速,飞向负辉区。进入负辉区的电子具有一定速度,并且垂直于磁力线运动。由于受到磁场 B 洛仑兹力的作用,电子绕磁力线旋转,旋转半周之后重新进入阴极暗区,受到电场减速。当电子接近靶面时,速度可降到零,此后电子又在电场的作用下再次飞离靶面,开始一个新的运动周期。电子就这样周而复始,跳跃式地朝 E(电场)$\times B$(磁场)所指的方向漂移,简称 $E\times B$ 漂移。二次电子在环状磁场的控制下,运动路径不仅很长,而且被束缚在靠近靶表面的等离子体区域内,在该区中电离出大量的 Ar^+ 离子用来轰击阴极靶,与没有磁控管结构的溅射相比,离化率增加 $10\sim100$ 倍,因而磁控溅射具有高速沉积的特点。随着碰撞次数的增加,电子 e_1 的能量逐渐降低,同时逐步远离靶面。低能电子 e_1 将沿着磁力线,在电场 E 作用下最终到达基片。由于该电子的能量很低,传给基片的能量很小,致使基片温升较低。另外,对于 e_2 类电子来说,由于磁极轴线处的电场与磁场平行,e_2 电子将直接飞向基片。但是在磁极轴线处离子密度很低,所以 e_2 电子很少,对基片温升作用极微。因此,磁控溅射又具有"低温"特点。而 Ar^+ 离子在高压电场加速作用下,与靶材撞击并释放出能量,导致靶材表面的原子吸收 Ar^+ 离子的动能而脱离原晶格束缚,呈中性的靶原子逸出靶材表面飞向基片,并在基片上沉积形成薄膜。

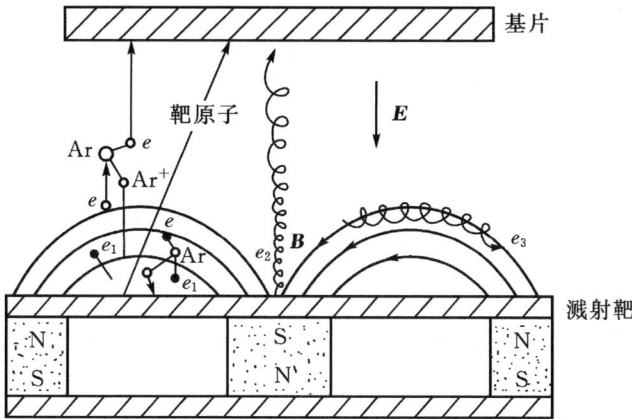

图 2　磁控溅射原理

　　磁控溅射以磁场束缚和延长电子的运动路径改变电子的运动方向,从而提高了工作气体的电离率,有效利用了电子的能量。溅射系统沉积镀膜的粒子能量通常为 $1\sim10$ eV,溅射镀膜理论密度可达 98%。比较蒸镀 $0.1\sim1.0$ eV 的粒子能量和 95% 的镀膜理论密度,溅镀薄膜的性质、牢固度都比热蒸发和电子束蒸发薄膜好。磁控溅射技术因具有沉积速率快、基片温度低、成膜附着性好、易控制和能实现大面积制膜等优点而被广泛使用。

　　磁控溅射也存在一些缺点,比如靶面会发生凹状溅蚀环,可溅射区域仅占整个靶面的 20%～30%,靶的利用率很低。溅蚀环部位局部受热产生热变形,往往引起靶材变形、开裂等,运行功率不能太高,因此沉积速度受到限制。

　　3. 射频磁控溅射

　　某些材料如绝缘材料,由于打在靶材表面的正离子不断积累,使表面电势升高,导致正离子不能继续轰击靶材而终止溅射,因此直流溅射(含磁控溅射)只能溅射良导体,不能制备绝缘膜,为了克服这一困难,发展了射频溅射技术。射频溅射又称高频溅射,其特点是降低了对靶材导电性的要求。

　　射频溅射相当于将直流溅射装置中的直流电源部分改由射频电源和匹配网络代替,利用射频辉光放电产生溅射所需的正离子。射频电源的频率可以在 $1\sim30$ MHz 范围内,通常使用的是 13.56 MHz。在射频电场作用下,电子被阳极吸收之前能在阴、阳极之间来回振荡,因而有更多的机会与气体分子产生碰撞电离,因此射频溅射可在低气压(低至 2×10^{-2} Pa)下进行。

　　射频溅射之所以能对绝缘靶进行溅射镀膜,主要是因为在绝缘靶表面上建立起负偏压的缘故。设想在直流溅射的装置中两电极之间接上交流电源时的情况。当交流电源的频率低于 13.56 MHz 时,气体放电的情况与直流的时候相比没有什么根本的改变,唯一的差别只是在交流的每半个周期后,阴极和阳极的电位相互调换。这种电位极性的不断变化导致阴极溅射交替在两个电极上发生。当频率超过 13.56 MHz 以后,放电过程发生两个变化。第一,在两极之间,等离子体中不断振荡运动的电子可从高频电场中获得足够的能量,并更有效地与气体分子发生碰撞并使后者发生电离;由电离过程产生的二次电子对于维持放电过程的相对重要性下降,射频溅射可以在 1 Pa 左右的低压下进行。第二,它可以在靶材上产生自偏压效应,即在射频电场起作用的同时,靶材自动处于一个负电位下,这导致气体离子对其产生自发的轰击和溅射。由于电子的迁移率高于离子的迁移率,因此当靶电极通过电容耦合加上射频电压时,到达靶上的电子数目将远大于离子数目,逐渐在靶上有电子的积累,使靶带上一个直流负电位。实验表明,靶上形成的负偏压幅值大体上与射频电压的峰值相等,而在射频电压的正半个周期间,电子对靶面的轰击又能中和积累在靶面的正离子。当导电材料的靶使用射频溅射时,必须在靶与射频电源之间串入一只 $100\sim300$ pF 的电容,以使靶带上负偏压。

　　射频溅射具有溅射速率高、膜层致密、膜与工件附着牢固等优点,因此在无机介质功能薄膜的制造上获得了广泛的应用。

　　射频磁控溅射方法的特点是:能在较低的功率和气压下工作,几乎所有金属、化合物均可溅射,可在不同衬底上得到相应薄膜,溅射效率高,基片温度低。因此,射频溅射镀膜技术在半导体工艺、光学工程、磁性材料应用、机械、仪表等行业获得广泛应用。

四、实验装置

　　实验装置如图 3 所示,由七部分组成。

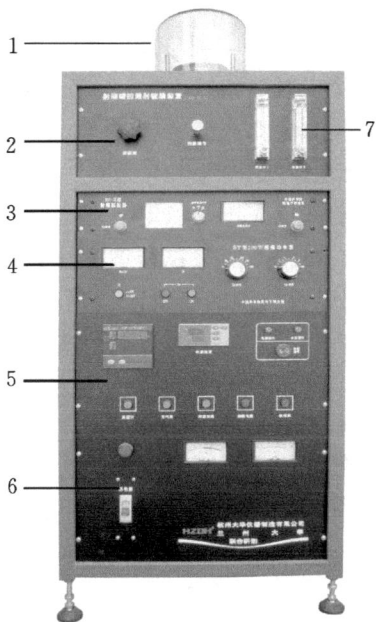

图 3　实验装置图
1—溅射室;2—真空控制阀门;3—阻抗匹配器;4—射频功率源
5—控制面板;6—供电系统;7—供气系统

五、实验内容及操作过程

　　实验内容:用射频磁控溅射法制备氧化锌膜或氧化锌铝透明薄膜。靶材为 ZnO:Al 靶,基片为载玻片。

1.用超声波清洗器清洗基片,清洗过程中依次加入丙酮、去离子水、乙醇,分别清洗 5 分钟,清洗干净后在氮气保护下干燥或用电吹风吹干。干燥后,将基片倾斜 45°角观察,若不出现干涉彩虹,则说明基片已清洗干净。

2.将样品放入样品室内。

3.检查水源、气源、电源正常后,打开冷却水,向样品室内充入氮气。

4.用机械泵抽真空,室内气压达到 1 Pa 后,机械泵仍然工作,开始放入氩气,关小机械泵阀门,使氩气气压在 5～10 Pa 之间。

5.按下射频源开关(蓝色按钮),同时按下射频电源上灯丝开关(橙色按钮),射频电源开始预热。预热时间大约 5 分钟,射频电源上的板压开关(红色按钮)指示灯亮,预热完成。

6.按下板压开关绿色按钮,缓慢调节板压到 500 V 左右,板流、功率计应有指示,然后仔细调节匹配电容 C_1 和 C_2,直到反应室内起辉,起辉后自偏压应有指示。反复调节匹配电容 C_1 和 C_2 使反射功率减到最小,调节板压到所需功率。(注意:①切记反射功率不要太大,一般驻波比小于等于 1.5,否则易损坏元器件;②随时调节匹配网络使反射功率接近零。)

7.根据实验要求,将真空室反应压强稳定在一定值,将射频源的功率稳定在一个固定功率,开始沉积镀膜。在整个实验过程中应注意真空室(沉积室)的压强变化(通过调节隔膜阀、微调阀以及气源的流量来稳定反应压强)及射频源的反射量变化(通过调节射频源的匹配电容 C_1 和 C_2),调节稳定后溅射一定时间(3～5 分钟)。

8.实验结束时,将射频电源输出功率调至 0,按下板压开关(红色按钮),关闭灯丝开关(橙色按钮),关闭气源阀门,关闭流量计,关闭衬底加热(蓝色按钮),关闭真空泵和电阻真空计电源,待基片冷却到室温时按下充气开关(白色按钮),向真空室(反应室)内充入空气,打开钟罩,关闭充气开关,取出样品。对制备好的薄膜样品进行分析。

9.将真空室清理干净,把真空室钟罩罩上,接通真空泵电源,对真空室抽气一段时间,使得真空室保持在真空状态。关闭真空泵电源,关闭总电源,拔掉总电源插头。

10.实验测试。用反射光谱法测量氧化锌薄膜的厚度。

11.研究性实验。用射频磁控溅射法制备 ITO 薄膜,研究基片温度、溅射速率、氧气和氩气等参数对薄膜结构、电学和光学性质的影响。

六、思考题

1.磁控溅射镀膜仪有哪些类型?

2.简述磁控溅射镀膜的适用范围。

3.哪些因素会影响薄膜的沉积速度？为什么？

4.制备过程中,如何使薄膜更均匀？

六、参考文献

[1]唐伟忠.薄膜材料制备原理、技术及应用.北京:冶金工业出版社,1998.

[2]何元金,马兴坤.近代物理实验.北京:清华大学出版社,2002.

实验 8.2　用气氛程控高温炉制备材料

气氛程控高温炉通常用于真空或气氛环境下的材料制备及热处理,特别适用于纳米材料的制备(如:纳米线、纳米带、纳米阵列等),也可用于材料的热处理(如:材料的氧含量、界面、晶化、缺陷处理等)。

一、实验目的

1.了解气氛程控高温炉的结构与工作原理;

2.用气氛程控高温炉制备纳米材料。

二、实验仪器

ISSP-HTF 型气氛程控高温炉,原材料,真空系统,气源,冷却系统等。

三、实验原理

1.用固相反应法制备压电陶瓷

固体原料混合物以固体形式直接反应是制备多晶固体或粉末最常用的方法。但是很多固体混合物在常温下反应速度很慢或根本不反应,因此为使反应加快,通常将它们加热到甚高温度,一般在 $1000\sim1500℃$ 。当多种常温下稳定的固体颗粒(一般为氧化物材料)均匀混合后,在高温加热时,物质中的分子、离子等会脱离原来的晶格平衡位置,与周围的其他分子、离子产生换位,同时也可能发生电子在不同元素之间的转移,形成新的化合物,因为反应是在低于熔点的温度下进行的,所以称为固相反应。在固相反应中,通过热力学考察一个特定反应的自由能来判断该反应能否发生,通过动力学因素确定反应的速率。

由于环保的需求,无铅压电陶瓷成为压电陶瓷研究的热点。目前国内外报道的无铅压电陶瓷体系有钛酸钡基、BNT 基、铌酸盐基和铋层状结构等。

压电陶瓷的制备工艺一般包括以下环节：球磨、预烧、成型、排塑、烧结、极化等。

2.用气相输运法生长纳米结构的 ZnS

碳纳米管的发现让人们对纳米尺度材料的奇异物理性质和应用前景充满兴趣。ZnS 是一种很重要的宽禁带半导体材料，可用来制造电致发光和非线性光学器件，掺杂后还可用于制造不同类型的发光二极管。

ZnS 纳米粉末在不同的温度下可以形成不同的纳米结构：850～900 ℃形成纳米棒，900～950 ℃形成纳米线，950～1000 ℃形成纳米带，1000～1050 ℃形成纳米片。

四、实验装置及操作流程

ISSP-HTF 型气氛程控高温炉，由高温管式炉、温控仪、真空系统、供气与控制系统、水冷系统等组成，见图 1。它利用 Si－Mo 加热棒给刚玉炉管加热，加热过程中由热电偶探测炉温，并使用温度控制系统来控制加热电流大小；同时采用水冷却，保护真空密封装置。根据不同的实验需要，抽真空后选择不同的保护气体或者反应气体，并可控制气体流量。

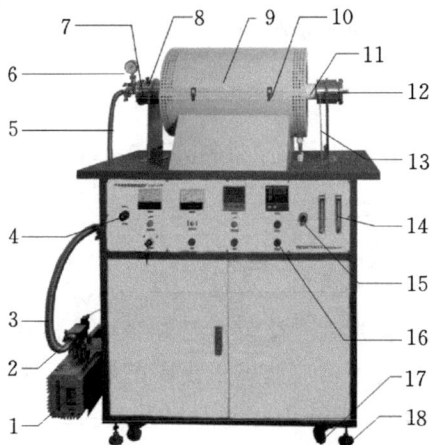

图 1　气氛程控高温炉

1—真空泵；2—电磁充气阀；3—KF25 波纹管；4—隔膜阀；5—KF16 波纹管；6—真空压力表；7—抽气水冷套组件；8—水管快速接头；9—保温箱；10—锁鐾；11—刚玉炉膛；12—供气水冷套组件；13—供气管；14—流量计；15—截止阀；16—控制面板；17—万向轮；18—基脚

图 2 是面板上主要部件和操作按钮介绍。

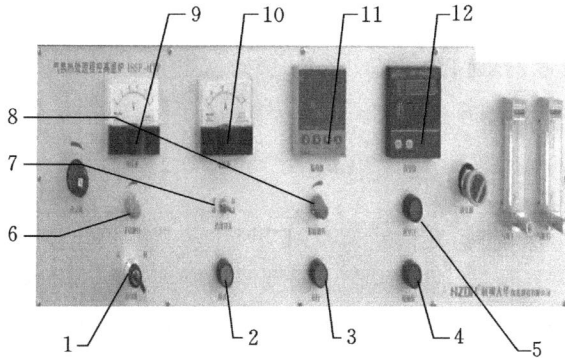

图 2 操作面板

1—总电源;2—停止按钮温控仪表;3—运行按钮电流表;4—机械泵按钮;5—真空计按钮;6—手动调节;7—选择开关;8—限幅调节;9—电压表;10—电流表;11—温控表;12—真空计

ISSP-HTF 型气氛程控高温炉的主要技术指标为:炉膛内径 40~60 mm,加热区长 220 mm,加热元件为硅钼棒,温控精度 ±1℃,额定功率 5 kW,额定电压 220 V/50 Hz,额定温度 1550℃,恒温区长度 100 mm。下面结合三种样品的制备和热处理来介绍高温程控真空/气氛管式炉的使用方法。

基本操作规程

1. 放样品

拧开供气管在供气水冷套组件上的密封锁紧螺帽,抽出供气管,扭动水冷套真空密封法兰处螺丝,取下法兰盖,把处理样品或制备样品用原材料放入管内,然后合上法兰盖,上紧螺丝,接上供气管。

2. 抽真空

关闭真空阀门(隔膜阀和截止阀)和流量计,转动电源总开关钥匙,打开电源;按下真空泵按钮,启动真空泵;缓慢打开隔膜阀,5 秒钟后按下真空计按钮,打开真空计,观察真空计读数。等读数小于 5 Pa,关闭隔膜阀,观察真空计读数的变化,如读数上升缓慢(30 分钟后读数不大于 50 Pa),表明气密性良好。

3. 通气

关闭隔膜阀和机械泵,打开钢瓶阀门后,再打开截止阀和气体流量计阀门,向管内充气,直到真空表指数为零;等数秒后,打开真空泵,并缓慢打开隔膜阀,使真空泵对炉膛有个较小的抽气速度,然后转动气体流量计阀门调整气流量大小。调节隔膜阀,使真空炉膛内保持一定压强。

4.温控操作

通电前,总电源钥匙锁开关应处在"关"的位置,"手动/自动"开关应处于中间位置,即关闭状态;"限幅调节"电位器和"手动调节"电位器应处于最小位置,即逆时针到底位置。

(1)手动升温

打开总电源开关(将钥匙锁开关转到"开"的位置),停止按钮开关指示灯亮起,温度控制表 PV 应显示当前温度,设定温度 SV 应显示"stop"状态。接通冷却水,保证冷却水的流通,按下运行按钮开关,将"手动/自动"开关置于"手动"位置,顺时针缓慢调节"手动调节"电位器,这时电流表和电压表有指示,调到所需电流值,以恒定电流开始加温(从室温开始加热时,电流不要超过 100 A)。

(2)自动升温

转动电源总开关钥匙,打开电源,停止按钮的红色指示灯亮,温控表启动,根据实验需要在温控表上设置自动升温工作时的温度段及相应的温度值和升温时间(温控表的操作参照其使用说明书)。将"手动/自动"开关置于"自动"位置,长按温度控制表上"run/hold"按键,温度控制表即按设定的温度段及相应的温度值和升温时间工作。顺时针调节"限幅调节"电位器,使温度控制表的测量温度随设定温度相应上升,如果温度测量值的上升速度慢于设定温度的上升速度,说明加热电流过小,应继续顺时针调节"限幅调节"电位器,最大加热电流应小于等于 150 A。

注意:①第一阶段的起始温度应小于温度控制表显示的当前温度 $2\sim3\ ℃$;②每个阶段升温速率应小于等于 10 ℃/min,80 ℃之前应小于等于 5 ℃/min,1200 ℃之后应小于等于 8 ℃/min,大于这个速率的升温可能会损坏设备或缩短设备的使用寿命。

5.取样品

等温度降到室温,按下停止按钮,关闭电源。关闭钢瓶阀门后,再关闭气体流量计阀门和截止阀停止通气。扭开水冷真空密封法兰处螺丝,取下法兰盖,取出样品。

6.注意事项

在取放样品的时候,要把热电偶升起,等加热时再放下热电偶,使之紧触管壁,以防热电偶损坏和测温不准。

五、实验内容

1.用固相反应法制备压电陶瓷

①采用分析纯原料,按照分子式 $(K_{0.5}Na_{0.5})NbO_3$ 称取一定量的 Na_2CO_3、

K_2CO_3、Nb_2O_5 试剂,放入混料瓶,以无水乙醇为球磨介质,在星形球磨机中球磨 2~6 小时;

②干燥后将成分混合的粉体在 880℃ 真空高温炉中烧结 2 小时,进行固相反应;

③合成好的粉末再以无水乙醇为球磨介质,在星形球磨机中球磨 2~6 小时,干燥后加入一定量的聚乙烯醇(PVA)溶液(5%),在一定压力下压片制成直径为 10~20 mm,厚度为 1~2 mm 的圆片;

④以每小时 50~100 ℃ 的升温速度升温到 500 ℃ 进行排塑 2 小时,然后以每小时 200~250 ℃ 的升温速度升温到 1000~1200℃ 烧结 2 小时;

⑤将烧结的陶瓷样品打磨、抛光、涂上银浆,在 550 ℃ 下烧结 30 分钟,即可制备出电极。

2. 用气相输运法生长纳米结构的 ZnS

①首先确定炉管内不同的温区:炉管升温至 1100 ℃(炉管中央温度)后,从炉管中央向管外方向缓慢移动另一热电偶,以测量所需要温度所在的温区,并在炉管外部标记位置;

②依据设备的基本使用方法,将 ZnS 纳米粉末放入陶瓷管中央,按照不同的距离(温区)在管内放置好硅片(如图 3 所示);

③炉管内先抽真空,后慢慢充入 Ar 气氛至流量为 80 cm³/min,升温至 1100 ℃,保温 30 分钟后快速降至室温;

ZnS 纳米粉末　　　　Si 片

1100℃　1050℃　　1000℃　　　950℃　　　900℃　　　850℃

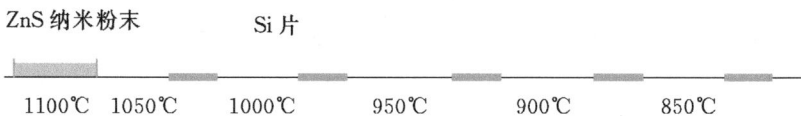

图 3　炉管内粉末样品和硅片的放置示意图

④用扫描电镜观察样品的形貌。

六、思考题

1. 固相反应法制备压电陶瓷有哪些特点?

2. 影响压电陶瓷性能的因素有哪些?

3. 为什么宽禁带半导体成为目前研究的热点?它有哪些应用?

第9章 其他综合性物理实验

实验 9.1 非线性电路振荡周期的分岔与混沌

1963 年,美国气象学家 Lorenz 在分析天气预测模型时,首先发现空气动力学中的混沌现象,该现象只能用非线性动力学来解释。从此人们对事物运动的认识不再只局限于线性范围。非线性动力学及分岔与混沌现象的研究已成为热门课题,人们对此领域进行了深入研究,发现混沌现象出现的领域极广,如:物理学,电子学,经济学,生物学,计算机科学,社会学,保密通信等,且有着巨大的应用价值。本实验通过对非线性电路混沌现象的观察,使学生了解和理解非线性混沌现象的本质。

一、实验目的

1. 了解非线性系统混沌现象的形成过程,了解系统进入混沌状态的基本性质;
2. 通过对非线性电路振荡周期的分岔与混沌现象的观察,加深对混沌现象的认识和理解;
3. 能够理解"蝴蝶效应"。

二、实验仪器

非线性电路混沌实验仪,示波器。

三、实验原理

1. 分岔与混沌理论

(1)逻辑斯蒂映射

为了认识混沌(chaos)现象,我们首先介绍逻辑斯蒂映射,即一维线段的非线性映射,因为非线性微分方程的解通常可转化为非线性映射。

考虑一条单位长度的线段,线段上的一点用 0 和 1 之间的数 x 表示。逻辑斯蒂映射是

$$x \to kx(1-x) \tag{1}$$

其中 k 是 0 和 4 之间的常数。迭代此映射,我们得离散动力学系统

$$x_{n+1} = kx_n(1-x_n), n = 0,1,2,\cdots \tag{2}$$

我们发现:

①当 k 小于 3 时,无论初值是多少,经过多次迭代,总能趋于一个稳定的不动点(见图 1(a));

②当 k 大于 3 时,随着 k 的增大出现分岔,迭代结果在两个不同数值之间交替出现,称之为周期 2 循环(见图 1(b));k 继续增大会出现 4,8,16,32,…周期倍化级联;

③很快 k 在 3.58 左右就结束了周期倍增,迭代结果总在变化,从而无周期可言,系统进入了混沌状态(见图 1(c));

④在混沌状态下迭代结果对初值高度敏感,细微的初值差异会导致结果的巨大差别,常把这种现象称为"蝴蝶效应"(如图 1(d));

⑤迭代结果不超出 0～1 范围的,称为奇怪吸引子。

以上这些特点可用图示法直观形象地给出。逻辑斯蒂映射函数是一条抛物线,先画 $y = kx(1-x)$ 的抛物线,再画 $y = x$ 的辅助线,迭代过程如箭头线所示(图 1),"直线找曲线,曲线找直线"。

图 1(a)无论初值 x_0 是多少,迭代结果都相同;图 1(b)无论初值 x_0 是多少,迭代结果都是 x_A 和 x_B 交替出现;图 1(c)系统的解一直在变,从不收敛,且对初值高度敏感;图 1(d)表明初值的细小差异随着系统的演变而放大,反映混沌系统对初值高度敏感,这种性质称为蝴蝶效应。

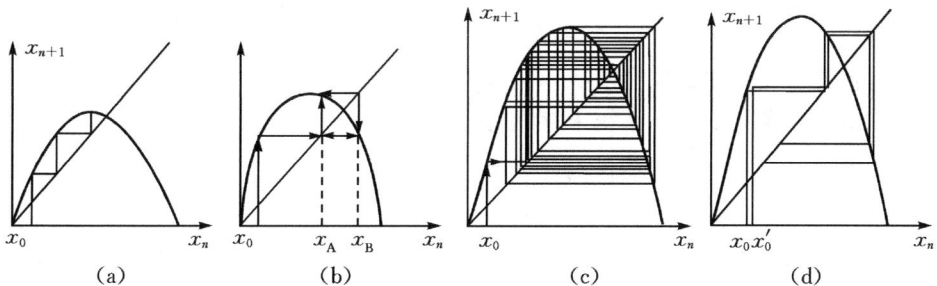

图 1 混沌示意图
(a)不动点;(b)分岔周期 2;(c)混沌;(d)蝴蝶效应

(2)逻辑斯蒂映射的分岔图

以 k 为横坐标,迭代 200 次以后的 x 值为纵坐标,可得到著名的逻辑斯蒂映射分岔图,如图 2 所示。

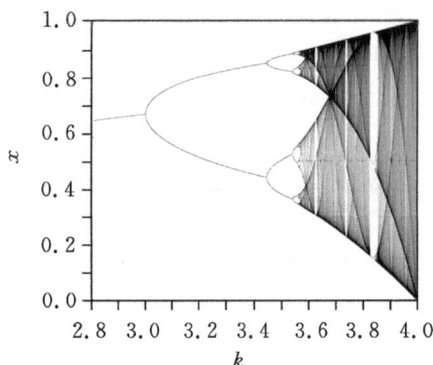

图 2　逻辑斯蒂映射的分岔图（k 从 2.8 增大到 4）

从图中可看出周期倍增导致混沌。混沌区突然又出现奇数周期 $3,5,7\cdots$ 及其倍周期 $6,10,14\cdots$ 的循环，混沌产生有序，或秩序从混沌中来。

以上的这些特性适用于任何一个只有单峰的单位区间上的迭代，并非个别例子特有的，具有一定的普适性，从而揭示了混沌现象涉及的领域比较广泛。混沌是非线性系统中存在的一种普遍现象，也是非线性系统中所特有的一种复杂状态，是指确定论系统（给系统建立确定论的动力学方程组）中的内在不确定行为。混沌现象对初值极为敏感，使非线性系统的长期行为具有不可预测性。

（3）混沌的性质

①不确定性（确定性系统）；

②"蝴蝶效应"；

③由①②可知混沌系统的长期行为不可精确预测；

④混沌吸引子（非线性事物的演变规律）；

⑤混沌不是简单的完全随机，具有规律性；

⑥混沌现象是非线性系统中存在的普遍现象。

2.非线性负阻电路振荡周期的分岔与混沌

（1）非线性电路与非线性动力学

实验电路如图 3 所示。它由有源非线性负阻器件 R、LC 振荡器和移相器三部分构成。图中只有一个非线性元件 R，它是一个有源非线性负阻器件；电感器 L 和电容器 C_2 组成一个损耗可以忽略的振荡回路；可变电阻 $R_{v1}+R_{v2}$ 和电容器 C_1 串联将振荡器产生的正弦信号移相输出。较理想的非线性元件 R 是一个三段分段线性元件。图 4 所示的是该电阻的伏安特性曲线，曲线显示，加在此非线性元件上的电压与通过它的电流极性是相反的。由于加在此元件上的电压增加时，通过它的电流却减小，因而将此元件称为非线性负阻元件。

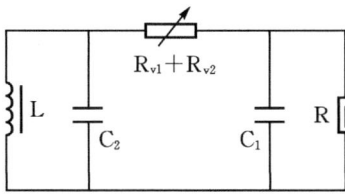

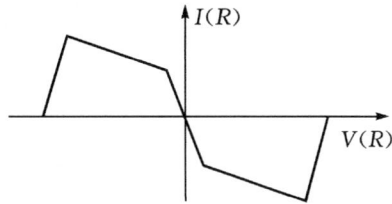

图 3　非线性电路原理图　　　　图 4　非线性负阻元件 R 的伏安特性曲线

图 3 电路的非线性动力学方程为

$$C_1 \frac{\mathrm{d}V_{c_1}}{\mathrm{d}t} = G \times (V_{c_2} - V_{c_1}) - g \times V_{c_1} \tag{3}$$

$$C_2 \frac{\mathrm{d}V_{c_2}}{\mathrm{d}t} = G \times (V_{c_1} - V_{c_2}) + i_L \tag{4}$$

$$L \frac{\mathrm{d}i_L}{\mathrm{d}t} = -V_{c_2} \tag{5}$$

式中:导纳 $G = 1/(R_{v1} + R_{v2})$; V_{c_1} 和 V_{c_2} 分别表示加在 C_1 和 C_2 上的电压; i_L 表示流过电感器 L 的电流; g 表示非线性电阻的导纳。随着可变电阻的变化,非线性电路的振荡周期会出现分岔与混沌等现象。

(2)有源非线性负阻元件的实现

有源非线性负阻元件实现的方法有多种,这里使用的是一种较简单的电路:采用两个运算放大器(一个双运放 TL082)和六个配置电阻来实现,其电路如图 5 所示,它的伏安特性曲线如图 4 所示。本实验研究的是该非线性元件对整个电路的影响、负电阻电路(元件)输出电流、维持 LC 振荡器不断振荡等特性,以及非线性负阻元件使振动周期产生分岔和混沌等一系列现象。

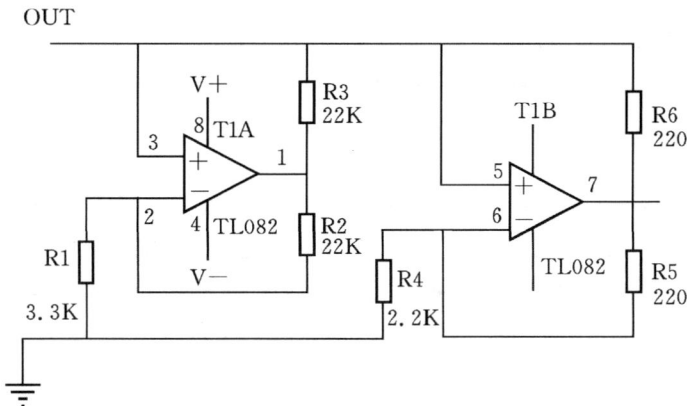

图 5　非线性电路图

四、NCE-1型非线性电路混沌仪的调节和使用

1. 打开机箱,把机箱右下角的铁氧体介质电感连接插孔插到实验仪面板左面对应的香焦插头上。

2. 实验仪面板上的 CH2 接线柱连接示波器的 Y 输入端口,CH1 接线柱连接示波器的 X 输入端口,连接实验仪与示波器的接地。按下示波器的 Display 按钮,Display 菜单就会出现在显示屏的右方,菜单右边的五个按钮可改变所对应的内容。选择 XY 工作方式。同样可调出 CH1 和 CH2 菜单,并置 X 和 Y 输入为 DC 耦合,得到 CH1 和 CH2 信号合成的相图。选择 YT 工作方式,按 CH1 和 CH2 按钮,使显示屏上只显示一种波形,调节扫描速率和电平,使波形稳定,可观察 CH1 和 CH2 的波形图。

3. 把实验仪右上角内的电源九芯插头插入实验仪面板上对应的九芯插座上,注意插头插座的方向应一致。然后插上电源,按实验仪面板右边的钮子开关,对应的 ±15 V 指示灯点亮。

4. 调节 W1 粗调电位器和 W2 细调电位器,改变 $(R_{v1}+R_{v2})C$ 移向器中电阻的阻值,观测相图周期的变化,观测倍周期分岔、混沌、三倍周期、吸引子(混沌)和双吸引子(混沌)现象,以及相应的扫描波形。

5. 按实验仪面板左边的钮子开关可开启 0~19.999 V 直流数字电压表,数字闪烁表示输入电压超过量程。

五、注意事项

1. 双运算放大器 TL082 的正负极不能接反,地线与电源接地点接触必须良好。

2. 应关掉电源后再拆线。

3. 仪器应预热10分钟再开始测量数据。

六、实验内容

1. 调节 $R_{v1}+R_{v2}$ 阻值。在示波器上观测图 6 所示的 CH1 -地和 CH2 -地所构成的相图(李萨如图),调节电阻 $R_{v1}+R_{v2}$ 值由大至小时,描绘相图周期的分岔及混沌现象。将一个环形相图的周期定为 P,要求观测并记录 $2P,4P,3P$,单吸引子(混沌),双吸引子(混沌)共六个相图以及相应的 CH1 -地和 CH2 -地两个输出波形。

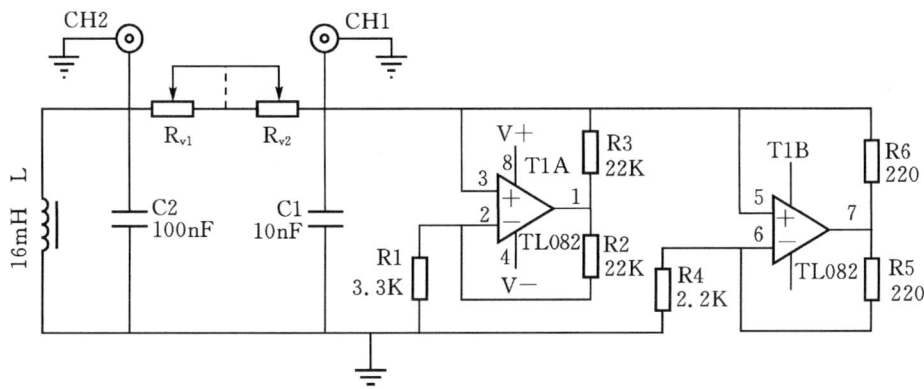

图 6　实际非线性混沌电路图

2.把有源非线性电阻元件与移相器连线断开。测量非线性单元电路在电压 $V<0$ 时的伏安特性,作 I - V 关系图。

七、思考题

1.非线性负阻电路(元件),在本实验中的作用是什么?

2.为什么要采用 RC 移向器,并且用相图来观测倍周期分岔等现象? 如果不用移相器,可用哪些仪器或方法?

3.简述倍周期分岔、混沌、奇怪吸引子等概念的物理含义。

八、参考文献

1.E. N. 洛伦兹. 混沌的本质.北京:气象出版社,1997

2.P. R. Hobson,A. N. Lansbury. Physics Education,1997

4.郝柏林. 分岔,混沌,奇怪吸引子,湍流及其他. 物理学进展,1983,3(3).

九、混沌的应用

由于混沌的奇异特性,特别是对初始条件极其微小变化的高度敏感性及不稳定性,长期以来人们总觉得混沌是不可控制的、不可靠的,因而是无法应用的,在应用及工程领域中总被回避和抵制。20 世纪 90 年代对混沌控制及混沌同步研究的突破性进展,激发了理论与实验应用研究的蓬勃开展,使混沌的可能应用出现了契机,为人们展现了十分诱人的应用与发展的美好前景。

混沌控制的目标有两种:一种是对混沌吸引子内存在的不稳定的周期轨道进行有效的稳定控制,根据人们的意愿逐一控制所需的周期轨道。这一类控制的特点是并不改变系统中原有的周期轨道。另一种控制目标则不要求必须稳定控制原系统中的周期轨道，而只要通过可能的策略、方法及途径，达到有效控制，得到我们所需的周期轨道即可，或抑制掉混沌行为，即通过对系统的控制获得人们所需的新的动力学行为，包括各种周期态及其他图样等。

混沌的应用主要有以下两种：① 研究确定论的非线性系统中的混沌现象，并应用混沌控制法消除或抑制这种混沌不稳定现象。② 混沌现象的直接应用。

1. 混沌控制在生物工程及生命科学中的应用

混沌控制及同步与生命科学的研究诸如神经网络、脑科学、心脏等领域的研究密切相关。有一些研究表明，混沌控制信号能使心律不齐有所改善。洛杉矶加州大学医学院的一个研究小组研究了一只兔子心脏上的一个隔离区。通过向冠状动脉注射一种称为乌本苷的药物，能在心肌上引起不规则的快速收缩。一旦这种心律不齐的症状开始出现，他们用一种混沌控制电信号去刺激心脏。实验结果显示，这些看上去随机的信号可以使心脏进行有规律的跳动，有时还能把心跳降低到正常的水平。另一方面随机信号或周期信号并不能终止心律不齐，而且常常会使心律恶化。混沌控制与同步在生物工程及生命科学的研究中将会是一种强大的推动力，必将大大推进揭开人类自身奥秘的进程。

2. 改善和提高激光器的性能

激光中存在"倍增晶体"效应，即晶体可把入射光的频率加倍，使输出功率提高，但在这一倍增过程中输出光的强度出现混沌。利用跟踪控制法可消除这种混沌，使激光器输出功率提高 15 倍，且运行稳定。

3. 在保密通信中的应用

保密通信都要求对有用信号进行随机调制，使之尽可能是无规则的并具有抗破译性。确定论系统中的高度内随机混沌信号，可对待传播信号进行调制，但是，由于混沌对初始条件的高度敏感性，对于两个完全不相同的混沌自治系统，即使相空间中的初始点非常接近，它们的轨迹也会很快变得完全不相干，这就无法在接收和发送之间实现信号同步。这一困难长期妨碍混沌在通信系统中的应用，直到1990 年美国海军实验室的 L. M. Pecora 和 T. L. Carroll 提出了混沌自同步方法，混沌在通信领域的应用才成为可能。混沌系统作为驱动系统，混沌系统的子系统作为响应系统，在驱动系统信号的驱动下，响应系统很快能够产生与驱动系统完全相同的信号，这就是混沌自同步。利用混沌同步可实现秘密通信，接收机中的响应系统可进行通信解调，获取机密信息。

人们对混沌现象的了解刚刚开始，有着大量的理论问题需要去解决、去研究、去探索，实际应用还是初步的，这些都是我们的努力方向。

十、拓展实验

1. RLC 振荡电路中的分频与混沌

电路如图 7 所示。唯一的非线性元件是一只变容二极管,它的电容 $C(V_c)$ 随电压变化

$$C(V_c) = C_0 / (1 + \alpha V_c)^\gamma$$

C_0,α 和 γ 是三个常数。当信号发生器的输出电平较低时,RLC 回路的响应是线性的,并有一个确定的共振频率 f_0。把信号发生器调到这个频率上,以信号电压 V 为控制参数。在增加 V 的过程中,会出现一系列分频与混沌现象。回路的动力学方程组为

$$L \frac{\mathrm{d}I}{\mathrm{d}t} + V_c + RI = V \sin(2\pi f_0 t)$$

$$I = \frac{\mathrm{d}Q}{\mathrm{d}t} = \frac{\mathrm{d}}{\mathrm{d}t} V_c C(V_c)$$

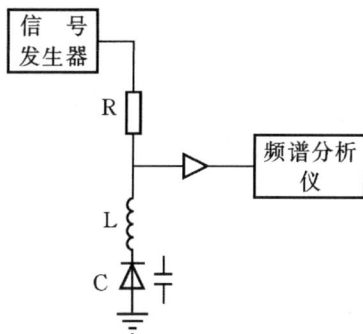

图 7　观测倍周期分岔的非线性电路示意图

2. RLC 并联电路中的混沌现象

以上我们介绍了 RLC 串联电路中的混沌现象,同理,RLC 并联电路中也可产生混沌现象。电容 C 和电阻 R 是常数,但 $R < 0$;电感器是一个绕在铁芯上的线圈,它是非线性元件。三者并联后由正弦电流源供电,以电流源振幅作为控制参数,当参数变化时会出现分岔和混沌现象。

实验 9.2　制冷系数的测定

本实验通过广泛应用热学知识的电冰箱,将热学基本知识,如热力学定律、等

温、等压、绝热、循环等过程,以及焦耳-汤姆逊实验等,做了综合性应用介绍,使学生在加深对热学基本知识理解的同时,得到一次理论与实践、学与用相结合的锻炼。

一、实验目的

1. 培养学生理论联系实际、学与用相结合的实际工作能力;
2. 学习电冰箱的制冷原理,加深对热学基本知识的理解;
3. 测定电冰箱的制冷系数。

二、实验仪器

模拟电冰箱实验(MB-III型)装置,组成框图如图 1 所示。

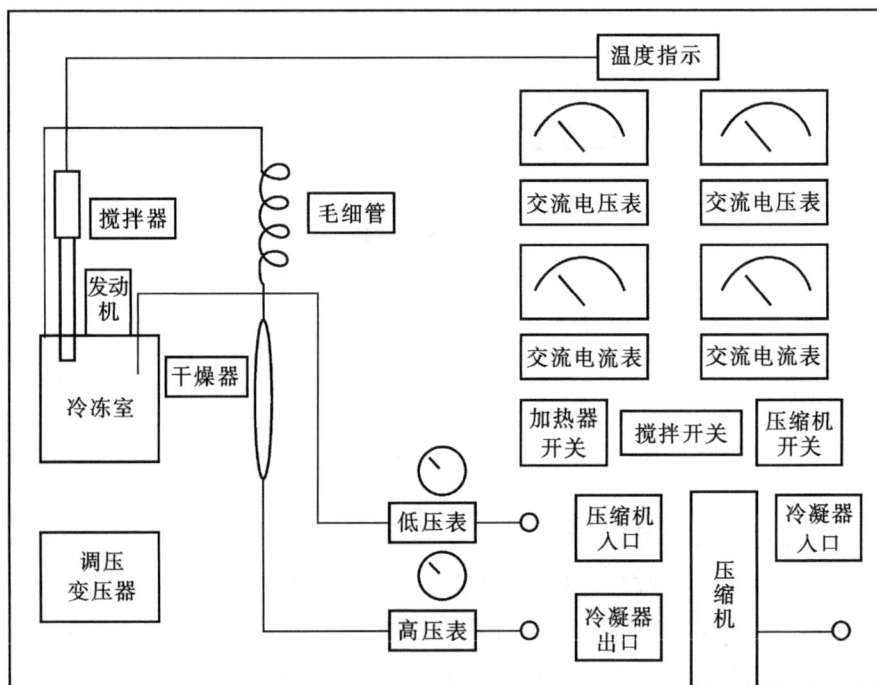

图 1　模拟电冰箱的组成框图

①冷冻室:其组成是在杜瓦瓶中盛三分之二深度的含水酒精作冷冻物;用蛇形管蒸发制冷剂吸热;用加热器平衡制冷剂蒸发时的吸热量,并用发动机带动搅拌器使冷冻室内温度均匀。温度计用于读出冷冻室内含水酒精温度,以判定是否已达到了热平衡。

②冷凝器:即散热器,在实验装置的背后,接"冷凝器入口 B"和"冷凝器出口 E"。

③干燥管和毛细管:干燥管内装有吸湿剂,用于滤除制冷剂中可能存在的微量水分和杂质,防止在毛细管中产生冷冻堵塞或脏堵塞。

内径小于 0.2 mm 的毛细管用于制冷剂节流膨胀,产生焦耳-汤姆逊效应。

④压缩机和电流表:压缩机的有功功率可由仪器左上角的功率计读出。由于存在损耗,实际的压缩计功率应该比读数小,其修正公式为

$$P = 0.52 P_{电} \tag{1}$$

式中:P 为压缩机的实际功率;$P_{电}$ 为功率计示数。

⑤加热电流、电压,用来测量加热功率。加热器的电压表读数乘上电流表读数即为加热器的功率。

三、实验原理

1. 制冷的理论基础

制冷机:将热量从低温源不断输送到高温源,从而获得低温的机器。我们常使用的电冰箱就是一个制冷机。

热力学第二定律指出:不可能把热量从低温物体传到高温物体而不引起外界的变化。通俗地讲就是低温源不会自动将热量传递到高温源。如果要使热量从低温源传到高温源,外界必对系统做功。

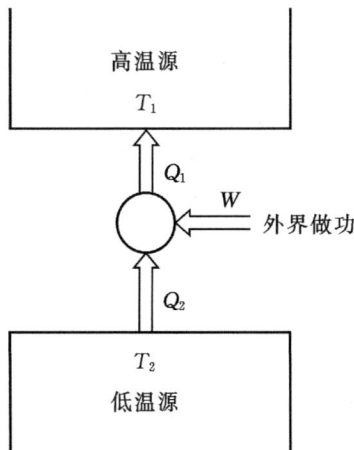

图 2　热力学过程示意图

如图 2 所示,Q_2 为低温源放出的热量,W 为外界对系统做的功,Q_1 为高温源吸

收的热量,三者关系为

$$Q_1 = Q_2 + W \tag{2}$$

2.制冷系数

我们定义制冷系数为

$$\varepsilon = Q_2/W \tag{3}$$

可见,当 ε 较大时,那么外界做比较小的功 W,就可以使低温源放出较多的热量 Q_2。从实用的角度说,ε 越大越经济,比如冰箱用较少的电,就可以获得很低的温度。

理想气体的卡诺逆循环,制冷系数可表达为

$$\varepsilon = \frac{T_2}{T_1 - T_2} \tag{4}$$

式中:T_1 和 T_2 分别为高温源和低温源的温度。

3.制冷方式

制冷可利用熔解热、升华热、蒸发热、帕尔帖效应等方式。本实验使用蒸发制冷。

蒸发是液体经液面转化为气态的过程。当液体分子离开液面时,需克服液体分子的引力而做功,于是离开液面的分子总是那些热运动动能较大的分子。这样,蒸发的结果将使液体中分子的平均热运动的动能减小,从而使液体温度降低,这就是蒸发降温的原理。电冰箱是用氟里昂作制冷剂,当液体氟里昂在蒸发器里大量蒸发时,带走所需的热量,从而达到制冷的目的。因此,电冰箱是一种利用蒸发制冷的机器。

利用蒸发制冷,工作物质必须经过气体→液体→气体的相变,不能用理想气体。

4.真实气体的等温线

如图 3 所示,图中右上角的那条等温线为双曲线,它和理想气体的等温线是一样的。随着温度降低(图中越往左下角,等温线表示的温度越低),等温线不再是双曲线,而是逐渐显现出一个横向平台的形状。我们以曲线 ABCD 为例进行简单分析。

曲线的 A→B 段表示气相。从 B→C 是一个由气相向液相转变的过程,线段 BC 表示气液共存的状态,越靠近 C 点,液体成分越多,气体成分越少;到了 C 点,气体全部变成了液体,BC 段既等温又等压。C→D 再向后都表示液相状态,由于液体不易被压缩,所以从图中可见,p 虽不断加大,但 V 不变。

注意:

①BC 上的每一点的状态所含的气、液比例虽不同,但气、液混合物的压强是相同的,这个压强称为饱和蒸气压。

②温度越高(图中越靠近右上角的等温线表示的温度越高),气液共存的 BC 段越短。当温度升高到一定程度,BC 段缩成了一个点 E,此点称为临界点,相应的等温线为临界等温线。温度再升高,将不会有液相存在。也就是说,当温度很高

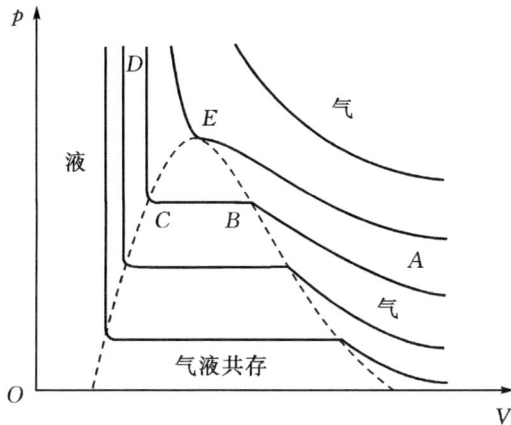

图 3　理想和真是气体的等温线

时,无论压力怎样大,都不能把气体压缩为液体。

③我们将各等温线的开始液化点 B 和液化终点 C 用虚线连起来。这条虚线下包围的点都对应气液共存状态,虚线以外,左边对应液相,右边对应气相。

5.电冰箱的制冷循环

图 4 为电冰箱的工作示意图,图 5 为工作物质氟里昂(以下简称 R12)的工作循环 $p\text{-}V$ 图。

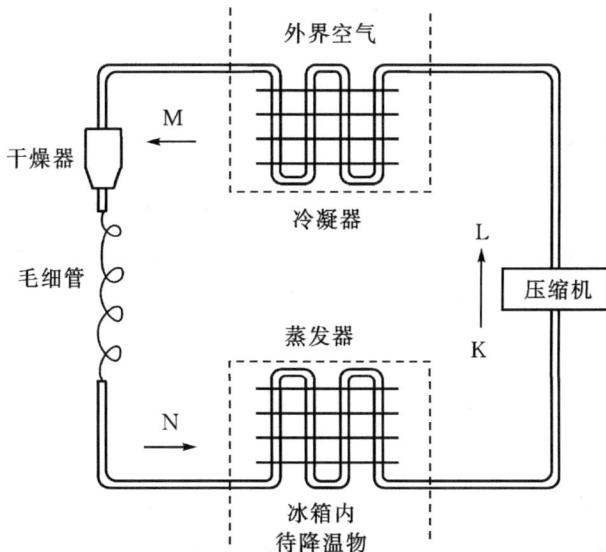

图 4　电冰箱的工作示意图

电冰箱的制冷循环可分为四个过程：K→L 绝热压缩，L→M 等压冷凝，M→N 绝热减压，N→K 等压蒸发。

①K→L，压缩机将 R12 压缩成高压高温气体。

②L→M，R12 在冷凝器（也就是散热器）中降温，将热量传递给了外界的空气，这个过程是等压过程，R12 温度下降，液化。

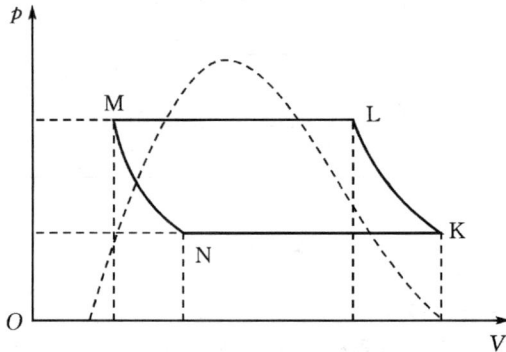

图 5　工作物质氟里昂工作循环 p-V 图

③M→N，R12 在毛细管中经过一个节流过程后，压强和温度都降低，这时 R12 温度已变得非常低，气液共存。注意，R12 在进入毛细管前先经过干燥器吸收掉可能混入的微量水分，以免降温后水结冰堵塞毛细管。

④N→K，在蒸发器中 R12 经过蒸发器管道，蒸发吸热。蒸发器是与待降温物相接触的，而 R12 在 M→N 过程后，温度已变得比待降温物更低，所以 R12 将吸收待降温物的热量。

四、实验内容

测量压缩机功率、制冷量、制冷系数并绘制其与温度的关系曲线。

制冷量 Q 表示单位时间内制冷剂通过蒸发器吸收的热量，用热平衡方法测量。对冷冻室在制冷的条件下加热，当温度保持不变，这时加热器的加热功率 $P_{热}$ 即为制冷量 Q，制冷系数

$$\varepsilon = Q_2/W = Q/P_{机}$$

式中：$P_{机}$ 为压缩机的有功功率。

五、实验步骤

1. 检查仪器，将测量仪上的加热调压器按逆时针旋至最小。
2. 接通实验仪总电源，打开搅拌器开关和制冷开关，压缩机启动，开始制冷。

3. 以分钟为单位记录蒸发器温度直至最低温度附近（－20℃ 左右），同时观察并记录压缩机排气口、进气口及冷凝器末端的压力及压缩机功率。要经常注意压缩机电流表的指示值，当指示值急剧增大并超过 1 A 时，要停机检查是否有堵塞情况发生。压缩机停机以后不能立即启动，再次启动要间隔五分钟。

4. 打开加热器开关，调节加热器的电压，使蒸发器温度稍稍升高最终稳定保持不变（稳定的标准为至少两分钟内温度读数不发生改变），这时加热器输出功率与制冷量相等，记录这些温度下的加热功率及压缩机功率，计算制冷系数。

5. 改变加热器电压使蒸发器内的温度从 －20 ℃～0 ℃，之间至少测量六组数据。

6. 在进行上述各点加热功率测量的同时，分别记录压缩机排气口、进气口及冷凝器末端压力。

7. 画出压缩机功率-温度关系曲线、制冷量-温度关系曲线、制冷系数-温度曲线，并分析系统误差。

六、注意事项

1. 实验时，学生切勿扳动实验装置上的任何一部件和仪器背后的制冷剂充注阀，以免造成制冷剂泄漏而损坏仪器。

2. 整个实验过程中必须一直打开搅拌器，以防止杜瓦瓶中液体结冰损坏实验仪器。

3. 测量时，要等温度充分稳定后（可从冷冻室温度 t_0 判断），再记录数据。

七、思考题

1. 在一定温度下，随着被冷却液温度的降低，预计制冷机的制冷量和制冷系数是增加还是降低？为什么？

2. 为什么测量时一定要使被冷却液温度充分稳定后才记录数据？

3. －20 ℃附近和－10 ℃附近的制冷量和制冷系数有何差别？为什么会出现这种差别？

4. 简述实际循环过程中工作物质的温度、压强、体积、状态的变化，最低温度在何处？

实验 9.3　铁电体电滞回线及居里温度的测量

自从 1920 年 J. Valasek 发现罗息盐是铁电体以来，迄今为止陆续发现的新铁电材料已达一千种以上。铁电材料不仅在电子工业领域有广泛的应用,而且在计算机、激光、红外、微波、自动控制和能源工程中都开辟了新的应用领域。电滞回线是铁电体的主要特征之一,电滞回线的测量是检验铁电体的一种主要手段。通过电滞回线的测量可以获得铁电体的一些重要参数。在居里温度处,铁电材料的许多物理性质将发生突变,因此居里温度的测量对研究铁电体的性质有重要的意义。通过本实验学生可以了解铁电体的基本特性,掌握电滞回线及居里温度的测量方法。

一、实验目的

1. 了解铁电体电滞回线的原理;
2. 掌握铁电体电滞回线和居里温度的测量方法。

二、实验仪器

铁电体电滞回线实验仪、计算机、示波器、电炉、$BaTiO_3$样品等。

三、实验原理

1. 电滞回线

根据固体物理的知识,全部晶体按其结构的对称性可以分成 32 类(点群)。32 类中有 10 类在结构上存在着唯一的"极轴",即此类晶体的离子或分子在晶格结构的某个方向上正电荷的中心与负电荷的中心重合。所以,不需要外电场的作用,这些晶体中就已存在着固有的偶极矩 P_s,或称为存在着"自发极化"。

如果对具有自发极化的电介质施加一个足够大(如 kV/cm 量级)的外电场,该晶体的自发极化方向可随外电场而反向,则称这类电介质为"铁电体"。众所周知,铁磁体的磁化强度与磁场的变化有滞后现象,表现为磁滞回线。同铁磁体一样,铁电体的极化强度随外电场的变化亦有滞后现象,表现为"电滞回线",且与铁电体的磁滞回线十分相似。铁电体其他方面的物理性质与铁磁体也有某种对应的关系,比如电畴对应于磁畴。自发极化方向一致的区域(一般 $10^{-8} \sim 10 \ \mu m$)称为铁电畴,铁电畴之间的界面称为磁壁。两电畴反向平行排列的边界面称为 $180°$ 磁壁,两电畴互相垂直的畴壁称为 $90°$ 畴壁。在外电场的作用下,电畴取向态改变 $180°$ 的称为反转,改变 $90°$ 的称为 $90°$ 旋转。晶体中每个电畴方向都相同的称为单畴,若每个电畴的方向各不相同,则称为多畴。

电滞回线是铁电体的主要特征之一,电滞回线的测量是检验铁电体的一种主要手段。通过电滞回线的测量可以获得铁电体的自发极化强度 P_s,剩余极化强度 P_r,矫顽电场 E_c 及铁电耗损等重要参数,如图 1 所示。该图是典型的电滞回

线。当外电场施加于晶体时,极化强度
方向与电场方向同向平行的电畴变大,
而与之反向平行的电畴则变小。随着外
电场的增加,极化强度 P 开始沿图 1 中
OA 段变化;电场继续增大,P 逐渐饱
和,如图中的 BC 段所示,此时晶体已成
为单畴;将 BC 段外推至电场 $E = 0$ 时的
P 轴(图中虚线所示),此时在 P 轴上所
得截距称为饱和极化强度 P_s。P_s 是每个
电畴的自发极化强度。

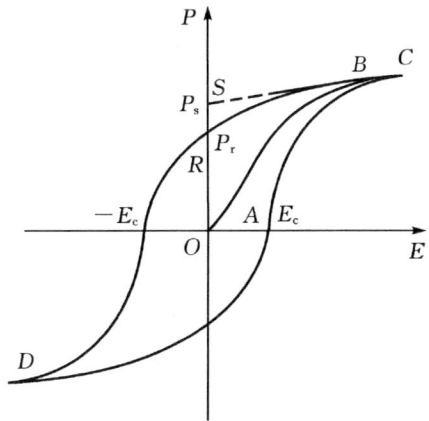

图 1　电滞回线

当电场由图中 C 处开始降低时,晶
体的极化强度 P 随之减小,但不是按原
来的 $CBAO$ 曲线降至零,而是沿着
$CBRD$ 曲线变化。当电场降至零时,其极化强度 P_r 称为剩余极化强度。剩余极化
强度是对整个晶体而言的(电场强度为零后,晶体部分恢复多畴状态,极化强度又
被抵消了一部分)。当反向电场增加至 $-E_c$ 时,剩余极化强度全部消失,E_c 称为矫顽
电场强度。当反向电场继续增加时,沿反向电场取向的电畴逐渐增多,直至整个晶体成
为一个单一极化方向的电畴为止(即图 1 中 D 点)。如此循环便成为电滞回线。

剩余极化强度 P_r 一般小于自发极化强度 P_s。但如果晶体成为单畴,则 P_r 等
于 P_s。所以,某一材料的 P_r 与 P_s 相差愈大,则该材料愈不易成为单畴。图 2 所
示为钛酸钡单晶和多晶(陶瓷)电滞回线的对比。由图可见,陶瓷体虽经过电场极
化,仍不容易成为单畴;单晶体的 P_s 等于 P_r。

(1)电滞回线的测定

测量铁电材料电滞回线的方法通常有两种:①冲击检流计描点法;②示波器示
图法。本书介绍第二种方法。

示波器图示法又称 Sawyer - Tower 电路法,图 3 是 Sawyer - Tower 电路原理
图。图中 C_x 为待测样品;C 为大电容,与 C_x 串联;为了消除 U_1 和 U_2 之间的相位
差,在电容 C 上并联了一个电阻 R,调整 R 的大小便可使 U_1、U_2 的相位相同。因
为 C_x 和 C 是串联的,故两个电容器上的电荷相等,$Q_x = Q_c = Q$,即

$$C_x U_1 = C U_2$$

$$U_2 = \frac{C_x U_1}{C} = \frac{Q}{C} = \frac{AD}{C} \propto D \tag{1}$$

式中:A 为样品的有效电极面积;D 为电位移。对于铁电陶瓷,相对介电常数 $\varepsilon_r \geqslant$
1,故 $D \propto P$,从而 U_2 与极化强度 P 成正比,即

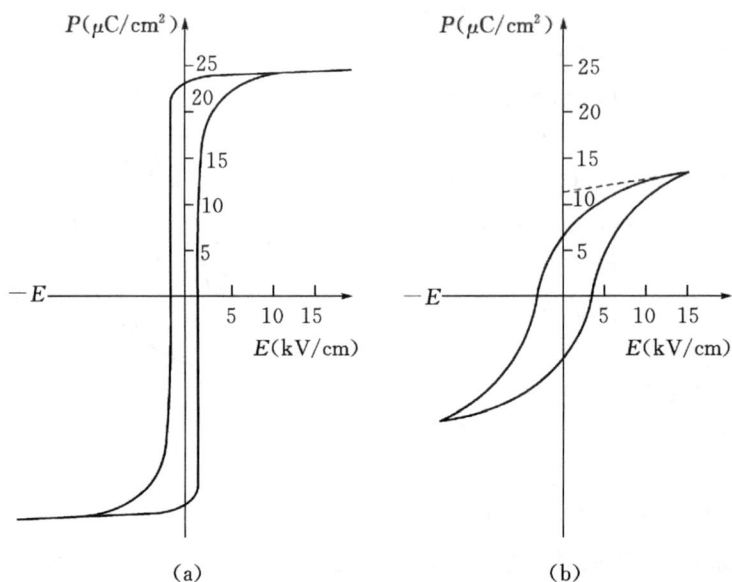

图 2　钛酸钡的电滞回线

(a)单晶;(b)多晶

$$U_2 = \frac{AP}{C} \tag{2}$$

由于 $C_x \ll C$,故 $U_1 \gg U_2$,$U_1 \approx U$(电源电压),所以

$$U_x \propto U \approx U_1 \propto E \tag{3}$$

式中:E 为样品两端的电场强度。上式表明,从 R_2 上取出的电压 U_x 正比于样品的电场强度 E。若将 U_2,U_1 分别显示到示波器的 Y,X 轴上,便可以得到 P-E(或 D-E)曲线,即电滞回线。

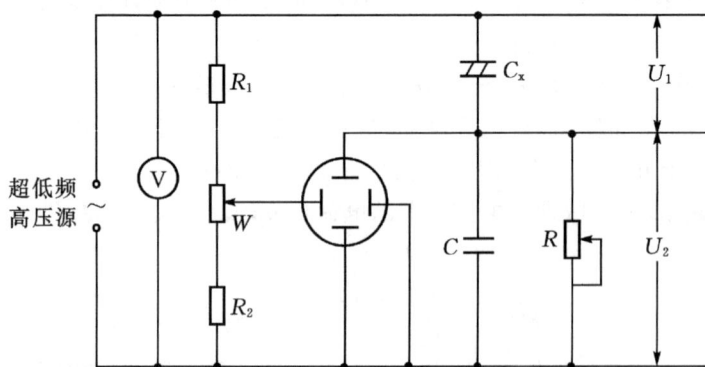

图 3　Sawyer-Tower 电路原理图

图 3 中的 R 称为补偿电阻,用于校正因样品漏电导和感应极化耗损而产生的 U_2 和 U_1 之间的相位差。这个相位差会给电滞回线带来畸变。补偿电阻的调整比较容易,但准确性不易控制。所以,此法不适宜弱电性和高损耗的样品。

(2) P_r, P_s 和 E_c 的测量

测出样品的电滞回线后,根据示波器上 Y 轴和 X 轴的比例尺,便可以求出 P_r, P_s 和 E_c 的数值。

Y 轴(电量 Q)比例尺的确定:使示波器 X 轴输入短路,屏示高度为 H(mm),则纵轴比例尺为

$$m_y = \frac{2\sqrt{2}C_0 U_y}{H} \quad (\mu\text{C/mm}) \tag{4}$$

式中:C_0 为标准电容,μF;U_y 为电压有效值,V;H 为示波器上的高度,mm。

X 轴(电压 U)比例尺的确定:使示波器上 Y 轴输入短路,示波器宽度为 L(mm),若此时电源电压为 U,则 X 轴比例尺为

$$m_x = \frac{2\sqrt{2}U}{L} \quad (\text{V/mm}) \tag{5}$$

P_r 的测量:从示波器读取与横轴(电压)的原点相应的纵轴(电量)的读数为 Y_r(mm)(即图 1 中的 OR 线段),纵轴比例尺为 m_r(μC/mm),样品的电极面积为 A(cm^2),则剩余极化强度为

$$P_r = \frac{m_r Y_r}{A} \quad (\mu\text{C/cm}^2) \tag{6}$$

P_s 的测量:由图 1 可知电滞回线中饱和段外推至 $E = 0$ 时交 P 轴于 S 点,测得所截线段(图 1 中线段 OS)长度为 Y_s 格(即 $OS = Y_s$),设纵轴比例尺为 m(μC/cm)格,则自发极化强度为

$$P_s = Y_s m \ (\mu\text{C/cm}^2) \tag{7}$$

E_c 的测量:设测得样品厚度为 t(mm),已知示波器显示的横轴(电压)的比例尺为 m_x(V/mm)从示波器屏上量得纵轴(电荷轴)为零时相应的横轴(电压)的长度(图 1 中的 OA 线段)为 X_s(mm),则矫顽电场为

$$E_s = \frac{m_x X_s}{t} \quad (\text{V/mm}) \tag{8}$$

2.铁电体的居里温度测量

铁电压电陶瓷材料在某一温度范围内具有铁电特性,即具有自发极化和电滞回线的特性。当温度达到某一临界值时,这种材料会发生相变,由铁电相变为非铁电相,自发极化随之消失,这一临界温度称为居里(点)温度或居里点,通常用 T_C 表示。在居里温度 T_C 处,铁电体材料的许多物理性质(如介电常数、热容量、热膨

胀系数等)都将发生突变。在有些铁电体中,在低于居里温度时,还可以发生从一种铁电相转变为另一种铁电相的相变。如钛酸钡在 $T_C = 120\ ℃$ 处(居里温度),由立方顺电相变为四方铁电相,然后在 $0 \pm 5\ ℃$ 附近由四方铁电相变为正交铁电相;在 $-9 \pm 9\ ℃$ 处由正交相变为三方铁电相。这些极化状态变化的温度称为转变温度。因此,只要测定这种突变点的温度就能确定铁电体材料的居里温度。

实验表明,在温度高于居里温度时,介电常量和温度 T 的关系遵从居里-外斯定律

$$\varepsilon = \frac{c}{T - T_0}, \qquad \beta = \frac{1}{c}(T - T_0) \tag{9}$$

式中: c 为居里常量; T_0 为特征温度,也称为居里-外斯温度,它等于或者稍低于居里温度。

测量居里温度的方法很多,有 Sawyer – Tower 电路示波器观察电滞回线突变法、传输线路法、扫描仪法、电容电桥法、直读式线性电容仪(自动记录)法、电畴观察法、热膨胀系数突变测量法,等等。本书仅介绍第一种方法,该方法的原理是:当铁电压电材料的温度高于居里温度时,它的自发极化消失,电滞回线也就消失,测出刚刚消失时的这个温度便为居里温度 T_C 。测量方法如下:

①使用图 3 所示的线路,将试样放在带有自动控温的烘箱或电炉内(材料的居里温度不高时用烘箱,居里温度高时用电炉),在居里点附近逐渐升温,根据样品尺寸大小,在每个温度点保持 3 ~ 5 分钟,以保证试样内外温度均匀。逐点试验直至示波器上电滞回线消失为止,记下此时的温度 T_A 。

②将加热器温度升高,高于居里温度 T_C ,然后逐渐降温,每个温度点保持 5~10 分钟,直至示波器上又出现电滞回线,记下此时温度 T_B 。

③按下式算出试样居里温度

$$T_C = \frac{T_A + T_B}{2} \quad (℃) \tag{10}$$

四、实验内容

1. 电滞回线的测量

①装上样品($BaTiO_3$, $T_C < 120℃$),在室温下调出恰当的电滞回线。

②用计算机描绘电滞回线(X 轴用电场强度(V/mm)定标, Y 轴用极化强度($\mu C/mm^2$)定标),并从回线上求出样品的自发极化强度 P_s ,剩余极化强度 P_r 及矫顽电场 E_c 。

③测量样品的厚度、面积,输入软件中,自动计算出样品的自发极化强度 P_s ,剩余极化强度 P_r 及矫顽电场 E_c 。标准电容 C_0 为 $11\mu F$ 。

* 2.实验设计训练

设计一个实验,用 Sawyer – Tower 电路示波器观察电滞回线突变法测居里温度 T_C。

五、思考与讨论

1.什么是铁电体? 铁电体的主要特征是什么? 如何判断一种晶体是否是铁电体?

2.什么是铁电畴? 什么是单畴? 什么是多畴?

3.本实验根据什么原理测量居里温度?

4.为什么要用升温和降温曲线的 T_A 和 T_B 的平均值作为居里温度 T_C?

六、参考文献

[1] 孙慷慷,张福学.压电学.北京:国防工业出版社,1984.

[2] 李远,秦自楷,周至刚.压电与铁电材料的测量.北京:科学出版社,1984.

实验 9.4　表面等离子体共振

表面等离子体共振(Surface Plasmon Resonance,SPR)是由入射光激发的固体金属表面价电子的集体振荡导致的共振现象。光线从光密介质照射到光疏介质时,在入射角大于某个特定的角度(临界角)时,会发生全反射(Total Internal Reflection,TIR)现象。如果在两种介质界面之间存在几十纳米的金属薄膜,那么全反射时产生的倏逝波(Evanescent Wave)的 P 偏振分量(P 波)将会进入金属薄膜,与金属薄膜中的自由电子相互作用,激发出沿金属薄膜表面传播的表面等离子体波(Surface Plasmon Wave,SPW)。当入射光的角度或波长到某一特定值时,入射光的大部分会转换成 SPW 的能量,从而使全反射的反射光能量突然下降,在反射谱上出现共振吸收峰,此时入射光的角度或波长称为 SPR 的共振角或共振波长。

SPR 的共振角或共振波长与金属薄膜表面的性质密切相关。如果在金属薄膜表面附着被测物质(一般为溶液或者生物分子),会引起金属薄膜表面折射率的变化,从而 SPR 光学信号发生改变,根据这个信号,就可以获得被测物质的折射率或浓度等信息,达到生化检测的目的。

一、实验目的

1.了解全反射中倏逝波的概念;

2.学习表面等离子共振的基本概念,观察表面等离子共振现象;

3.利用表面等离子共振原理测量液体的折射率或金属的介电常数的实部。

二、实验仪器

KF-SPR 表面等离子共振实验仪。

三、实验原理

1.基本原理

当光线从折射率为 n_1 的光密介质射向折射率为 n_2 的光疏介质时,在两种介质的界面处将同时发生折射和反射。当入射角 θ 大于临界角 θ_c 时,将发生全反射。在全反射条件下,入射光的能量没有损失,但光的电场强度在界面处并不立即减小为零,而会渗入光疏介质中产生倏逝波。对于无限宽的光束,倏逝波的强度随渗入深度 z 以 e 的指数规律衰减,即

$$I(z) = I(0)\exp(-z/d) \tag{1}$$

式中:$d = \dfrac{\lambda_0}{2\pi \sqrt{n_1^2 \sin\theta^2 - n_2^2}}$($\lambda_0$ 是光在真空中的波长),是倏逝波渗入光疏介质的有效深度(即光波的电场衰减至表面强度的 $1/\mathrm{e}$ 时的深度)。可见入射的有效深度 d 不受入射光偏振化程度的影响,除 $\theta \to \theta_c$,$d \to \infty$ 的特殊条件外,d 随着入射角的增加而减小,其大小是 λ_0 的数量级甚至更小。因为倏逝波的存在,在界面处发生全反射的光线,实际上在光疏介质中产生大小约为半个波长的位移后又返回光密介质。若光疏介质很纯净,不存在对倏逝波的吸收或散射,则全反射的光强并不会衰减。反之,若光疏介质中存在能与倏逝波产生上述作用的物质时,全反射光的强度将会被衰减,这种现象称为衰减全反射。

表面等离子体子共振(SPR)是一种物理光学现象。表面等离子体(SP)是沿着金属和电介质间界面传播的电磁波所形成的。当 P 偏振光以表面等离子体共振角入射在界面上,将发生衰减全反射,入射光被耦合到表面等离子体内,光能被大量吸收,在这个角度上,由于发生了表面等离子体共振从而使得反射光显著减少。利用光在玻璃界面处发生全反射时的倏逝波,可以引发金属表面的自由电子产生表面等离子体子。在入射角或波长为某一适当值的条件下,表面等离子体子与倏逝波的频率和波数相等时,两者之间将发生共振,入射光被吸收,使反射光能量急剧下降,在反射光谱上出现共振吸收峰,如图 1 所示,即发生了表面等离子体共振。在入射光波长固定的情况下,通过改变入射角度,从而实现角度指示型表面等离子体共振。

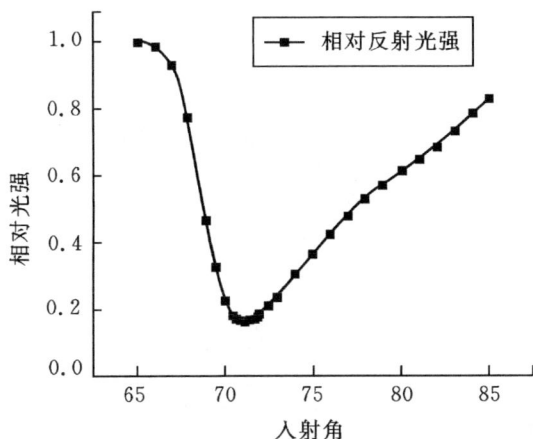

图 1　SPR 传感器测得的反射系数曲线

表面等离子体共振角随液体折射率的变化有如下关系

$$n_0 \sin(\theta_{sp}) = \sqrt{\frac{\mathrm{Re}\varepsilon_1 \, n_2^2}{\mathrm{Re}\varepsilon_1 + n_2^2}} \tag{2}$$

式中：θ_{sp} 为共振角；n_0 为棱镜折射率；n_2 为待测液体折射率；$\mathrm{Re}\varepsilon_1$ 为金属介电常数的实部。

根据公式可知，待测液体折射率和共振角之间存在关系，所以在该实验中可以测量不同折射率液体所对应的共振角，从而讨论它们之间的关系。测试原理图如图 2 所示。

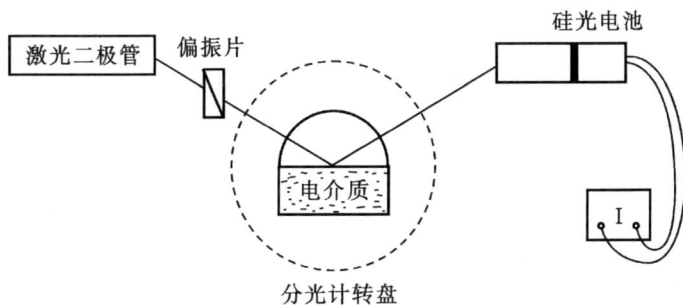

图 2　基于分光计的 SPR 传感器原理图

2. KF-SPR 表面等离子共振实验仪介绍

以分光计作为测角仪的表面等离子体共振仪结构示意图如图 3 所示，结合分光计的精度和角度读数的方便性,能够精确地找到待测溶液所对应的共振角。

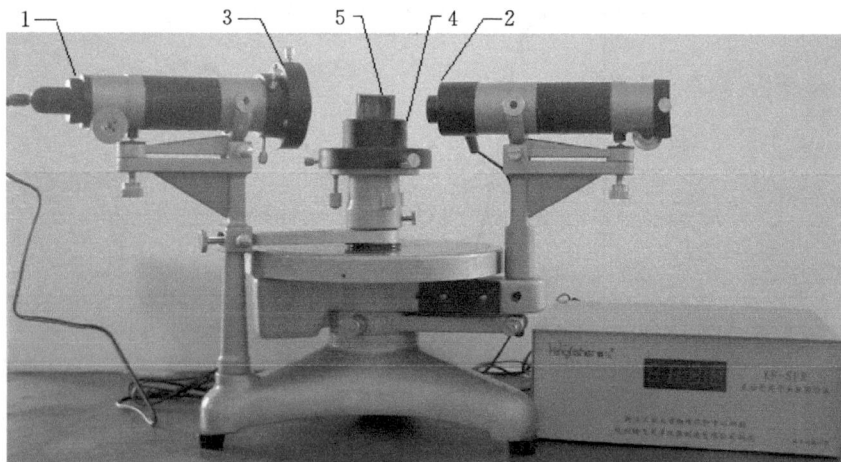

图 3　KF-SPR 表面等离子共振实验仪

1—激光器;2—光电探头;3—偏振器;4—微调座;5—敏感部件;6—准星(图中未标出)

①分光计技术性能及规格同 KF-JJY1′型;

②半导体激光器:$\lambda = 635$ nm;

③敏感部件:半圆柱棱镜(K9 玻璃,$n=1.515$),镀金属膜,槽深 4 mm,直径 $D = 30$ mm;

④偏振器:

测量范围 360°;

刻线最小读数为 5°;

偏振片的偏振方向与偏振器指针方向一致;

⑤微调座直径 $D = 87$ mm;

⑥顶尖中心偏差:0.02;

⑦数字式功率计:光功率测量范围 0～1000 mW,最小读数 1 mW。

四、实验内容及步骤

1.调整分光计

详见 KF-JJY1′型分光计使用说明书。调整分光计的平行光管部件、望远镜部件分别与载物台中心轴垂直。(注意:分光计已调好,严禁随意调节。)

2.调节光的偏振方向使之成为 P 偏振光

把偏振器指针转到 90°,打开电源开关,观察功率计读数调整激光光源,当数值处于 900 附近时固定光源。

3.传感器中心调整

将微调座放到载物台上,固定好调节架后,在调节架中心放上准星(见图 4 准星示意图)。首先开始粗调,调节载物台锁紧螺钉,使激光光斑至图 4 所示 I 处;转动游标盘一圈,观察激光光斑是否始终照在 I 上,如果不是,则说明激光光线和准星不在一个平面上,分以下两种情况调节:

①当转动游标盘一圈,激光光斑始终处于准星某一侧,则说明激光光线有偏移,微调平行光管光轴水平调节螺钉,使激光光斑射在 I 上。

②当转动游标盘一圈,激光光斑处于准星不同侧,则说明准星不处于分光计中心位置,采用渐近法(与调节分光计中十字光斑方法相同),调节微调座的两颗微调螺钉,使激光光斑射在 I 上。

粗调完毕,开始细调。调节平行光管光轴高低调节螺钉,使激光光斑射在 II 上;再转动游标盘一圈,观察激光光斑是否一直射在 II 上,如果不是,则说明激光光线和准星仍不在一个平面上,调节方法与粗调一致。调节完毕,继续调节平行光管光轴高低调节螺钉,使激光光斑射在 III 上;转动游标盘一圈,观察顶尖 III 处光斑是否一直处于最亮状态,如果不是,继续调节,调节方法同粗调、细调。

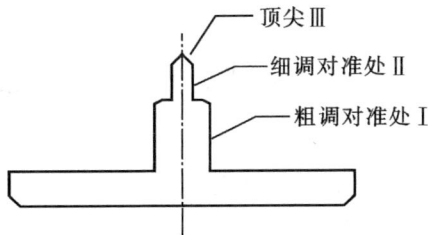

图 4　准星示意图

③当激光光斑对准准星时,中心调节完毕,移去准星,放入敏感部件。为便于读数,将游标盘与度盘调整至图 5 所示位置,调整敏感部件使光 0°入射,拧紧游标盘止动螺钉,转动度盘使度盘 0°对准游标盘 0°。拧紧转座与度盘止动螺钉,松开游标盘止动螺钉,从此刻开始度盘始终保持不动。转动游标盘 90°观察光是否 90°入射敏感部件;继续转动游标盘 180°观察光是否仍 90°入射敏感部件,如果是,则说明敏感部件已调整完毕。将游标盘转回至度盘所示 65°位置处锁定,测量前准备调节完毕。

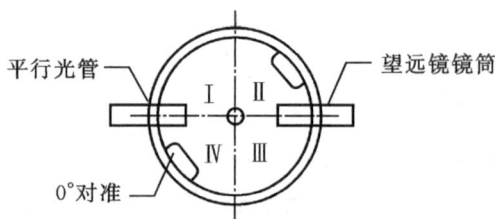

图 5　0°对准处示意图

4.测量读数

保持度盘和游标盘不动,转动支臂,观察功率计读数,记录其中的最大读数;保持度盘不动,转动游标盘 1°至 66°固定,再转动支臂记录最大读数;依此类推,入射角每增加 1°,记录一次功率计最大读数,直至入射角为 88°。

5.数据表格与数据处理

①数据表格自拟。

②画出图 1 所示的相对光强与入射角的关系曲线图。

③根据所测得的表面等离子共振角计算敏感元件表面金属介电常数的实部或未知液体的折射率。

④可选做研究不同浓度液体的折射率随浓度变化的特性实验。

实验 9.5　用磁阻效应测量地磁场

地磁场的数值比较小,约 10^{-5} T 量级,但在直流磁场测量,特别是弱磁场测量中,往往需要知道其数值,并设法消除其影响。地磁场作为一种天然磁源,在军事、工业、医学、探矿等领域中也有着重要用途。本实验采用新型坡莫合金磁阻传感器测量地磁场磁感应强度及其水平分量和垂直分量;测量地磁场的磁倾角,从而掌握磁阻传感器的特征及测量地磁场的一种重要方法。由于磁阻传感器体积小、灵敏度高、易安装,故在弱磁场测量方面有广泛应用前景。

一、实验目的

1.了解地磁场的分布;

2.了解磁阻传感器的原理;

3.掌握用磁阻传感器测量地磁场的方法。

二、实验仪器

FD-HMC-2 地磁场测量仪,亥姆霍兹线圈,磁阻传感器及角度盘,导线等。

三、实验原理

物质在磁场中电阻率发生变化的现象称为磁阻效应。对于铁、钴、镍及其合金等磁性金属,当外加磁场平行于其内部磁化方向时,电阻几乎不随外加磁场变化;当外加磁场偏离金属的内部磁化方向时,电阻减小,这就是强磁金属的各向异性磁阻效应。

本实验所用的 HMC1021Z 型磁阻传感器由长而薄的坡莫合金(铁镍合金)制成一维磁阻微电路集成芯片(二维和三维磁阻传感器可以测量二维或三维磁场)。它利用通常的半导体工艺,将铁镍合金薄膜附着在硅片上,如图 1 所示。薄膜的电阻率 $\rho(\theta)$ 依赖于磁化强度 M 和电流 I 方向间的夹角 θ,具有以下关系式

$$\rho(\theta) = \rho_\perp + (\rho_/\!/ - \rho_\perp)\cos^2\theta \tag{1}$$

式中:$\rho_/\!/$、$\rho_\perp$ 分别是电流 I 平行于 M 和垂直于 M 时的电阻率。当沿着铁镍合金带的长度方向通以一定的直流电流,而垂直于电流方向施加一个外加磁场时,合金带自身的阻值会发生较大的变化,利用合金带阻值这一变化,可以测量磁场大小和方向。同时制作时还在硅片上设计了两条铝制电流带,一条是置位与复位带,该传感器遇到强磁场感应时,将产生磁畴饱和现象,可以用来置位或复位极性;另一条是偏置磁场带,用于产生一个偏置磁场,补偿环境磁场中的弱磁场部分(当外加磁场较弱时,磁阻相对变化值与磁感应强度平方成正比关系),使磁阻传感器输出显示线性增长。

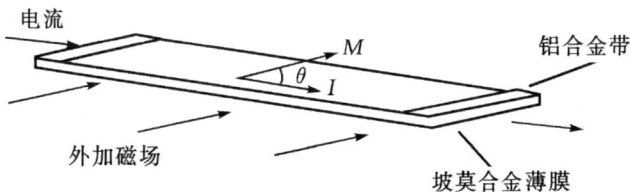

图 1　磁阻传感器的构造示意图

HMC1021Z 磁阻传感器是一种单边封装的磁场传感器,它能测量与管脚平行方向的磁场。传感器由四条铁镍合金磁电阻组成一个非平衡电桥,非平衡电桥输出部分接集成运算放大器,将信号放大输出。传感器内部结构如图 2 所示。图 2 中由于适当配置的四个磁电阻电流方向不相同,当存在外加磁场时,引起电阻值变化有增有减,因而输出电压 U_{out} 可以用下式表示为

$$U_{out} = \left(\frac{\Delta R}{R}\right) \times U_b \tag{2}$$

对于一定的工作电压,如 $U_b = 5.00$ V,HMC1021Z 磁阻传感器输出电压 U_{out} 与外界磁场的磁感应强度成正比关系

$$U_{out} = U_0 - KB \tag{3}$$

式中:K 为传感器的灵敏度;B 为待测磁场的磁感应强度;U_0 为外加磁场为零时传感器的输出量。

由于亥姆霍兹线圈的特点是能在其轴线中心点附近产生较宽范围的均匀磁场区,所以常用作弱磁场的标准磁场。亥姆霍兹线圈公共轴线中心点位置的磁感应强度为

$$B = \frac{\mu_0 NI}{R} \frac{8}{5^{3/2}} \tag{4}$$

式中:N 为线圈匝数;I 为线圈流过的电流强度;R 为亥姆霍兹线圈的平均半径;μ_0 为真空磁导率。

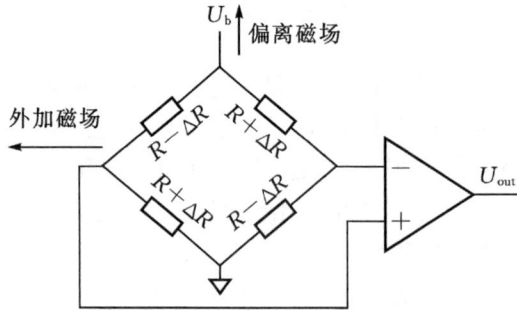

图 2   磁阻传感器内的惠斯通电桥

四、实验装置介绍

传感器特性测量装置如图 3 所示。测量地磁场的装置如图 4 所示。它主要包括底座、转轴,带角刻度的转盘、磁阻传感器的引线、亥姆霍兹线圈、地磁场测定仪控制主机(包括数字式电压表、5V 直流电源等)。

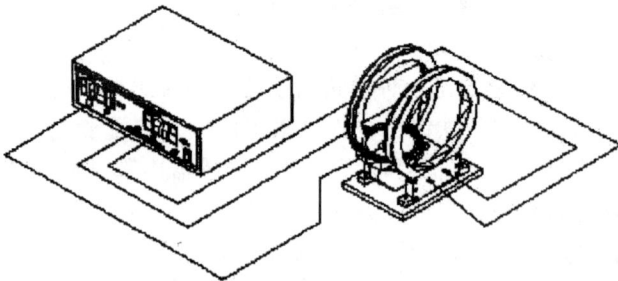

图 3   传感器特性测量装置

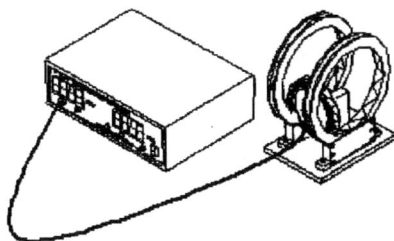

图 4　用磁阻传感器测量地磁场实验装置

五、实验内容

测量西安交通大学校园内教学主楼 5 层的地磁场参量。

1. 测量磁阻传感器的灵敏度 K

本实验须注意：实验仪器周围的一定范围内不应存在铁磁金属物体，以保证测量结果的准确性。

将磁阻传感器放置在亥姆霍兹线圈公共轴线中点，并使管脚和磁感应强度方向平行，即传感器的感应面与亥姆霍兹线圈轴线垂直，如图 3 所示，为亥姆霍磁线圈接通电源。用亥姆霍磁线圈产生磁场作为已知量，测量磁阻传感器的灵敏度 K。

数据表表 1 中，正向输出电压 U_1 是指励磁电流为正方向时测得的磁阻传感器产生的输出电压，而反向输出电压 U_2 是指励磁电流为反向时传感器输出电压，$\overline{U} = (U_1 - U_2)/2$。测正向和反向两次，目的是消除地磁沿亥姆霍兹线圈方向（水平）分量的影响。

表 1　室外空旷地上测量传感器灵敏度

励磁电流 I/mA	磁感应强度 B/10^{-4} T	正向 U_1/mV	反向 U_2/mV	平均 $|\overline{U}|$ /mV
10.0				
20.0				
30.0				
40.0				
50.0				
60.0				

根据表 1 中数据，用最小二乘法拟合，求出该磁阻传感器的灵敏度 K。

亥姆霍兹线圈每个线圈匝数 $N=500$ 匝;线圈的半径 $r=10$ cm;真空磁导率 $\mu_0 = 4\pi \times 10^{-7}$ N/A^2 。

亥姆霍兹线圈轴线上中心位置的磁感应强度为(两个线圈串联)

$$B = \frac{8\mu_0 NI}{R5^{3/2}} = \frac{8 \times 4\pi \times 10^{-7} \times 500}{0.100 \times 5^{3/2}} \times I = 44.94 \times 10^{-4} I$$

式中:B 为磁感应强度,单位 T(特斯拉);I 为通过线圈的电流,单位 A(安培)。

2.测量地磁场的水平分量

将亥姆霍兹线圈与直流电源的连接线拆去,将磁阻传感器平行固定在转盘上,调整转盘至水平(可用水准器指示),把转盘刻度调节到 $\theta=0$,水平旋转转盘,找到传感器输出电压最大方向,这个方向就是地磁场磁感应强度的水平分量 $B_{//}$ 的方向。记录此时传感器输出电压 $U_{//1}$ 后,再反向旋转转盘 $180°$,记录传感器输出最小电压 $U_{//2}$,由 $|U_{//1} - U_{//2}|/2 = KB_{//}$,求得当地地磁场水平分量 $B_{//}$。

3.测量磁倾角

将带有磁阻传感器的转盘平面调整为铅直,并使装置沿着地磁场磁感应强度水平分量 $B_{//}$ 方向放置,只是方向转 $90°$(使转盘面处于地磁子午面方向)。转动调节转盘,分别记下传感器输出最大和最小时转盘指示值和水平面之间的夹角 β_1 和 β_2,同时记录最大读数 U'_1 和 U'_2。由磁倾角 $\beta = (\beta_1 + \beta_2)/2$ 计算 β 的值,为减小误差,测量磁倾角时须改变角度,求多次测量的平均值。

4.计算地磁场强度和地磁场的垂直分量

由 $|U'_1 - U'_2|/2 = KB$,计算地磁场磁感应强度 B 的值,并计算地磁场的垂直分量 $B_\perp = B\sin\beta$。

六、注意事项

1.测量地磁场水平分量,须将转盘调节至水平;测量 $U_{总}$ 和磁倾角 β 时,须使转盘面处于地磁子午面方向。

2.测量磁倾角,应记录不同 β 时传感器输出电压 $U_{总}$;取 10 组 β 值,求其平均值。这是因为测量时,偏差 $1°$,$U'_{总} = U_{总}\cos1° = 0.998U_{总}$,变化很小,偏差 $4°$,$U''_{总} = U_{总}\cos4° = 0.998U_{总}$,所以在偏差 $1° \sim 4°$ 范围内 $U_{总}$ 变化极小,实验时应测出 $U_{总}$ 变化很小 β 角的范围,然后求得平均值 $\bar{\beta}$。

七、思考题

1.磁阻传感器和霍尔传感器在工作原理和使用方法方面各有什么特点和区别?

2.如果在测量地磁场时,在磁阻传感器周围较近处,放一个铁钉,对测量结果将产生什么影响?

3.为何坡莫合金磁阻传感器遇到较强磁场时,其灵敏度会降低?用什么方法来恢复其原来的灵敏度?

附　地磁场

地球本身具有磁性,所以地球和近地空间之间存在着磁场,称为地磁场。地磁场的强度和方向随地点(甚至随时间)而异。地磁场的北极、南极分别在地理南极、北极附近,彼此并不重合,如图 5 所示,而且两者间的偏差随时间不断地在缓慢变化。地磁轴与地球自转轴并不重合,有 11°交角。

在一个不太大的范围内,地磁场基本上是均匀的。可用三个参量来表示地磁场的方向和大小(如图 6 所示)。

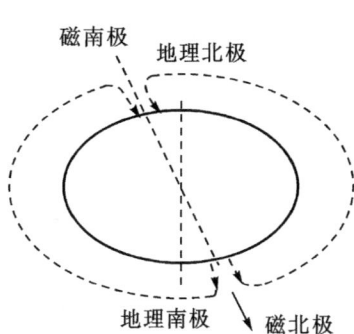
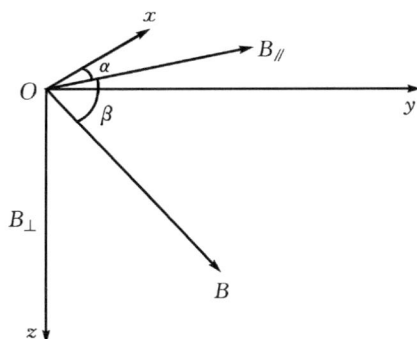

图 5　　　　　　　　　　　　　　图 6

①磁偏角 α:地球表面任一点的地磁场矢量所在垂直平面(图 6 中 $B_{\parallel}$ 与 z 构成的平面,称地磁子午面)与地理子午面(图 6 中 x、z 轴构成的平面)之间的夹角。

②磁倾角 β:磁场强度矢量 $\boldsymbol{B}$ 与水平面(即图 6 的矢量 $\boldsymbol{B}$ 和 Ox 与 Oy 构成平面)之间的夹角。

③水平分量 $B_{\parallel}$:地磁场矢量 $\boldsymbol{B}$ 在水平面上的投影。

测量地磁场的这三个参量,就可确定某一地点地磁场矢量 $\boldsymbol{B}$ 的方向和大小。当然这三个参量的数值随时间不断地在改变,但这一变化极其缓慢,极为微弱。

附表:我国一些城市的地磁参量

地名	地理位置		磁偏角 α(偏西)	磁倾角 β	水平强 $B_{/\!/}$ /(10^{-4} T)	测定年份
	北纬	东经				
齐齐哈尔	47°22′	123°59′	7°34′	64°27′	0.242	1916
长春	43°51′	126°36′	7°30′	60°20′	0.266	1916
沈阳	41°50′	123°28′	6°49′	58°43′	0.277	
北京	39°56′	116°20′	4°48′	57°23′	0.289	1936
天津	39°5.9′	117°11′	4°04′	56°21′	0.293	1916
太原	37°51.9′	112°33′	3°18′	55°11′	0.301	1932
济南	36°39.5′	117°01′	3°36′	53°06′	0.308	1915
兰州	36°3.4′	103°48′	1°15′	53°24′	0.312	
郑州	34°45′	113°43′	0°18′	50°43′	0.320	1932
西安	34°16′	108°57′	3°02′	50°29′	0.323	1932
南京	32°3.8′	118°48′	1°42′	46°43′	0.331	1922
上海	31°11.5′	121°26′	3°13′	45°25′	0.333	
成都	30°38′	104°03′	0°58′	45°06′	0.346	
武汉	30°37′	114°20′	2°23′	44°34′	0.343	
安庆	30°32′	117°02′		44°27′	0.341	1911
杭州	30°16′	120°08′	2°59′	44°05′	0.337	1917
南昌	28°42.4′	115°51′	1°51′	41°49′	0.349	1917
长沙	28°12.8′	112°53′	0°50′	41°11′	0.352	1907
福州	26°2.2′	119°11′	1°43′	27°28′	0.355	1917
桂林	25°17.7′	110°12′	0°05′	36°13′	0.366	1907
昆明	25°4.2′	102°42′	0°04′	35°19′	0.372	1911
广州	23°6.1′	113°28′	0°47′	31°41′	0.375	

实验 9.6　用交直流磁化率法测定稀磁合金的自旋玻璃态特性

　　磁学是一个历史悠久而又充满了生机活力的凝聚态物理学分支,目前新的磁学物理现象和技术应用依然层出不穷。三十几年来一些极具代表性的例子有:以钕铁硼材料为代表的超强永磁性材料;以巨磁阻效应和隧穿磁阻效应为代表的磁存储技术。随着激光、自旋极化电子束和同步辐射光源等现代新型实验技术的发展,磁性结构以及磁性微观动力学方面的基础物理研究工作呈现出崭新的面貌。在现代社会磁学研究与信息、电气、能源等多学科交叉并相互促进的前提下,为了吸引更多的青年工作者投入到磁学研究中来,有必要对磁学的基本理论和实验技术进行更多、更深入的介绍。

作为凝聚态物性的基本属性,磁性一般分为铁磁性、反铁磁性、亚铁磁性和顺磁性等。以宏观磁矩作为序参量来衡量,磁性变化实际是自旋有序度的变化,深入理解磁有序到无序的过程,是理解磁性基本理论的关键所在。本实验将通过讨论并验证一类特殊的自旋玻璃态来加深对磁性的认识。自旋玻璃顾名思义,可以认为是自旋组成的"玻璃",实质指取向无序的自旋系统,玻璃是无序体系形象的代名词。这种自旋玻璃态一般出现在含大量局域磁矩的金属或合金中。通常这类磁系统的磁矩之间存在铁磁与反铁磁相互作用的竞争。随着温度降低,整个磁矩系统的取向最终冻结为自旋玻璃态。从时间上看,每个磁矩最终冻结是固定方向而失去转动的自由度;从空间上看,各个磁矩的冻结方向是无序的。这种状态不同于长程有序态,然而却表现出类似长程有序磁状态下的磁性和行为。认识并研究自旋玻璃态的特性对深入理解物质磁性有十分积极的意义。

一、实验目的

1. 了解磁性的分类及各种磁性的特点、自旋玻璃态的定义及其磁性特征;
2. 了解磁性合金的基本制备方法、磁性测量系统中提拉法测量磁性原理;
3. 学习使用直流及交流磁化率法分析自旋玻璃现象;
4. 学习使用数据处理软件 Origin Pro。

二、实验仪器

交直流磁性测量系统,低温恒温器,微型计算机及 Origin Pro 软件。

三、实验原理

物质磁性归属的基本原则有以下三点:①是否有固有原子磁矩? ②磁矩是否相互作用? ③是什么样的相互作用? 根据以上原则,磁性一般分为以下几类。

抗磁性:在与外磁场相反的方向诱导出磁化强度的现象称为抗磁性。它出现在没有原子磁矩的材料中,其抗磁磁化率是负的,而且很小,χ 为 10^{-5} 量级。产生的机理为外磁场穿过电子轨道时引起的电磁感应使轨道电子加速。根据楞次定律,由轨道电子的这种加速运动所引起的磁通,总是与外磁场变化相反,因而磁化率是负的。许多金属具有抗磁性,而且一般其抗磁磁化率不随温度变化。金属抗磁性来源于导电电子。根据经典理论,外加磁场不会改变电子系统的自由能及其分布函数,因此磁化率为零。

顺磁性:顺磁性物质的原子或离子具有一定的磁矩,这些原子磁矩来源于未满的电子壳层(例如过渡族元素的 3d 壳层)。在顺磁性物质中,磁性原子或离子分开得很远,以致它们之间没有明显的相互作用,因而在没有外磁场时,由于热运动的作用,原子磁矩是无规则混乱取向的。当有外磁场作用时,原子磁矩有沿磁场方向取向的趋势,从而呈现出正的磁化率,其数量级为 $10^{-5} \sim 10^{-2}$。顺磁物质的磁化率随温度的变化 $\chi(T)$ 有两种类型:

第一类遵从居里定律:$\chi = C/T$,(C 称为居里常数);

第二类遵从居里-外斯定律:$\chi = C/(T - \theta_p)$,θ_p 称为顺磁居里温度,如铁磁性物质在居里温度以上的顺磁性。

铁磁性:物质具有铁磁性的基本条件是:①物质中的原子有磁矩;②原子磁矩之间有相互作用。实验事实:铁磁性物质在居里温度以上显现顺磁性;居里温度以下原子磁矩间的相互作用能大于热振动能,显现铁磁性。这个相互作用可用分子场理论来解释,即假定在铁磁材料中存在一个有效磁场 H_m,它使近邻自旋相互平行排列,并且假定分子场的强度与磁化强度成正比,即 $H_m = \omega I$,设有 n 个原子在分子场的作用下,系统稳定的条件是静磁能与热运动能的平衡。在顺磁性研究中,给出外场下的磁化强度为 $I = N g \mu_B J \, B_J(\alpha)$,其中 N 为磁性粒子数;g 为朗德因子;μ_B 为玻尔磁子;J 为总角动量量子数;$B_J(\alpha)$ 是布里渊函数。具有铁磁性时,$H + \omega I$ 代替 H,则 $\chi = \dfrac{g \mu_B J}{kT}(H + \omega I)$。此部分具体理论分析可参考铁磁学有关文献。

反铁磁性:在反铁磁性中,近邻自旋反平行排列,磁矩相互抵消。因此反铁磁体不产生自发磁化磁矩,显现微弱的磁性。反铁磁的相对磁化率 χ 的数值为 $10^{-5} \sim 10^{-2}$。与顺磁体不同的是自旋结构的有序化。当施加外磁场时,由于自旋间反平行耦合的作用,正负自旋转向磁场方向的转矩很小,因而磁化率比顺磁磁化率小。随着温度升高,有序的自旋结构逐渐被破坏,磁化率增加,这与正常顺磁体的情况相反。然而在某个临界温度以上,自旋有序结构完全消失,反铁磁体变成通常的顺磁体,故磁化率在临界温度(称奈尔温度,Neel temperature)显示出一个尖锐的极大值。

亚铁磁性:在亚铁磁体中,A 和 B 次晶格由不同的磁性原子占据,而且有时由不同数目的原子占据,A 和 B 位中的磁性原子成反平行耦合,反铁磁的自旋排列导致一个自旋未能完全抵消的自发磁化强度,这样的磁性称为亚铁磁性。1948年,奈尔根据反铁磁性分子场理论,提出亚铁磁性分子场理论,用来分析尖晶石铁氧体的自发磁化强度及其与温度的关系。

回归到我们要讨论的自旋玻璃态,这类磁系统有固有磁矩,固有磁矩之间也有相互作用,然而完全从空间上以相互作用有序度却很难解释其宏观磁性。最早定义稀磁合金中的自旋玻璃现象出于两层意义:其一,用玻璃形容自旋方向的无规排布;其二,自旋冻结与熔融玻璃固化过程类似,自旋冻结温度定义为磁化率的尖峰温度,不等同于热力学上的相变温度。我们首先从 RKKY 相互作用出发,RKKY相互作用指金属中杂质磁矩之间的一种长程间接相互作用。对于同种原子组成的铁磁物质和反铁磁物质,利用相互作用交换常数 J 可以很容易定义其磁有序排列。以过渡元素磁性杂质为例,金属中杂质的磁矩由 d 电子产生,当传导电子靠近杂质时,产生 s-d 交换相互作用,受其影响杂质周围的传导电子极化,并且其极化方向随着与杂质距离的增加而交替地改变。考虑另一个磁性杂质周围也产生 s-d 交换相互作用,则等同于两个杂质的磁矩间接相互作用。利用量子力学方法计算其交换常数

$$J(r) = \frac{J_0 \cos(2k_F + \phi)}{(2k_F r)^3} \tag{1}$$

式中:r 为两磁矩之间的距离;k_F 为 Fermi 动量。显而易见,$J(r)$ 随 r 增加而正负震荡变化,故两个磁矩之间可能是铁磁耦合,也可能是反铁磁耦合。

在自旋冻结体系如 AuFe 中存在典型 RKKY 相互作用。温度高时,热运动破坏了相互作用,各杂质磁矩自由转动而呈现顺磁态。温度降低过程中,相互作用能逐渐压制热运动,磁矩转动开始趋于冻结,最后停在各自的择优方向上。这时候每个磁矩与其周围磁矩的相互作用有铁磁耦合也有反铁磁耦合,冻结方向取决于周围所有磁矩对其总作用,又因为每个磁矩周围环境各异,所以整体的冻结方向是无序的,并且由于磁性杂质分布的不均匀,有的区域磁矩直接耦合形成大小不等的磁团簇,对外表现为短程有序磁状态。自旋玻璃进入冻结状态后,虽然所有磁矩的方向是无规杂乱的,但是与顺磁态有本质区别,顺磁态磁矩取向随时间不断变化,而自旋玻璃态各自冻结在固定方向上,如图 1 所示。

如图 1 所示,自旋玻璃态在冻结过程中,在空间坐标上总处于无序状态,但由于磁矩间相互作用,在时间坐标上却处于“有序”态,不同于铁磁与顺磁,这可以看作是一种对称破缺。从对称破缺的角度也可以将自旋冻结转变看作一类相变,但需注意的是,自旋冻结态不单存在对称破缺,也存在遍历破缺,所以其不是热力学平衡态,而是一种亚稳态。

本实验我们将讨论具有自旋玻璃态的典型合金体系,如 CuMn 或 NiMn 合金

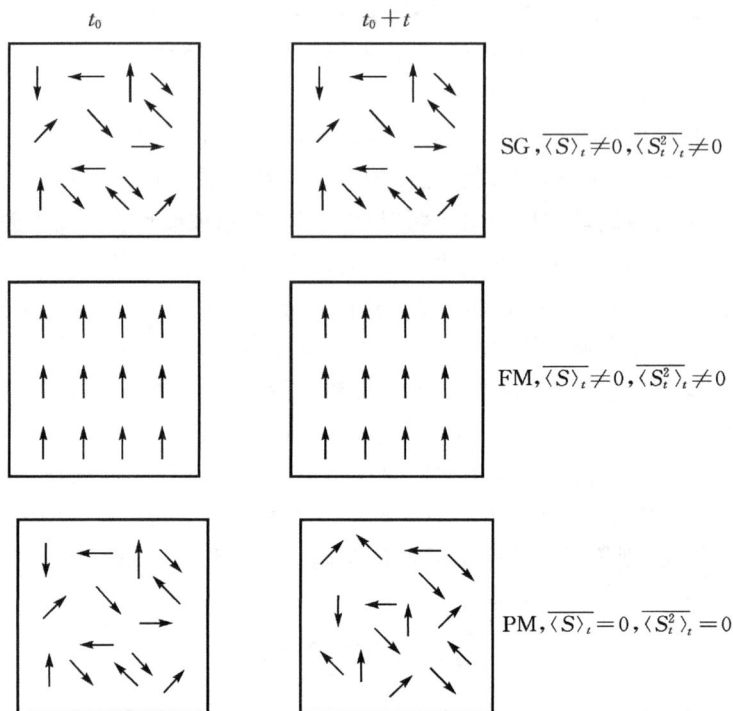

图 1　顺磁、自旋玻璃、铁磁态磁矩取向分布特征

〈 〉$_t$ 表示对时间的平均；‾表示对所有磁矩取平均

等。通过对自旋玻璃态的实验验证，测绘样品在不同磁化历史背景下的磁性随温度变化及随磁场变化的曲线，分析自旋玻璃体系的特征冻结温度和磁性弛豫特征，理解其微观含义，分析体系出现自旋玻璃态的原因，对各种磁状态中有序度的变化进行总结。

　　物质的磁性来源主要取决于是否有固有原子磁矩，磁矩之间是否有相互作用以及是什么相互作用。例如铁磁性有固有原子磁矩且为直接交换相互作用；顺磁性有固有原子磁矩但是没有相互作用；抗磁性则没有固有原子磁矩。

　　实验中所讨论的磁稀释合金中，磁性原子的自旋被振荡的 RKKY 交换相互作用无规律地冻结，我们从磁化历史可以有一个宏观的判别，即在弱磁场下，可以测量磁化率对温度的依赖关系。零场冷却环境下磁化率的温度曲线上出现一个尖锐的最大值，但在磁场冷却情况下，磁化率的尖锐极大值不再出现。在冻结温度 T_f 以下，零场时自旋被无规则冻结，加场时自旋在磁场方向被冻结。图 2 所示为 AuFe 合金在磁场作用下的自旋玻璃态的磁化率特点。

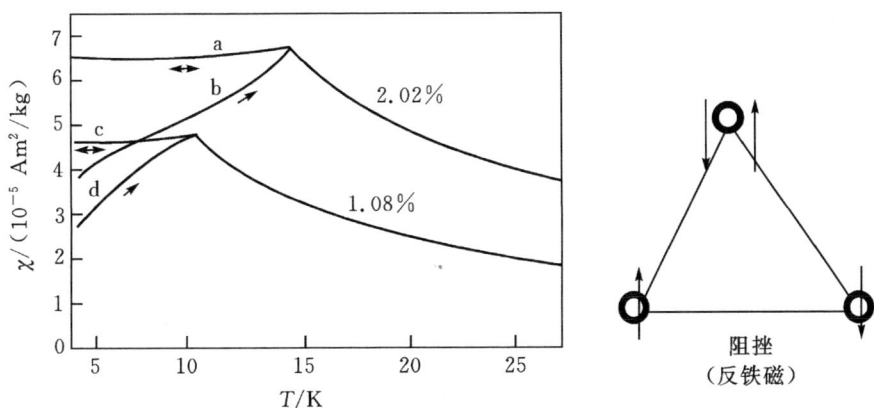

图 2 AuFe 合金磁化率随温度变化及系统受挫示意图

图 2 显示在零场冷却和带场冷却的热磁曲线上在冻结温度以下发生明显的分裂,主要原因为磁场作用下反铁磁相互作用引起的磁化强度团簇的反转,如图 2 右图所示。如果在非磁性基体中,掺杂磁性原子的浓度大于自旋玻璃的浓度,系统处于各种交换相互作用混合的自旋系统。其典型的特征是,当材料在没有磁场作用下冷却时,磁化强度在低温急剧地下降;如果在磁场下冷却,磁化强度在低温处的下降消失。实际上自旋玻璃和混磁性都是局域磁有序的表现,随磁性杂质分布浓度的升高,只是局域团簇的尺度变大,系统可由自旋玻璃态进入混磁态。

做为自旋玻璃态的磁性材料,主要有以下特点:

①$\chi(T)$ 在 T_f 处表现出尖锐的极大值,并且与磁场强度和交流磁化率的测试频率有关。$H \to 0$ 和频率增高峰变得更尖锐。

②T_f 以上的温度加磁场慢慢冷却(磁场冷却)测定的 $\chi(T)$ 与零场升温测定的 $\chi(T)$ 显著不同,尖峰消失。

③T_f 随磁性原子浓度增加而升高。

④随磁性原子浓度继续增加,体系变为混磁性,低温表现出自旋玻璃态,随温度升高到 T_f 以上,不再是顺磁性,而表现出铁磁性(反铁磁性)。

⑤磁性比热 $C_M(T)$ 和电阻在 T_f 处没有观察到异常。

⑥中子衍射实验在 T_f 以下没有看到磁性的布拉格反射,但是可以观测到磁性散射。

本实验将通过实验分析以上部分特点,主要观察其磁化率变化特点来理解自旋玻璃态,从而加深对磁有序系统的认识。

四、实验内容

1. 样品制备

①选定二元或三元磁稀释合金系统，可选 CuMn、NiMn 等。注意：为实验便利，尽量配比 T_f 较高的合金体系，根据成分变化计算原子比，并定量配比出所需要的各类金属或非金属原材料。

②将原材料置于真空非自耗电弧熔炼炉中，利用真空分子泵组将炉腔真空度抽至 5×10^{-3} Pa 以下，利用超高电流的电弧将原材料熔炼合金化，熔炼过程需重复三遍以上，以保证成型合金内部的均匀。

③根据具体合金的特点，在高温马弗炉中适当进行时效处理，以消除合金的内部应力和进一步均匀化。

2. 磁性测量

磁性测量系统一般利用以电磁感应为基本原理的提拉法或振动法来测量磁矩，测量系统一般由磁体（电磁铁或超导磁体）、冲击检流计、锁相放大器或超导量子干涉仪组成，由温控仪和低温恒温器组成温度控制系统，可加直流或交流磁场来测定磁化率。

①利用磁性测量系统测量样品的 ZFC 和 FC 热磁曲线。施加小磁场下，温度变化范围为室温至冻结温度以下 30 K 温区内，温度变化间隔为 5 K，冻结温度附近 $T_f \pm 10$ K 区间温度间隔为 2 K。具体过程为：Zero Field Cooling——在零场下将样品由室温冷却至低温，然后加磁场由低温测量其磁化强度至高温；Field Cooling——加磁场后，直接测量样品升温或降温的磁化曲线。

②选定自旋玻璃态最为明显的体系，在不同磁场下测量样品的 ZFC 和 FC，根据 ZFC 和 FC 曲线的磁化率分裂点定义冻结温度，观察并总结其冻结温度随磁场变化的规律特点。

③（选做）对样品施加不同频率的交变磁场，频率变化范围为从 100～10000 Hz，观察冻结温度随频率变化的特点，并求出冻结温度随频率变化关系的特征参数，对照其是否符合自旋玻璃定义的参数范围，并根据其交流磁化率的变化定性描述其内部磁性团簇的弛豫行为。

五、数据处理

将实验所得的磁化强度随温度变化数据、等温磁化过程及交流磁化率数据等利用 Origin 软件作图，总结出样品特征温度随温度和磁场的变化特点，并根据交流磁化率曲线观察总结自旋玻璃态下磁性团簇的弛豫特点。绘制以下曲线图：

1.样品的磁化强度(ZFC 和 FC)随温度的磁化依赖曲线;

2.样品冻结温度随外部磁场变化的曲线;

3.频率变化下,交流磁化率与温度的依赖曲线。

六、问题思考

1.在磁稀释的合金中,出现自旋玻璃态或混磁性的本质是什么?

2.如何从磁性材料的热磁曲线上分析样品的宏观磁状态?

3.对于自旋玻璃体系,为什么在 ZFC 曲线中,冻结温度处出现的磁化率尖峰会随磁场降低变得更尖锐?

七、注意事项

1.电弧炉属高温熔炼设备,其熔炼过程产生的电弧温度可达 3000 ℃以上,必须佩戴防护眼镜,并避免触碰电弧炉的高压柜机。

2.磁性测量系统为超低温高磁场测量设备,取放样品必须设置系统温度为室温附近并将磁场降为零场;样品杆为易损部件,与系统链接必须由专人操作。

3.实验操作必须在教师指导下进行,如有未尽事宜应及时询问。

八、参考文献

[1]曹烈兆,等.低温物理学.合肥:中国科学技术大学出版社,2009.

[2]金汉民.磁性物理.北京:科学出版社,2013.

实验 9.7　用双光栅测量微弱振动

1842 年多普勒(Doppler)提出,当波源和观察者彼此接近时,接收到的频率变高;而当波源和观察者彼此相离开时,接收到的频率变低。这种现象在电磁波和机械波中都存在。即当波源和观察者之间存在相对运动时,观察者所接收到的频率不等于波源振动频率,这种现象称为多普勒效应。而当光源与接收器之间有相对运动时,接收器感受到的光波频率不等于光源频率,这就是光学的多普勒效应或电磁波的多普勒效应。该效应已经在科学技术以及医学的许多领域得到应用。

本实验用激光多普勒效应测量微弱振动。它是一种精密的光电系统,使用了多种光电转换和处理技术,是综合性很强的实验。

一、实验目的

1. 熟悉一种利用光的多普勒频移形成光拍的原理精确测量微弱振动位移的方法；

2. 作出外力驱动音叉时的谐振曲线。

二、实验仪器

双光栅微弱振动测量仪，双踪示波器。

三、实验原理

1. 位相光栅的多普勒频移

所谓的位相材料是指那些只有空间位相结构，而透明度一样的透明材料，如生物切片、油膜、热塑，以及声光偏转池等。它们只改变入射光的相位，而不影响其振幅。位相光栅就是用这样的材料制作的光栅。

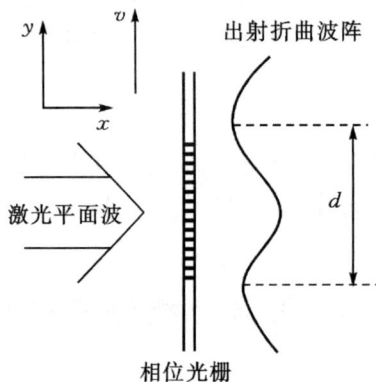

图 1

当激光平面波垂直入射到位相光栅时，由于位相光栅上不同的光密和光疏媒质部分对光波的位相延迟作用，使入射的平面波在出射时变成折曲波阵面，如图 1 所示，由于衍射干涉作用，在远场我们可以用大家熟知的光栅方程来表示

$$d\sin\theta = n\lambda \tag{1}$$

式中：d 为光栅常数；θ 为衍射角；λ 为光波波长。

然而，如果由于光栅在 y 方向以速度 v 移动，则出射波阵面也以速度 v 在 y 方向移动。从而在不同时刻，对应于同一级的衍射光线，它的波阵面上的点，在 y 方向上也有一个 vt 的位移量，如图 2 所示。这个位移量对应于光波位相的变化量为

$\Delta\Phi(t)$,有

$$\Delta\Phi(t) = \frac{2\pi}{\lambda} \cdot \Delta s = \frac{2\pi}{\lambda}vt\sin\theta \quad (2)$$

将(1)式带入(2)式有

$$\Delta\Phi(t) = \frac{2\pi}{\lambda}vt\,\frac{n\lambda}{d} \tag{3}$$

$$= n2\pi\,\frac{v}{d}t = n\omega_{\mathrm{d}}t$$

式中：$\omega_{\mathrm{d}} = 2\pi\,\dfrac{v}{d}$。

把光波写成如下形式

$$E = E_0\exp[\mathrm{i}(\omega_0 t + \Delta\Phi(t))]$$

$$= \exp[\mathrm{i}(\omega_0 + n\omega_{\mathrm{d}})t] \tag{4}$$

显然可见,移动的位相光栅的 n 级衍射光波,相对于静止的位相光栅有一个大小

$$\omega_{\mathrm{a}} = \omega_0 + n\omega_{\mathrm{d}} \tag{5}$$

的多普勒频率,如图 3 所示。

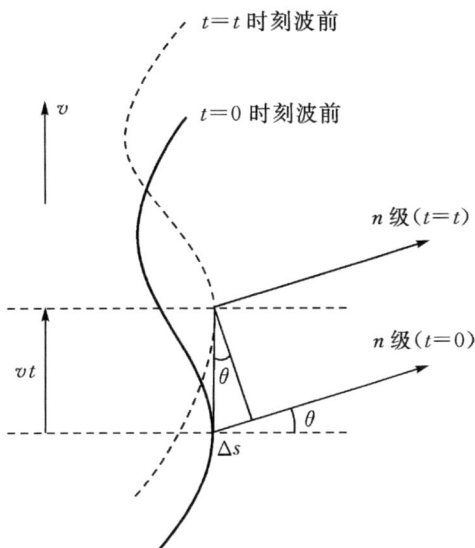

图 2

2.光拍的获得与检测

光波的频率甚高,为了要从光频 ω_0 中检测出多普勒频移,必须采用"拍"的方法。也就是要把已频移的和未频移的光束相互平行叠加,以形成光拍。本实验形成光拍的方法是采用两片完全相同的光栅平行紧贴,一片(B)静止,另一片(A)相对移动。激光通过双光栅后形成的衍射光,即

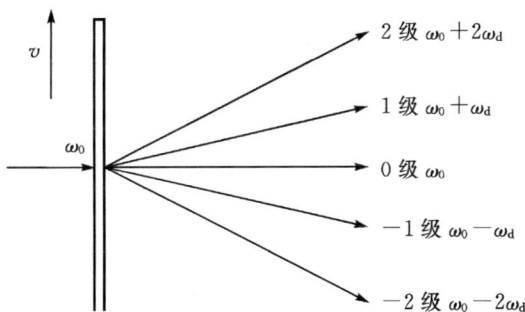

图 3

为两个光束的平行叠加。如图 4 所示,光栅 A 以速度 v_{A} 移动,起频移作用,而光栅 B 静止不动,只起衍射作用,所以通过双光栅后出射的衍射光包含了两种以上不同频率而又相互平行的光。由于双光栅紧贴,激光束具有一定的宽度,故该光束能平行叠加,这样直接而又简单地形成了光拍。当此光拍信号进入光电检测器,由于检测器的平方律检波性质,其输出光电流可由如下所述关系求得

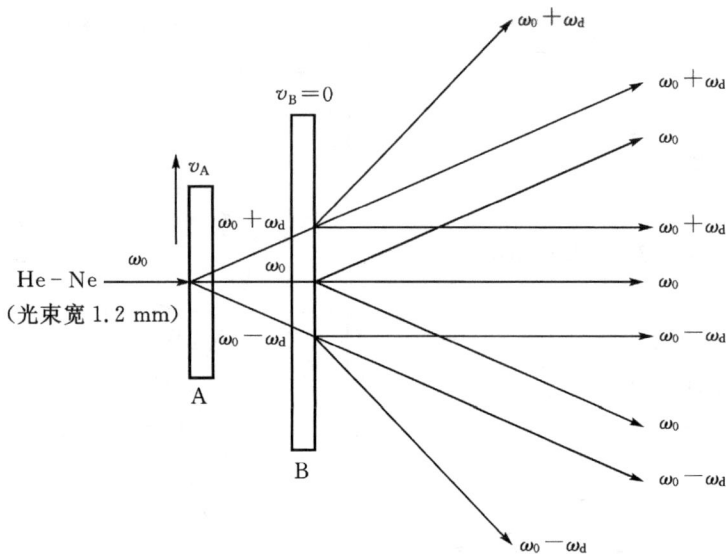

图 4

光束 1：$E_1 = E_{10}\cos(\omega_0 t + \varphi_1)$

光束 2：$E_2 = E_{20}\cos[(\omega_0 + \omega_d)t + \varphi_2]$　　　　　（取 $n = 1$）

光电流：$I = \xi(E_1 + E_2)^2$　　　　　　　　　　（ξ 为光电转换常数）

$$= \xi\left\{\begin{array}{l} E_{10}^2 \cos^2(\omega_0 t + \varphi_1) \\ + E_{20}^2 \cos^2[(\omega_0 + \omega_d)t + \varphi_2] \\ + E_{10}E_{20} \cos^2[(\omega_0 + \omega_d - \omega_0)t + (\varphi_2 - \varphi_1)] \\ + E_{10}E_{20} \cos^2[(\omega_0 + \omega_0 - \omega_d)t + (\varphi_2 + \varphi_1)] \end{array}\right\} \qquad (6)$$

因为光波 ω_0 甚高，光电检测器不能检测，所以在(6)式中只有第三项拍频信号

$$i_s = \xi\{E_{10}E_{20} \cos^2[\omega_d t + (\varphi_2 - \varphi_1)]\}$$

能被光电检测器检测出来。

光电检测器所能测到的光拍信号的频率为

$$F_{拍} = \frac{\omega_d}{2\pi} = \frac{v_A}{d} = v_A n_\theta \qquad (7)$$

式中：$n_\theta = \dfrac{1}{d}$ 为光栅常数，本实验中 $n_\theta = 100$ 条 / 毫米。

3. 微弱振动位移量的测量

从(7)式可知，$F_{拍}$ 与 ω_0 无关，且当光栅常数 n_θ 确定时，与光栅移动速度 v_A 成正比。如果把光栅粘到音叉上，则 v_A 是周期性变化的，所以光拍信号的频率 $F_{拍}$ 也

是随时间变化的,微弱振动的位移振幅为

$$A = \int_0^{\frac{T}{2}} v(t)\mathrm{d}t = \frac{1}{2}\int_0^{\frac{T}{2}} \frac{F_{拍}(t)}{n_\theta}\mathrm{d}t = \frac{1}{2n_\theta}\int_0^{\frac{T}{2}} F_{拍}(t)\mathrm{d}t$$

式中:T 为音叉振动周期。$\int_0^{\frac{T}{2}} F_{拍}(t)\mathrm{d}t$ 可以直接在示波器的荧光屏上计算光拍波

形数而得到,因为 $\int_0^{\frac{T}{2}} F_{拍}(t)\mathrm{d}t$ 表示 $T/2$ 内的波的个数,不足一个完整波形,需要在

波群的两端,按反正弦函数折算为波形的分数部分,即

$$波形数 = 整数波形数 + \frac{\arcsin a}{360°} + \frac{\arcsin b}{360°}$$

式中:a,b 为波群的首尾幅度和该处完整波形的振幅之比。(波群指 $T/2$ 内的波形,分数波形数包括满 $1/2$ 个波形为 0.5,满 $1/4$ 个波形为 0.25)

四、实验仪器介绍

双光栅微弱振动测量仪面板结构如图 5 所示。

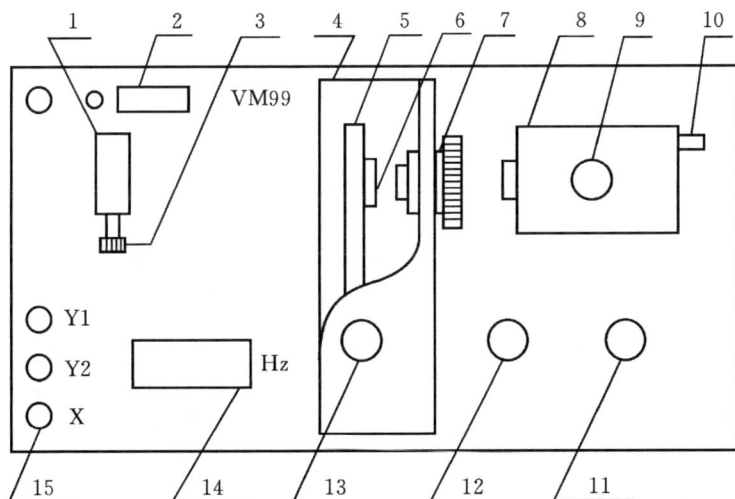

图 5

1—光电池座,顶部有光电池盒,盒前方一小孔光阑;2—电源开关;3—光电池升降手轮;4—音叉座;5—音叉;6—粘于音叉上的光栅(动光栅);7—静光栅架;8—半导体激光器;9—锁紧手轮;10—激光器输出功率调节;11—信号发生器输出功率调节;12—信号发生器频率调节;13—驱动音叉用耳机;14—频率显示;15—信号输出;Y1—拍频信号;Y2—音叉驱动信号;X—示波器提供"外触发"扫描信号,使得示波器显示的波形稳定

实验装置原理图如图 6 所示。

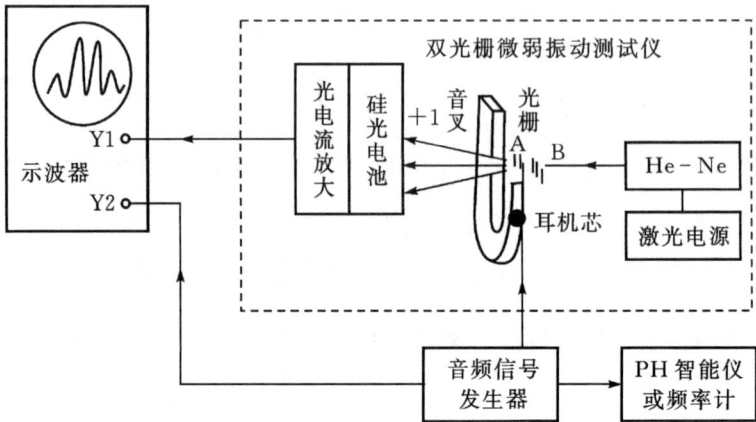

图 6

本仪器技术指标:测量精度:$5\ \mu m$;分辨率:$1\ \mu m$;激光器:$\lambda = 635\ nm,0 \sim 3$ mW;音叉:谐振频率 $500\ Hz$ 左右。

五、实验内容及步骤

1.将双踪示波器的 CH1、CH2、"外触发"分别接到双光栅微弱振动测量仪的 Y1、Y2 和 X 输出上;

2.小心取下"静光栅架"(注意保护光栅),稍稍松开激光器顶部的紧锁手轮,小心地上下左右调节激光器,让激光光束通过静止光栅的中心孔;调节光电池架手轮,让某一级衍射光正好落入光电池的小孔内。

3.小心装上"静光栅架",并使其尽可能与动光栅接近,但不可相碰;将一扇观察屏放于光电池架处,慢慢转动光栅架,仔细观察、调节,使得两个光束尽可能重合。去掉观察屏,轻轻敲击音叉,调节示波器,配合调节激光器输出功率,这时应该能看到拍频波,如图 7 所示。

4.将"功率"旋钮调至 6—7 附近,再调节"频率"旋钮(500 Hz 附近),使音叉谐振。调节时用手轻轻地按音叉顶部,找出音叉的固有频率。如果音叉谐振太强烈,将"功率"旋钮调小,使示波器上看到的 $T/2$ 内光拍的波数为 $10 \sim 20$ 个为宜。

5.固定"功率"旋钮位置,调节"频率"旋钮,作出音叉的频率-振幅曲线(即外力驱动音叉时的谐振曲线)。

6.保持"功率"不变,改变音叉的有效质量,研究谐振曲线的变化趋势,并说明原因。

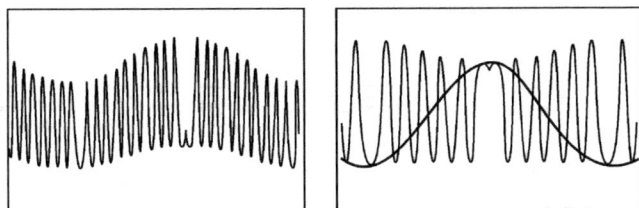

图 7　实验现象参考图

六、思考题

1. 如何判断动光栅与静光栅的刻痕已经平行？

2. 作外力驱动音叉谐振曲线时，为什么要固定信号的功率？

3. 本实验测量方法有何优点？测量微振动位移的灵敏度是多少？

附录 A　中华人民共和国法定计量单位

(1993 年 12 月 27 日发布，GB 3100－93)

1. 国际单位制(SI)的基本单位

量的名称	单位名称	单位符号
长度	米	m
质量	千克(公斤)	kg
时间	秒	s
电流	安[培]	A
热力学温度	开[尔文]	K
物质的量	摩[尔]	mol
发光强度	坎[德拉]	cd

注:1.圆括号中的名称,是它前面的名称的同义词,下同

2.无方括号的量的名称与单位名称均为全称。方括号中的字,在不致引起混淆、误解的情况下,可以省略。去掉方括号中的字即为其名称的简称。下同

2. 包括 SI 辅助单位在内的具有专门名称的 SI 导出单位

量的名称	SI 导 出 单 位		
	名称	符号	用 SI 基本单位和 SI 导出单位表示
[平面]角	弧度	rad	$1\ rad＝1\ m/m＝1$
立体角	球面度	sr	$1\ sr＝1\ m^2/m^2＝1$
频率	赫[兹]	Hz	$1Hz＝1\ s^{-1}$
力	牛[顿]	N	$1\ N＝1\ kg \cdot m/s^2$
压力,压强,应力	帕[斯卡]	Pa	$1\ Pa＝1\ N/m^2$
能[量],功,热量	焦[耳]	J	$1\ J＝1\ N \cdot m$
功率,辐[射能]通量	瓦[特]	W	$1\ W＝1\ J/s$
电荷[量]	库[仑]	C	$1\ C＝1\ A \cdot s$
电压,电动势,电位(电势)	伏[特]	V	$1\ V＝1\ W/A$
电容	法[拉]	F	$1\ F＝1\ C/V$

（续前表）

量的名称	SI 导 出 单 位		
	名称	符号	用 SI 基本单位和 SI 导出单位表示
电阻	欧［姆］	Ω	1 Ω＝1 V/A
电导	西［门子］	S	1 S＝1 Ω⁻¹
磁通［量］	韦［伯］	Wb	1 Wb＝1 V・s
磁通［量］密度，磁感应强度	特［斯拉］	T	1 T＝1 Wb/m²
电感	亨［利］	H	1 H＝1 Wb/A
摄氏温度	摄氏度	℃	1 ℃＝1 K
光通量	流［明］	lm	1 lm＝1 cd・sr
［光］照度	勒［克斯］	lx	1 lx＝1 lm/m²

3. 由于人类健康安全防护上的需要而确定的具有专门名称的 SI 导出单位

量的名称	SI 导 出 单 位		
	名称	符号	用 SI 基本单位和 SI 导出单位表示
［放射性］活度	贝可［勒尔］	Bq	1 Bq＝1 s⁻¹
吸收剂量 比授［予］能 比释动能	戈［瑞］	G_Y	1 G_Y＝1 J/kg
剂量当量	希［沃特］	Sv	1 Sv＝1 J/kg

4. SI 词头

因数	词 头 名 称		符号	因　数	词 头 名 称		符 号
	英文	中文			英文	中文	
10^{24}	yotta	尧［它］	Y	10^{-1}	deci	分	d
10^{21}	zetta	泽［它］	Z	10^{-2}	centi	厘	c
10^{18}	exa	艾［可萨］	E	10^{-3}	milli	毫	m
10^{15}	peta	拍［它］	P	10^{-6}	micro	微	μ
10^{12}	tera	太［拉］	T	10^{-9}	nano	纳［诺］	n
10^{9}	giga	吉［咖］	G	10^{-12}	pico	皮［可］	p
10^{6}	mega	兆	M	10^{-15}	femto	飞［母托］	f
10^{3}	kilo	千	k	10^{-18}	atto	阿［托］	a

（续前表）

因数	词 头 名 称		符 号	因 数	词 头 名 称		符 号
	英 文	中 文			英 文	中 文	
10^2	hecto	百	h	10^{-21}	zepto	仄[普托]	z
10^1	deca	十	da	10^{-24}	yocto	幺[科托]	y

5. 可与国际单位制单位并用的我国法定计量单位

量的名称	单位名称	单位符号	与 SI 单位的关系
时间	分	min	1 min＝60 s
	[小]时	h	1 h＝60 min＝3600 s
	日(天)	d	1 d＝24 h＝86400 s
[平面]角	度	°	$1° = (\pi/180)\,\mathrm{rad}$
	[角]分	′	$1' = (1/60)° = (\pi/10800)\,\mathrm{rad}$
	[角]秒	″	$1'' = (1/60)' = (\pi/648000)\,\mathrm{rad}$
体积	升	L(l)	$1\,\mathrm{L} = 1\,\mathrm{dm}^3 = 10^{-3}\,\mathrm{m}^3$
质量	吨	t	$1\,\mathrm{t} = 10^3\,\mathrm{kg}$
	原子质量单位	u	$1\,\mathrm{u} \approx 1.660540 \times 10^{-27}\,\mathrm{kg}$
旋转速度	转每分	r/min	$1\,\mathrm{r/min} = (1/60)\mathrm{r \cdot s^{-1}}$
长度	海里	n mile	1 n mile＝1852 m （只用于航行）
速度	节	kn	1 kn＝1 n mile/h ＝(1852/3600)m/s （只用于航行）
能	电子伏	eV	$1\,\mathrm{eV} \approx 1.602177 \times 10^{-19}\,\mathrm{J}$
级差	分贝	dB	
线密度	特[克斯]	tex	$1\,\mathrm{tex} = 10^{-6}\,\mathrm{kg/m}$
面积	公顷	hm²	$1\,\mathrm{hm}^2 = 10^4\,\mathrm{m}^2$

注:1.平面角单位度、分、秒的符号,在组合单位中应采用(°)、(′)、(″)的形式。例如,不用°/s 而用(°)/s

2.升的符号中,小写字母 l 为备用符号

3.公顷的国际通用符号为 ha

附录 B 常用物理数据

1. 基本物理常量(2006 年推荐值)

量	符号	数值	单位	相对标准不确定度 (u_r)
真空中光速	c,c_0	299 792 458	$m \cdot s^{-1}$	(精确)
磁常数(真空磁导率)	μ_0	$4\pi \times 10^{-7}$	$N \cdot A^{-2}$	
		$= 12.566\ 370\ 614 \cdots \times 10^{-7}$	$N \cdot A^{-2}$	(精确)
电常数 $1/\mu_0 c^2$ (真空电常数)	ε_0	$8.854\ 187\ 817 \cdots \times 10^{-12}$	$F \cdot m^{-1}$	(精确)
牛顿引力常数	G	$6.674\ 28(67) \times 10^{-11}$	$m^3 \cdot kg^{-1} \cdot s^{-2}$	1.0×10^{-4}
普朗克常数	h	$6.626\ 068\ 96(33) \times 10^{-34}$	$J \cdot s$	5.0×10^{-8}
$h/2\pi$	$\hbar$	$1.054\ 571\ 628(53) \times 10^{-34}$	$J \cdot s$	5.0×10^{-8}
基本电荷	e	$1.602\ 176\ 487(40) \times 10^{-19}$	C	2.5×10^{-8}
磁通量子 $h/2e$	ϕ_0	$2.067\ 833\ 667(52) \times 10^{-15}$	Wb	2.5×10^{-8}
电导量子 $2e^2/h$	G_0	$7.748\ 091\ 7004(53) \times 10^{-5}$	S	6.8×10^{-10}
电子质量	m_e	$9.109\ 382\ 15(45) \times 10^{-31}$	kg	5.0×10^{-8}
质子质量	m_p	$1.672\ 621\ 637(83) \times 10^{-27}$	kg	5.0×10^{-8}
质子-电子质量比	m_p/m_e	$1836.152\ 672\ 47(80)$		4.3×10^{-10}
精细结构常数	α	$7.297\ 352\ 5376(50) \times 10^{-3}$		6.8×10^{-10}
精细结构常数倒数	α^{-1}	$137.035\ 999\ 679(94)$		6.8×10^{-10}
里德伯常数 $\alpha^2 m_e c/2h$	R_∞	$10\ 973\ 931.568\ 527(73)$	m^{-1}	6.6×10^{-12}
阿伏伽德罗常数	N_A, L	$6.022\ 141\ 79(30) \times 10^{23}$	mol^{-1}	5.0×10^{-8}
法拉第常数 $N_A e$	F	$96\ 485.3399(24)$	$C \cdot mol^{-1}$	2.5×10^{-8}
摩尔气体常数	R	$8.314\ 472(15)$	$J \cdot mol^{-1} \cdot K^{-1}$	1.7×10^{-6}
玻尔兹曼常数 R/N_A	k	$1.380\ 6504(24) \times 10^{-23}$	$J \cdot K^{-1}$	1.7×10^{-6}
斯特藩-玻尔兹曼常数 $(\pi^2/60)k^4/\hbar^3 c^2$	σ	$5.670\ 400(40) \times 10^{-8}$	$W \cdot m^{-2} \cdot K^{-4}$	7.0×10^{-8}
电子伏:$(e/C)J$	eV	$1.602\ 176\ 487(40) \times 10^{-19}$	J	2.5×10^{-8}
(统一的)原子质量单位 $1u = m_u = \dfrac{1}{12} m(^{12}C)$ $= 10^{-3} kg \cdot mol^{-1}/N_A$	u	$1.660\ 538\ 782(83) \times 10^{-27}$	kg	5.0×10^{-8}

2. 核磁参数

核	天然丰度/%	自旋 I	旋磁比/$(10^8\,\text{rad} \cdot \text{s}^{-1} \cdot \text{T}^{-1})$
^{1}H	99.984	1/2	2.675 10
^{2}H	0.016	1	0.410 64
^{7}Li	92.57	3/2	1.039 64
^{10}B	18.83	3	0.287 48
^{11}B	81.17	3/2	0.858 28
^{13}C	1.11	1/2	0.672 63
^{14}N	99.64	1	0.193 24
^{15}N	0.36	1/2	−0.271 07
^{17}O	0.03	5/2	−0.362 66
^{19}F	100	1/2	2.516 65
^{23}Na	100	3/2	0.707 60
^{31}P	100	1/2	1.082 90
^{33}S	0.74	3/2	0.205 17
^{35}Cl	75.4	3/2	0.262 12
^{37}Cl	24.6	3/2	0.218 18
^{39}K	93.1	3/2	0.124 84
^{43}Ca	0.13	7/2	−0.179 99
^{51}V	99.8	7/2	0.703 23
^{53}Cr	9.5	3/2	−0.151 20
^{55}Mn	100	5/2	0.659 80
^{57}Fe	2.25	1/2	0.086 44
^{59}Co	100	7/2	0.631 71
^{63}Cu	69.1	3/2	0.709 04
^{65}Cu	30.9	3/2	0.759 58
^{77}Se	7.5	1/2	0.510 08
^{79}Br	50.6	3/2	0.670 21
^{81}Br	49.4	3/2	0.722 45
^{85}Rb	72.8	5/2	0.258 29
^{87}Rb	27.2	3/2	0.875 33
^{95}Mo	15.8	5/2	0.174 28
^{97}Mo	9.6	5/2	−0.177 96
^{127}I	100	5/2	0.535 22
^{133}Cs	100	7/2	0.350 89

核	丰度*/%	自旋 I	磁矩 μ/ 核磁子单位	回旋频率/Hz （磁场为 10^{-4} T）	相对灵敏度**	四极矩 Q/ ($e \cdot 10^{-14}$ cm)
^{1}H	99.984 4	1/2	2.792 70	42.577	1.000	
^{2}H	0.015 6	1	0.857 38	6.536	0.009 64	0.002 77
^{3}H	0.0	1/2	2.978 8	45.414	1.21	
^{10}B	18.83	3	1.800 6	4.575	0.019 9	
^{14}B	81.17	3/2	2.688 0	13.660	0.165	
^{12}C	98.931	0				
^{13}C	1.069	1/2	0.702 16	10.705	0.015 9	
^{14}N	99.620	1	0.403 57	3.076	0.001 0l	0.02
^{15}N	0.380	1/2	−0.283 04	4.315	0.001 04	
^{16}O	99.761	0				
^{17}O	0.039	5/2	−1.893 0	5.772	0.029 1	−0.004
^{18}O	0.200	0				
^{19}F	100	1/2	2.627 3	40.055	0.834	
^{28}Si	92.28	0				
^{29}Si	4.67	1/2	−0.557 7	8.460	0.078 5	
^{30}Si	3.05	0				
^{31}P	100	1/2	1.130 5	17.235	0.064	
^{32}S	95.06	0				
^{33}S	0.74	3/2	0.642 74	3.266	0.002 26	−0.064
^{35}Cl	75.4	3/2	0.820 89	4.172	0.004 71	0.079 7
^{37}Cl	24.6	3/2	0.683 29	3.472	0.002 72	−0.062 1
^{79}Br	50.57	3/2	2.099 0	10.667	0.078 6	0.33
^{81}Br	49.43	3/2	2.262 6	11.498	0.098 4	0.28
^{129}I	100	5/2	2.793 9	8.519	0.093 5	−0.75

* 丰度，即某一同位素在该元素中的天然含量（未经人工浓缩或稀释）。

** 相同磁场下，具有相同数量的核。